Julius Vogel

Das Mikroskop, ein Mittel der Belehrung und Unterhaltung für Jedermann

sowie des Gewinns für Biese

Julius Vogel

Das Mikroskop, ein Mittel der Belehrung und Unterhaltung für Jedermann sowie des Gewinns für Biese

ISBN/EAN: 9783743457164

Hergestellt in Europa, USA, Kanada, Australien, Japan

Cover: Foto ©berggeist007 / pixelio.de

Manufactured and distributed by brebook publishing software (www.brebook.com)

Julius Vogel

**Das Mikroskop, ein Mittel der Belehrung und Unterhaltung für Jedermann
sowie des Gewinns für Biese**

Das Mikroskop

ein Mittel der Belehrung und Unterhaltung

für Jedermann

sowie des Gewinns für Viele

von

Dr. Julius Vogel
Professor in Halle.

Mit 119 Original-Holzschnitten.

Leipzig: Ludwig Denicke
1867.

Das Recht der Uebersetzung in fremde Sprachen ist vorbehalten.

Vorwort.

Seit etwa 30 Jahren mit dem Gebrauche des Mikroskopes vertraut und von dessen Wichtigkeit für verschiedene Zwecke und Berufskreise durchdrungen, hat Verfasser bereits 1841 eine „Anleitung zum Gebrauche des Mikroskopes ꝛc." verfaßt, welche sich nach ihrem Erscheinen einer großen Verbreitung erfreute. Wiewohl später durch seinen Beruf mehr in anderer Richtung beschäftigt, hat er doch das Interesse für dieses ihm liebgewordene Instrument nicht verloren und war jahrelang bemüht, auf die Herstellung sehr billiger aber doch für die meisten Untersuchungen ausreichender Mikroskope hinzuwirken, um dadurch die Verbreitung dieses nützlichen Instrumentes in immer weiteren Kreisen möglich zu machen. Nachdem ihm dies, fast über Erwarten gelungen und überdies in den letzten Jahren, hauptsächlich durch die Trichinenfurcht, das Interesse für das Mikroskop auch in Kreisen erregt wurde, in denen sein Gebrauch fast unbekannt war, hielt er es für zeitgemäß, durch Abfassung des vorliegenden Werkchens diese Verbreitung noch weiter zu unterstützen. Da er lange Jahre hindurch Personen aus den verschiedensten Berufskreisen im Gebrauche des Mikroskopes praktisch zu unterrichten hatte: Studirende der Medicin, Aerzte, Naturforscher, Landwirthe, Apotheker, bloße Liebhaber des Mikroskopes, Fleischer und Andere, die sich mit der Untersuchung des Fleisches auf Trichinen vertraut machen wollten ꝛc., so bot sich ihm die Gelegenheit, sich mit allen den Bedürfnissen, welche in verschiedenen Fällen der mikroskopischen Untersuchung in Betracht kommen, hinreichend vertraut zu machen und er hofft daher, daß die Schrift Jeden in den Stand setzen wird, sich diejenige Uebung im Gebrauche des Mikroskopes zu erwerben, welche zur Anstellung eigener Untersuchungen in den verschiedensten Richtungen und zu den verschiedensten Zwecken unerläßlich ist. Der Verleger war gleichzeitig bemüht, durch billigen Preis und zweckmäßige Ausstattung des Schriftchens das Bestreben des Verfassers möglichst zu unterstützen.

Halle a S. im August 1867.

Der Verfasser.

Inhaltsverzeichniß.

Seite

Einleitung 1

Erste Abtheilung.
Die Bestandtheile der Mikroskope und deren Wirkungsweise.

Einfache Mikroskope 6

Theorie des einfachen Mikroskopes. Gesichtswinkel. Art wie die Bilder der gesehenen Gegenstände im Auge erscheinen. Sehweite. Sehen von Gegenständen in normaler Entfernung. Erscheinung derselben, wenn sie dem Auge zu nahe gebracht werden. Sehen durch Linsen. 12 Glaslinsen verschiedener Art. Vergrößerung durch einfache Linsen. Vergrößerung im Durchmesser und in der Fläche. Einfache Lupen. Sphärische und chromatische Aberration. Achromatische Linsen. Zusammengesetzte Lupen. Achromatische, aplanatische Lupen. Einfache Mikroskope.

Die zusammengesetzten Mikroskope 18

Dioptrische Mikroskope. Wirkungsweise und Theile derselben. Objectivlinsen; Linsensysteme. Oculare, gewöhnliche, achromatische. Rohr des Mikroskopes: Einfluß seiner Länge auf die Vergrößerung. Objecttisch. Beleuchtungsapparat. Verschiedene Arten der Beleuchtung. Durch ebene und Hohlspiegel. Blendungen. Cylinderblendungen. Drehscheibenblendungen. Schiefe oder schräge Beleuchtung. Ringförmiger Condensor. Mikroskope in Fernrohrform ohne Spiegel. Beleuchtung undurchsichtiger Gegenstände: durch Glaslinsen — Lieberkühn'sche Spiegel. Gestelle und Fuß des Mikroskopes. Einstellung: grobe und feine. Hülfsapparate und 35 Zubehör des Mikroskopes. Objectträger und Deckgläschen. Wirkung der letzteren auf den Gang der Lichtstrahlen. Linsensysteme mit verstellbarer Correctionseinrichtung für Deckgläschen von verschiedener Dicke. Einfluß von Flüssigkeiten, welche das Object umgeben, auf den Gang der Lichtstrahlen. Immersions- oder Stipp-Linsen. Hülfsmittel zum Nachzeichnen und Fixiren mikroskopischer

Bilder. Durch Doppelsehen.. Durch das Sömmerring'sche Spiegelchen und die Camera lucida ꝛc. Photographien mikroskopischer Objecte. Hülfsmittel zum Messen mikroskopischer Gegenstände und zur Bestimmung der Vergrößerungen eines Mikroskopes. Glasmikrometer. Glasmikrometer im Ocular. Bestimmung seines Werthes. Verschiedene Maaßstäbe für mikroskopische Messungen. Bestimmung und Berechnung der Vergrößerung eines Mikroskopes. Focimeter oder Dickenmesser; seine Anwendung und Einrichtung. Vorsichtsmaaßregeln bei seinem Gebrauch. Winkelmesser oder Goniometer. Einrichtungen am Objecttische. Klammern. Indicator. Der um seine Achsen drehbare Objecttisch. Der horizontal verschiebbare Objecttisch. Zählgitter. Heizbarer Objecttisch. Electricitätsentlader. Pincettennadelapparat. Luetichter Compressorium. Polarisationsapparate. Saccharimeter. Aufrichtendes (orthoskopisches) und pankratisches Ocular. Knieförmiges Ocular. Mikroskope, die schräg und horizontal gestellt werden können. Mikroskope in Fernrohrform. Mikroskope für chemische Untersuchungen. Stereoskopische Mikroskope. Sonnen- und Gasmikroskop.

Die Wahl eines Mikroskopes und die Prüfung seiner Güte und Brauchbarkeit für bestimmte Zwecke. 81

Prüfung des optischen Leistungsvermögens durch Probeobjecte, Probeplatten, Drahtgitter. Größe und Ebenheit des Gesichtsfeldes. Einrichtung und Nebenapparate. Verschiedene Arten von Instrumenten. billige, mittlere und vorzügliche Mikroskope.

Anleitung zum Gebrauch des Mikroskopes. . . . 97

1. Beleuchten. Einstellen. Messen. Beobachten und Beurtheilen mikroskopischer Gegenstände. Bewegungserscheinungen unter dem Mikroskope. 97
2. Reinigung und Erhaltung des Mikroskopes. Sorge für die Augen des Beobachters. 116
3. Vorbereitung der Gegenstände für die mikroskopische Untersuchung. Feine Schnitte. Doppelmesser. Auspinseln. Schliffe. Präpariren. Zusatzflüssigkeiten. Färben. Imbibition. Absetzenlassen. Beobachtungen kleiner Thiere und sehr zarter Objecte. 118
4. Mikrochemische Untersuchungen. Durch Verdunstenlassen von Flüssigkeiten. Durch Prüfung mittelst Reagentien. Wichtigste mikrochemische Reagentien. Geräthschaften zu mikrochemischen Untersuchungen und Handgriffe bei denselben. Filtriren und Auswaschen unter dem Mikroskope. Schutz des Mikroskopes bei mikrochemischen Untersuchungen. Eigenschaften und Erkennungsmittel einiger häufig vorkommenden Substanzen: Proteinsubstanzen, Stärke, Cellulose, Fettsubstanzen. 128
5. Anfertigung haltbarer mikroskopischer Präparate und deren Aufbewahrung. Trockene Präparate. Präparate in Canadabalsam und anderen Substanzen, die allmählich erhärten. Präparate, deren Objecte von einem flüssigbleibenden Medium umgeben sind. Wahl der Flüssigkeit. Herstellung des Präparates.

Wachsverschluß. Dauerhafter Verschluß durch Lacke ꝛc. Präparate mit dickeren Objecten. Schutzleisten. Format. Gute Erhaltung und Aufbewahrung der Präparate. Pappetuis. Transport mikroskopischer Präparate 145

Zweite Abtheilung.

Einige häufig vorkommende Aufgaben der mikroskopischen Untersuchung, durch eine Reihe von Beispielen erläutert. 161

1. Die mikroskopische Untersuchung der kleinsten Theile nicht organisirter Naturkörper. . . . 162

Bestimmung von kleinen Krystallen. Messung ihrer Flächenwinkel. Messung von Neigungswinkeln ihrer Flächen und Kanten. Bestimmung der Größe und Form kleiner Theilchen von Farben, Polirmitteln ꝛc. Untersuchung von Bodenarten. Mikrogeologische Untersuchungen.

2. Die mikroskopische Untersuchung organisirter Naturkörper. 175

    A. Pflanzliche Gebilde. 176

Die mikroskopischen Formelemente und Gewebe der Pflanzen. Zellen. Zelleninhalt. Pflanzengewebe. Merenchym. Parenchym. Prosenchym. Verdickte Zellen. Gefäße. Fasern. Bau der Stengel und Stämme. Bau der Wurzeln. Bau der Blätter. Bau der Blüthen, Samen und Früchte. Kleinste Pflanzengebilde. Algen. Pilze. Allgemeines. Mycelium. Früchte. Einige der häufigsten Schimmelformen. Penicillium. Ascophora. Mucor. Hefe. Melidium. Botrytis. Stysanus. Peronospora Capsellae. Peronospora infestans und die dadurch hervorgerufene Kartoffelkrankheit. Puccinia Graminis und das dazugehörige Aecidium auf Berberis. Puccinia Straminis. Rost und Brand des Getreides. Traubenkrankheit. Monaden, Bakterien, Vibrionen.

    B. Thierische Gebilde. 234

Blutkörperchen. Epithelien. Fettgewebe, Bindegewebe, Knorpel- und Knochengewebe. Muskeln. Haare, Schuppen, Federn ꝛc. Zergliederung ganzer Thiere. Stubenfliege. Entozoen. Finnen und Bandwürmer. Trichinen. Anguillulae. Infusorien. Milben.

3. Mikroskopische Untersuchungen zur Prüfung von Handelswaaren und zu technischen Zwecken. 256

Pflanzliche und thierische Fasern und aus ihnen verfertigte Gewebe. Leinenfasern. Baumwollenfasern. Wolle. Wollmesser. Seidenfasern. Stärke und Mehl. Milch. Kaffee. Verschiedene Holzarten. Guano.

Dritte Abtheilung.

Das Mikroskop als Werkzeug für bestimmte Berufskreise, wie als Hülfsmittel der Unterhaltung und Belehrung für Jedermann. Bezugsquellen von Mikroskopen und mikroskopischen Nebenapparaten. 267

Wichtigkeit des Mikroskopes für Naturforscher, Chemiker, Aerzte, Apotheker, Landwirthe, Gärtner, Viehzüchter, Fleischer; für Techniker, Fabrikanten, Gewerbtreibende, Kaufleute; die Staatsbehörden, Sanitätsbeamte; für die Hausfrau und die Familie. 267
Bezugsquellen von Mikroskopen, mikroskopischen Nebenapparaten und Präparaten. 270

Verzeichniß der Figuren.

Fig. 1. S. 7. Erläutert Gesichtswinkel und Perspective.
» 2 und 3. » 8 und 9 zeigen, wie die einzelnen Theile der gesehenen Gegenstände die verschiedenen lichtempfindlichen Theile der Netzhaut des Auges treffen.
» 4. » 10. Gang der Lichtstrahlen beim Sehen in der normalen Sehweite.
» 5. » 11. Derselbe, wenn der Gegenstand dem Auge zu nahe gebracht wird.
» 6 a u. b. » 12. Sehen naher Gegenstände mit Hülfe einer Convexlinse.
» 7—11. » 13. Glaslinsen von verschiedener Form.
» 12. » 14. Lineare oder Vergrößerung im Durchmesser und Flächenvergrößerung.
» 13. » 16. Achromatische Linse.
» 14. » 17. Zusammengesetzte nicht achromatische Linse, und ebenso Ocular eines zusammengesetzten Mikroskopes.
» 15. » 17. Zusammengesetzte achromatische Lupe (Doublet) und ebenso achromatisches Linsensystem eines zusammengesetzten Mikroskopes.
» 16. » 19. erläutert die Wirkung eines zusammengesetzten Mikroskopes.
» 17. » 21. Billiges Mikroskop a von Wasserlein.
» 18 a. » 23. Zusammengesetztes Objectiv, die einzelnen Linsen zum Auseinanderschrauben.
» 18 b. » 25. Achromatische Linse.
» 19—21. » 28. erläutern die verschiedenen Arten der Beleuchtung mikroskopischer Objecte.
» 22. » 29. Gang der Lichtstrahlen, die von einem Hohlspiegel zurückgeworfen werden.
» 23, 24. » 31. Drehscheibenblendungen.
» 25. » 35. Mikroskop von Hasert.

Verzeichniß der Figuren.

IX

Fig. 26. S. 35. Mikroskop von Engelbert und Hensoldt.
„ 27. „ 49. Glasmikrometer in's Ocular zu legen.
„ 28. „ 63. Indicator am Objecttisch.
„ 29, 30. „ 83. Schmetterlingsschuppen von Hipparchia Janira.
„ 31, 32. „ 84. Pleurosigma attenuatum.
„ 33, 34. „ 85. Pleurosigma angulatum.
„ 35. „ 87. Drahtgitter als Prüfungsmittel der Mikroskope.
„ 36. „ 88. Bild des Drahtgitters durch eine Luftblase verkleinert.
„ 37. „ 101. Stück eines Schmetterlingsflügels bei auffallendem Lichte.
„ 38. „ 109. Luftblasen unter dem Mikroskope.
„ 39. „ 111. Haarröhrchen von Glas als mikroskopisches Object.
„ 40. „ 121. Doppelmesser.
„ 41. „ 132. Einwirkung von Reagentien auf mikroskopische Objecte durch Vermittelung von Fäden.
„ 42. „ 147. Trocknes mikroskopisches Präparat mit Papierverschluß.
„ 43 u. 44. „ 152. Präparat mit Wachs- oder Lackverschluß und Schutzleisten, von oben und von der Seite gesehen.
„ 45 u. 46. „ 159. Pappetuis zur Aufbewahrung mikroskopischer Präparate, von oben und von der Seite gesehen.
„ 47 A. „ 167. Tafelförmiger Gypskrystall.
„ 47 B. „ 169. erläutert die Messung der Neigungswinkel von Flächen und Kanten mikroskopischer Krystalle.
„ 48. „ 177. Schematische Abbildung einer Pflanzenzelle.
„ 49 a. b. „ 178. Vermehrung von Pflanzenzellen durch Bildung neuer Zellen im Innern.
„ 50. „ 179. Stärkekörner (Amylum) aus Weizenmehl.
„ 51. „ 180. Merenchymgewebe.
„ 52 u. 53. „ 181. Parenchym- und Prosenchymzellen.
„ 54. „ 184. Zellen mit verdickten Wänden aus dem Fleische von Birnen.
„ 55. „ 185. Pflanzengefäße — ringförmig, spiralig, getüpfelt, gestreift, treppenförmig.
„ 56 a. „ 186. Leinenfasern.
„ 56 b. „ 186. Baumwollenfasern.
„ 57. „ 188. Radiale und tangentiale Schnitte eines Pflanzenstengels.
„ 58 A. „ 196. Spaltöffnungen und Oberhautzellen der Unterfläche eines Kartoffelblattes.
„ 58 B. „ 196. Durchschnitt eines Kartoffelblattes.
„ 59 A u. B. „ 201. Samenkorn der Gerste und Keim desselben.
„ 60. „ 209. Penicillium glaucum.
„ 61. „ 210. Ascophora.
„ 62 A. „ 210. Mucor Mucedo.
„ 62 B. „ 211. Melidium.
„ 63. „ 211. Hefenzellen.
„ 64. „ 211. Botrytis (Traubenschimmel).
„ 65. „ 212. Stysanus.
„ 66. „ 213. Peronospora auf Capsella Bursa pastoris.
„ 67—72. „ 217 u. 218. Pilz der Kartoffelkrankheit (Peronospora infestans).
„ 73—76. „ 224, 226 u. 227. Getreiderost von Puccinia Graminis mit dem dazugehörigen Aecidium.
„ 77. „ 228. Teleutosporen von Puccinia Straminis.
„ 78, 79. „ 229. Sporen und Mycelium von Ustilago Carbo.

Verzeichniß der Figuren.

Fig. 80.   S. 230. Sporidien von Tilletsia Caries.
 » 81.   » 230. Dieselben von Urocystis occulta.
 » 82.   » 231. Traubenkrankheit (Oidium oder Erysiphe Tuckeri).
 » 83.   » 233. Monaden, Bacterien und Vibrionen.
 » 84.   » 235. Menschliche Blutkörperchen.
 » 85.   » 237. Fettzellen.
 » 86.   » 238. Quergestreifte Muskelfasern.
 » 87.   » 239. Haare der Schafwolle.
 » 88 u. 89. » 243. Schweinefinne und Kopf des gewöhnlichen Menschenbandwurms.
   90—99. » 245, 246, 247, 248, 249. Trichinen.
 » 100.   » 251. Psorospermienschlauch (Rainey'sches Körperchen) in der Muskelfaser eines Schweines.
   101 A u. B. » 253. Infusorien (Paramaecium, Kolpoda, Euplotes Charon, Coleps).
 » 102 A. » 255. Räderthier (Lepadella ovalis).
 » 102 B. » 256. Milben (Weinstocksmilbe und Krätzmilbe des Kaninchens).
 » 103.   » 260. Seidenfasern.
   104, 105. » 260. Stärkekörner der Kartoffel und des Reises.
 » 106, 107. » 262. Mikroskopische Elemente der Milch.
 » 108.   » 263. Gewebe der Kaffeebohne.
 » 109.   » 256. Diatomeen im peruanischen Guano.

Die großartigen Fortschritte, welche unsere gegenwärtigen Lebensverhältnisse vor denen früherer Zeiten in so vieler Hinsicht voraus haben, sie beruhen fast ganz auf einer gründlicheren Erforschung und besseren Benutzung der Naturkräfte. Mit Hülfe derselben wurden Eisenbahnen und Telegraphen in's Leben gerufen, dadurch weite Entfernungen abgekürzt, ja fast zum Verschwinden gebracht; lange Zeiträume, deren man früher bedurfte, auf kurze Spannen reducirt. Mit ihrer Hülfe wurden durch die Einführung zahlreicher Maschinen und die Anwendung des Dampfes die Productionskräfte des Menschen erhöht und das Maaß seiner Leistungen gesteigert. Dies brachte nicht blos denen Gewinn, welche diese Erfindungen der Neuzeit zu ihrem eigenen Nutzen ausbeuteten und sich dadurch in vielen Fällen große Vermögen erwarben. Auch die große Menge zog daraus den nicht geringeren Vortheil, daß sich Jedermann viele Bedürfnisse und so manches zum Lebensgenuß Dienende jetzt viel billiger und leichter verschaffen kann als früher.

In allen civilisirten Ländern hat sich diese Richtung der Gegenwart bereits Bahn gebrochen. Sie überwindet in ihrem gewaltigen Fortschreiten alle Hindernisse und schiebt bei Seite oder zermalmt alles, was sich ihrem Siegeslaufe hemmend in den Weg stellen will. Selbst derjenige, welcher nicht alle Folgen derselben zu billigen oder für ein Glück zu halten vermag, kann doch nicht umhin, wenigstens ihre Berechtigung anzuerkennen, und, will er anders in der Welt eine einflußreiche Stellung erringen und behaupten, ihre Ergebnisse für seine Zwecke zu benützen.

Viel weniger allgemeine Beachtung und praktische Benutzung, als diese großartige Entwicklung der Maschinenkräfte, der Eisenbahnen und Telegraphie 2c. hat bis jetzt ein Fortschritt der Naturwissenschaften nach einer anderen Richtung hin gefunden, der sich in den letzten Jahrzehnten mehr in der Stille und vorzugsweise in wissenschaftlichen Kreisen entwickelt hat — die Anwendung des Mikroskopes zu verschiedenartigen Zwecken. Und doch vermag auch er neben Erweiterung unserer Kenntnisse und Anschauungen in vieler Hinsicht einen großen praktischen Nutzen zu gewähren, nicht blos für Gelehrte, auch für viele geschäftliche Berufskreise, für das Leben in der Familie, ja für Jedermann!

Während jene früher erwähnte Richtung die Aufgabe löst, Zeit, Raum und Arbeitskräfte zu sparen, und dazu die uns bekannte Welt, um sie leichter beherrschen zu können, gewissermaßen in einen engeren Rahmen zusammendrängt — erweitert dieser andere Fortschritt der Naturwissenschaften vielmehr den Raum für uns in's Unendliche, ja lehrt neue, unseren unbewaffneten Sinnesorganen unbekannte Welten kennen. Er zeigt, wie das, was wir als scheinbar klein und höchst einfach kaum der Beachtung würdigen, bisweilen in seiner Art unendlich groß und höchst mannigfaltig ist, so daß ein einziger Wassertropfen eine von zahlreichen Pflanzen und Thieren der verschiedensten Art bevölkerte Welt im Kleinen bilden kann, deren Betrachtung Auge und Geist entzückt. Er lehrt uns, wie manche dem unbewaffneten Auge gar nicht sichtbare Formverschiedenheiten der allergewöhnlichsten Dinge so wesentliche Unterschiede ihrer Eigenschaften bedingen, daß davon häufig ihre Güte und Brauchbarkeit hauptsächlich abhängt, und giebt uns damit erst die Mittel an die Hand, den Werth vieler Waaren richtig zu bestimmen oder Fälschungen derselben zu erkennen. Er allein setzt uns in den Stand, die wahren Ursachen mancher Krankheiten des Menschen, unserer Hausthiere oder wichtiger Culturpflanzen zu erforschen, erfolgreich zu bekämpfen und uns dadurch vor Beschädigungen der Gesundheit, selbst dem Tode, oder vor ökonomischen Verlusten, ja großartigen socialen Calamitäten zu bewahren, wie so manche Beispiele der Neuzeit: die Trichinenkrankheit, die Krankheit der Weinstöcke, der Kartoffeln, der Seidenraupen u. s. f., auf's schlagendste beweisen.

Dies Alles leisten die **Vergrößerungsgläser** oder **Mikroskope***). Eine Erfindung des Mittelalters, vom Ende des siebzehnten Jahrhunderts an im Gebrauch und bis zur Gegenwart mehr und mehr vervollkommnet, wurden die Mikroskope seit langer Zeit von den Gelehrten vielfach benützt, um namentlich die Naturwissenschaften nach vielen Richtungen hin zu erweitern. Doch blieb ihre Anwendung, hauptsächlich wegen des hohen Preises der früheren Instrumente, bis auf die letzten Jahre vorzugsweise auf diese exclusiven Kreise beschränkt. Und auch jetzt noch, wo man ganz brauchbare Mikroskope für eine sehr geringe Summe erhalten kann, und ihr Gebrauch immer allgemeiner wird, haben sie doch beim „großen Publicum" noch immer nicht diejenige Anerkennung und Verbreitung gefunden, welche sie verdienen. Es ist der Zweck dieser Schrift, das Mikroskop, so wie den Nutzen und die Annehmlichkeit, welche fast Jedermann daraus ziehen kann, auch in weiteren Kreisen bekannt machen zu helfen, und zugleich eine Anleitung zu dessen Gebrauch für sehr verschiedenartige Zwecke zu geben. Die bisherigen zahlreichen Schriften über das Mikroskop und dessen Anwendung haben fast alle eine bestimmte Klasse von Lesern im Auge, sind meist fast ausschließlich für Naturforscher vom Fache, Zoologen, Botaniker oder für Aerzte bestimmt, setzen daher manche Vorkenntnisse voraus, die nicht Jedermann besitzt, und beschreiben Mikroskope und mikroskopische Hülfsapparate, deren Anschaffung Hunderte kostet und die zwar für gewisse specielle Zwecke wünschenswerth, ja nothwendig, für die meisten anderen aber entbehrlich sind, etwa wie ein Mathematiker von Fach höherer Rechnungsarten, der Differential- und

---

*) Der Name Mikroskop ist gebildet aus den griechischen **mikron** klein und **skopein** sehen, bedeutet also ein Instrument, um Kleines, dem unbewaffneten Auge nicht oder nur unvollkommen Erkennbares sichtbar zu machen.

Integralrechnung, der Methode der kleinsten Quadrate ꝛc. bedarf, während für das gewöhnliche Leben und die meisten praktischen Berufsarten die vier Species und einige andere einfachere Rechnungsarten in der Regel ausreichen. Der Verfasser dieser Schrift stellte sich die Aufgabe, das Mikroskop und seine Anwendung in den häufiger vorkommenden Fällen des gewöhnlichen Lebens für Jedermann zu schildern, also gewissermaßen ein Elementarwerk für den Gebrauch des Mikroskopes zu liefern, welches durch seine Billigkeit selbst Jedermann zugänglich, auch solche Mikroskope und mikroskopische Hülfsapparate vorführt, die sich für geringen Preis erwerben lassen. Dieser Aufgabe entsprechend verzichtet es auf alle gelehrten Citate, wird aber für Diejenigen, welche sich noch weiter, über die hier zu ziehenden Grenzen hinaus, unterrichten wollen, auch theurere, jedoch für gewisse Zwecke unentbehrliche Hülfsapparate und deren Anwendung beschreiben, so wie die Titel von Schriften angeben, welche als Quellen für eine weitere Belehrung dienen können.

Um die Uebersicht des Inhaltes zu erleichtern und zugleich in den praktischen Gebrauch des Mikroskopes für die verschiedenartigsten Zwecke einzuführen, zerfällt die Schrift in mehrere Abtheilungen.

Die erste Abtheilung schildert die Einrichtung der Mikroskope, ihre Theile, ihre wichtigsten Hülfsapparate, und giebt eine Anleitung zu ihrem Gebrauche, so wie zur Herstellung und Aufbewahrung mikroskopischer Präparate.

Die zweite Abtheilung führt, in einer Reihe von Beispielen, einige specielle Aufgaben der mikroskopischen Untersuchung vor, welche am häufigsten in Anwendung kommen, oder ein besonderes Interesse darbieten, wie: die kleinsten Theile unorganisirter Naturkörper — die wichtigsten Formelemente der organisirten Naturkörper — die kleinsten Gebilde des Pflanzen- und Thierreiches in ihrer Bedeutung für den Haushalt der Natur und den des Menschen — pflanzliche und thierische Fasern, welche in der Technik eine Rolle spielen — die wichtigsten Nahrungsmittel und die Erkennung ihrer Güte oder ihrer Verfälschungen durch das Mikroskop u. s. w.

Eine dritte Abtheilung erläutert den Gebrauch des Mikroskops als Werkzeug für bestimmte Berufskreise: für den Naturforscher, den Arzt, den Fleischer und Viehzüchter, den Landwirth, den Kaufmann und Gewerbtreibenden, für die Hausfrau ꝛc., schildert das Mikroskop als Hülfsmittel von Belehrung und Unterhaltung für Jedermann, und theilt schließlich Adressen mit, durch welche Mikroskope, mikroskopische Hülfsapparate und Präparate bezogen werden können.

Erste Abtheilung.

Die Bestandtheile der Mikroskope und deren Wirkungsweise.

Einfache Mikroskope.

Um die Einrichtung der Mikroskope und deren Wirkungsweise zu verstehen, ist es nothwendig, gewisse Sätze der Lehre vom Sehen und der Eigenschaften des Lichtes Optik zu kennen. Wir beginnen damit, diese in aller Kürze vorauszuschicken. Indem wir dabei von Thatsachen und Erfahrungen ausgehen, die Jedermann bekannt sind oder von deren Wahrheit sich Jeder durch einfache Versuche leicht überzeugen kann, wollen wir von jeder mathematischen Begründung absehen und uns mit solchen Erläuterungen begnügen, die zum Verständniß der Wirkungsweise der Mikroskope und ihres Gebrauches unerläßlich sind. Wer eine weiter eingehende Belehrung sucht, findet dieselbe in jedem Lehrbuche der Physik oder Optik.

Die Größe, in welcher uns ein Gegenstand erscheint, den wir sehen, richtet sich bekanntlich nach seiner Entfernung von unserem Auge. Er hängt ab von dem Winkel, unter welchem zwei von dessen Endpuncten nach unserem Auge gezogene gerade Linien sich in demselben schneiden — dem sogenannten Gesichtswinkel. Alle Gegenstände, welche wir unter demselben Gesichtswinkel sehen, erscheinen uns gleich groß und größer oder kleiner, je nachdem ihr Gesichtswinkel größer oder kleiner ist. Daher kommt es, wie Fig. 1. anschaulich macht, daß ein in die Nähe des Auges gehaltener Finger uns größer erscheinen kann, als ein entfernter 80 Fuß hoher Baum, oder als ein noch weiter entfernter, über 100 Fuß hoher Thurm. Man bezeich=

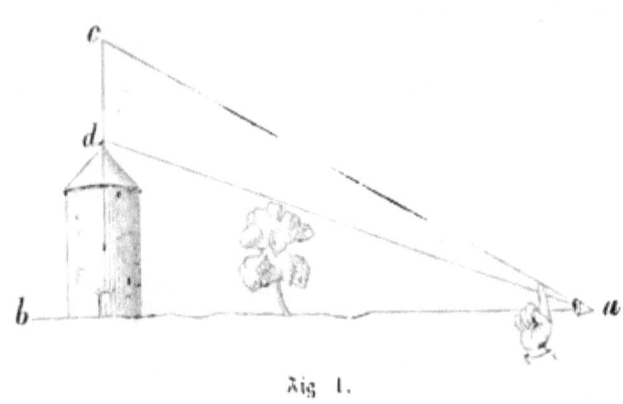

Fig. 1.

net bekanntlich diese ungleiche scheinbare Größe, in welcher verschieden entfernte Gegenstände dem Auge erscheinen, in der Zeichenkunst mit dem Ausdruck „Perspective" und ein Bild wird perspectivisch falsch, sobald es die von der verschiedenen Entfernung abhängigen Größenverhältnisse der abgebildeten Gegenstände nicht richtig wiedergiebt.

Dieses Verhältniß der Größe des Gesichtswinkels eines Gegenstandes zu seiner wirklichen Größe ist — abgesehen von kleinen Abweichungen, welche die Brechung der Lichtstrahlen durch die Luft dabei ausübt, — so genau, daß es möglich ist, dadurch die Größe eines entfernten Gegenstandes, z. B. die Höhe eines Berges oder Thurmes genau zu messen. Man braucht dazu nur den Gesichtswinkel d a b und die gerade Entfernung des Gegenstandes vom Auge in der Richtung der Linie a b möglichst genau zu messen.

Aus diesem Grunde haben kleine Kinder noch keinen richtigen

Fig. 1. b a d Gesichtswinkel, unter welchem ein entfernter Baum und ein noch entfernterer Thurm dem Auge in a erscheinen. b a c Gesichtswinkel eines dem Auge viel näher stehenden Fingers. Ersterer (= 20°) ist für die beiden entfernten Gegenstände gleich, daher dieselben gleich groß erscheinen. Letzterer (= 30°) ist viel größer, weshalb der Finger um ⅓ seiner Länge die beiden viel größeren, aber weiter entfernten Gegenstände zu überragen scheint.

Maaßstab für die Größe und Entfernung von Gegenständen. Kleinere nahe und größere entferntere Dinge erscheinen ihnen gleich groß und sehr entfernte große Gegenstände so nahe, daß sie glauben, dieselben erfassen zu können; daher die häufig als Sprüchwort gebrauchte Redensart: „Kinder greifen nach dem Monde." Erst allmählich erlangen sie durch vergleichendes Nachdenken und fortgesetzte Uebung die Fähigkeit, Größe und Entfernung der Gegenstände, welche sie sehen, richtig abzuschätzen — eine Fähigkeit, die, wie alle, um so höher ausgebildet werden kann, je mehr sie geübt wird und daher selbst bei vielen Erwachsenen aus Mangel an Uebung eine sehr beschränkte bleibt.

Aus denselben Gründen können wir Gegenstände unserem Auge größer erscheinen lassen — sie also vergrößern —, wenn wir näher an dieselben herantreten oder umgekehrt, sie unserem Auge näher bringen. Wir sehen dann die Gegenstände nicht blos **größer**, sondern auch **deutlicher**, d. h. wir bemerken an denselben eine Menge Einzelheiten, welche in einer größeren Entfernung nicht sichtbar sind.

Dieser letztere Umstand beruht auf einer eigenthümlichen Einrichtung unseres Auges. Der eigentlich lichtempfindende Theil desselben besteht aus einer mosaikartigen Aneinanderfügung von sehr zarten Elementen, welche in Form eines höchst dünnen Häutchens ausgebreitet sind. Auf dieses Häutchen entwerfen die von den gesehenen Gegenständen ausgehenden, in's Auge eindringenden Lichtstrahlen ein getreues Bild des Gegenstandes, welches von dem Sehnerven zum Gehirn fortgeleitet wird und dort zum Bewußtsein gelangt.

Fig. 2.

Dieses Bild ist zusammengesetzt aus den verschiedenen Bildchen, welche auf die einzelnen lichtempfindenden Theilchen des Auges fallen, erscheint jedoch, ähnlich wie eine Stickerei oder Mosaik Fig. 2, die wir aus größerer Entfernung betrachten, in welcher das Getrenntsein der einzelnen Bildchen verschwindet, dem Bewußtsein als ein verschmolzenes Ganzes ohne alle Zwischenräume und Unterbrechungen. Wir unterscheiden am gesehenen Gegenstande aber nur diejenigen

Einzelheiten, deren Bilder auf verschiedene lichtempfindliche Theilchen des Auges fallen. Alle Theile desselben, deren Bilder sich in demselben empfindenden Theilchen des Auges vereinigen, erscheinen uns einfach. Daher erblicken wir Fig. 3 einen sehr weit entfernten Baum (a, dessen Bild auf einen einzigen empfindenden Theil des Auges fällt, als bloßen Punct ohne alle Einzelheiten. Kommen wir ihm etwas näher, so daß sein Bild auf mehrere empfindende Theilchen des Auges fällt, so können wir bereits Stamm und Laub-

Fig. 3.

werk an demselben unterscheiden b, und in noch größerer Nähe erkennen wir selbst einzelne Zweige und Blätter c.

Die Vergrößerung eines Gegenstandes den wir sehen, und zugleich die Menge der Einzelheiten, welche wir an demselben erkennen, wächst also mit seiner Annäherung an das Auge. Doch ist einer solchen Vergrößerung von Gegenständen durch größere Annäherung an das Auge durch eine anderweitige Einrichtung unseres Sehorgans eine gewisse Grenze gesteckt. Die tägliche Erfahrung lehrt uns, daß wir die Gegenstände nur in einer gewissen Entfernung vom Auge deutlich sehen. Bringt man sie näher an dasselbe, so werden sie undeutlich und zuletzt gar nicht mehr erkennbar. Davon kann sich Jedermann leicht überzeugen, wenn er irgend einen Gegenstand erst in einer gewissen Entfernung vom Auge betrachtet, in welcher er ihn noch deutlich sieht, und dann dem Auge mehr und mehr nähert.

Man nennt diese Entfernung vom Auge, bis zu welcher man einen Gegenstand demselben nähern kann, ohne daß er undeutlich wird, die Sehweite. Diese ist auch bei vollkommen normalen Augen einigermaßen veränderlich und schwankt innerhalb der Grenzen von etwa 6 bis zu 12 Zoll. Noch größer sind ihre Schwankungen bei nicht ganz normalen Augen. Bei Weitsichtigen wird sie größer — kleiner dagegen bei Kurzsichtigen, daher letztere im Stande sind, kleinere Gegenstände viel deutlicher zu erkennen, als erstere, weil sie dieselben näher an ihr Auge bringen können. Wir werden später sehen, daß die Vergrößerung eines Mikroskopes sich nach der Größe richtet, welche man für die Sehweite zu Grunde legt, so daß ein Mikroskop, welches 50 mal vergrößert, wenn man eine Sehweite von 6 Zoll zu Grunde legt, eine 100 malige Vergrößerung gewährt, wenn man eine Sehweite von 12 Zollen annimmt. Daher muß eigentlich bei jeder Vergrößerung angegeben werden, bei welcher Sehweite dieselbe berechnet ist. Gewöhnlich legt man bei Berechnung der Vergrößerung eines Mikroskopes eine Sehweite von 8 Pariser Zollen, oder eine solche von 25 Centimeter (etwa 9¼ Zolle) zu Grunde.

Der Umstand, daß wir die Gegenstände noch deutlich sehen, welche sich in der Entfernung der Sehweite von unserem Auge befinden, aber nicht mehr oder nur unvollkommen, wenn sie näher an dasselbe rücken, findet in Folgendem seine Erklärung. Jeder Punct eines gesehenen Gegenstandes schickt Lichtstrahlen nach der Oberfläche unseres Auges, von denen die, welche auf durchsichtige Augentheile fallen, in das Innere weiter vordringen. Dort erleiden sie aber durch die Wirkung gewisser Theile des Auges, der Hornhaut, der Linse ꝛc. eine Brechung, d. h. eine Ablenkung von ihrem geraden Wege. Nach dieser Brechung auf dem empfindlichen Häutchen des Auges, der Netzhaut angelangt, entwerfen sie nur dann ein deutliches Bild des gesehenen Gegenstandes, wenn alle die Lichtstrahlen, welche von einem und demselben Puncte des Gegenstandes ausgehen, sich nach ihrer Brechung auf einem und demselben empfindlichen Theilchen des Auges wieder vereinigen — geschieht dieses nicht, zerstreuen sie sich über mehrere einander benachbarte

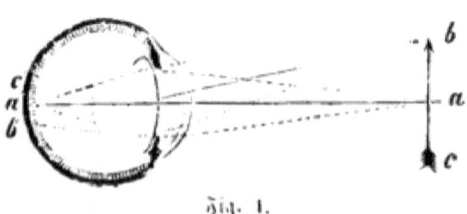

Fig. 1.

Puncte der empfindlichen Netzhaut, so entsteht ein undeutliches, verworrenes Bild des Gegenstandes. Die beiden Figuren 4 und 5 werden dies anschaulich machen. In Fig. 4 befindet sich der Pfeil b a c in der Entfernung der deutlichen Sehweite vom Auge. Alle vom Puncte b desselben ausgehenden Lichtstrahlen, welche das Auge treffen, werden in demselben so gebrochen, daß sie sich auf einem und demselben empfindlichen Theilchen der Netzhaut, bei b', wieder vereinigen. Dasselbe gilt von den Lichtstrahlen, welche von anderen Puncten des Gegenstandes ausgehen. So vereinigen sich die von a ausgehenden nach ihrer Brechung in dem empfindlichen Theilchen des Auges a', die von c ausgehenden in c' u. s. w. Jedes empfindliche Theilchen des Auges wird in diesem Falle nur von Strahlen getroffen, welche von einem und demselben Puncte des Gegenstandes ausgehen, und so entsteht im Auge ein aus scharf gesonderten Theilchen bestehendes Bild, welches als scharfes und treues Abbild des gesehenen Gegenstandes zum Bewußtsein kommt.

Anders verhält es sich in Fig. 5, wo derselbe Pfeil dem Auge näher gerückt ist, als die Weite des deutlichen Sehens erlaubt. Hier werden die von dem Puncte a ausgehenden Lichtstrahlen nach ihrer Brechung im Auge nicht

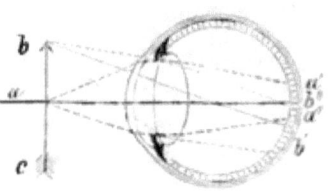

Fig. 5.

mehr in einem und demselben empfindlichen Theilchen der Netzhaut vereinigt, sie verbreiten sich über mehrere solcher Theilchen, über den ganzen Raum von a' bis a'', ebenso die vom Puncte b ausgehenden über den Raum von b' bis b'' u. s. f. Auf dieselben empfindlichen Theilchen des Auges gelangen also Lichtstrahlen, die von mehreren benachbarten Puncten des gesehenen Gegenstandes ausgehen. Dadurch wird aber das auf der Netzhaut entworfene und zum Bewußtsein gelangende Bild des gesehenen Gegenstandes ein verworrenes und undeutliches.

Es giebt nun ein sehr einfaches Mittel, diesem Uebelstande abzuhelfen. Dies besteht darin, daß man ein auf gewisse Art geschliffenes Glas — eine Glaslinse, wie z. B. ein gewöhnliches, Jedermann bekanntes Brennglas — zwischen das Auge und den zu sehenden Gegenstand hält, wie es Fig. 6 erläutert. Durch eine solche erleiden nämlich die von jedem Puncte des gesehenen Gegenstandes ausgehenden Lichtstrahlen bereits **vor** dem Auge eine Brechung, welche, wenn sich der Gegenstand in der richtigen Entfernung vom Auge befindet, in Verbindung mit der im Auge selbst stattfindenden Brechung bewirkt, daß alle von demselben Puncte des Gegenstandes ausgehenden Lichtstrahlen wieder auf einem und demselben empfindenden Theilchen des Auges vereinigt werden, die von a ausgehenden in a', die von b kommenden in b' u. s. f. Es entsteht also ebenso wie in Fig. 4 im Auge und im Bewußtsein ein scharfes und deutliches Bild des Gegenstandes. Dies ist aber, weil der Gegenstand dem Auge näher gerückt ist, größer, als das in Fig. 4 erscheinende und zeigt zugleich viel mehr Einzelheiten, als dasselbe Auge ohne Vermittelung der Glaslinse zu erkennen vermag. Die Vergrößerung wird um so bedeutender, je größer die Convexität der Linse. Sie ist daher in Fig. 6 a bedeutender als in Fig. 6 b.

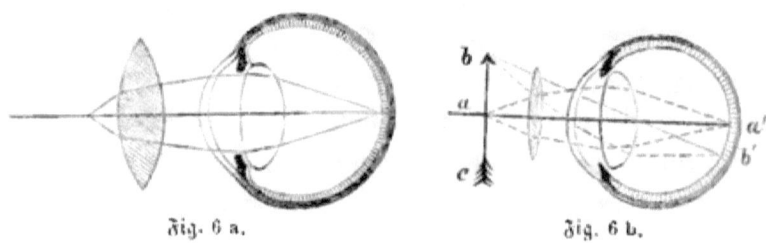

Fig. 6 a.   Fig. 6 b.

Dieß erklärt, wie auf eine gewisse Weise geschliffene Glaslinsen als einfache Vergrößerungsgläser dienen können. Man sieht durch sie den Gegenstand ganz in derselben Lage, wie er dem unbewaffneten Auge erscheint, während bei den später zu betrachtenden sog. zusammengesetzten Mikroskopen ein **umgekehrtes** Bild des Gegenstandes gesehen wird.

Soll eine Glaslinse als Vergrößerungsglas wirken, so muß sie nach außen gewölbte convexe Flächen besitzen, welche Abschnitte einer Kugel bilden. Man unterscheidet Glaslinsen, welche auf **beiden Seiten** gewölbt sind biconvexe — Fig. 7 und 8 — und solche, welche nur auf einer Seite convex, auf der anderen eben sind (planconvexe — Fig. 9. Beide können als Vergrößerungsgläser dienen, während die auf einer oder beiden Seiten ausgehöhlten (die biconcaven Fig. 10 und planconcaven Fig. 11) nicht vergrößern, sondern im Gegentheil verkleinern. Sie dienen als Brillengläser für Kurzsichtige. Doch werden sie auch, wie wir später sehen werden, in Verbindung mit biconvexen Linsen bei gewissen zusammengesetzten Arten von Vergrößerungsgläsern gebraucht.

Fig. 7.   Fig. 8.   Fig. 9.   Fig. 10.   Fig. 11.

Die Vergrößerung, welche man durch eine convexe Linse erhält, richtet sich nach ihrer Wölbung oder Convexität. Je stärker dieselbe ist, oder je kleiner die Kugel, von welcher die Linse einen Abschnitt bildet, um so stärker wird auch die Vergrößerung, welche dieselbe gewährt. Die stärker gewölbte biconvexe Linse Fig. 8 vergrößert daher auch stärker als die weniger gewölbte Fig. 7, und eine planconvexe Linse Fig. 9 vergrößert nur halb so stark als eine biconvexe von gleicher Krümmung. Da eine Glaslinse um so kleiner zu sein pflegt, je kleiner die Kugel ist, von welcher ihre gewölbten Flächen Abschnitte bilden, so vergrößert in der Regel eine Glaslinse um so stärker, je **kleiner** sie ist.

Will man die Vergrößerung einer Linse genauer bestimmen, so muß dabei immer die früher S. 9 erwähnte Sehweite den Ausgangspunct bilden. Erlaubt eine Linse z. B. den Gegenstand noch in einer Entfernung von 2 Zoll vom Auge deutlich zu sehen, so vergrößert sie, die Sehweite zu 8 Zoll angenommen, $^8/_2 = 4$ mal, dagegen, wenn man die Sehweite zu 12 Zoll annimmt, $^{12}/_2 = 6$ mal, und wenn dieselbe nur zu 6 Zoll angenommen wird, $^6/_2 = 3$

Fig. 7—11 verschiedene Glaslinsen, 7 schwach biconvex, 8 stark biconvex, 9 planconvex, 10 biconcav, 11 planconcav.

mal. Da nun die wirkliche Sehweite bei verschiedenen Personen verschieden ist, wegen Verschiedenheiten in den Brechungsverhältnissen ihrer Augen, wodurch die Lichtstrahlen in denselben eine etwas verschiedene Brechung erleiden — und zwar bei Weitsichtigen größer, bei Kurzsichtigen geringer, so vergrößert in der That dieselbe Linse für eine weitsichtige Person stärker als für eine kurzsichtige, und letztere kann Manches bereits mit unbewaffnetem Auge erkennen, wozu erstere eines Vergrößerungsglases bedarf. Will man aber die Vergrößerungsfähigkeit mehrerer Linsen genau mit einander vergleichen, so muß man natürlich für alle dieselbe Sehweite zu Grunde legen, und wählt dazu wie schon oben erwähnt, gewöhnlich eine mittlere von 8 Pariser Zoll, oder die etwas größere von 25 Centimeter.

Gewöhnlich begnügt man sich damit, anzugeben, um wieviel ein durch eine Linse betrachteter Gegenstand nach einer Richtung vergrößert wird, also z. B. der Pfeil in Fig. 6 b nach seiner Längsrichtung von b nach c. Will man dies genauer bezeichnen, so spricht man von einer linearen Vergrößerung, oder von der Vergrößerung im Durchmesser. Eigentlich wird aber jeder Gegenstand nach zwei Richtungen, d. h. nach seiner Fläche vergrößert. So wird das Quadrat a b c d Fig. 12 zum Quadrate A B C D vergrößert. Diese Flächenvergrößerung erhält man, wenn man die lineare Vergrößerung mit sich selbst multiplicirt. Einer Linearvergrößerung von 10 entspricht also eine Flächenvergrößerung von 10 × 10

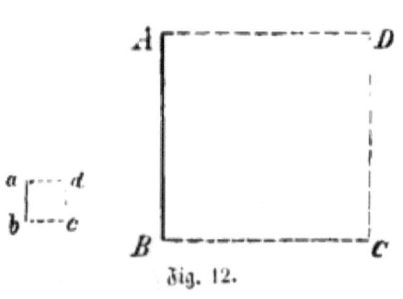

Fig. 12.

= 100, einer Vergrößerung von 500 mal im Durchmesser eine Flächenvergrößerung von 500 × 500 = 250,000. Da die großen Zahlen der Flächenvergrößerungen unbequem sind und keinen Nutzen gewähren, so führt man sie gewöhnlich nicht an, und begnügt sich mit Angabe der Linearvergrößerung. Nur Marktschreier machen bisweilen von ihnen Gebrauch, um durch scheinbar ungeheure Vergrößerungen ihrer Mikroskope einem unwissenden Publicum zu imponiren.

Von solchen aus einfachen Glaslinsen bestehenden Vergrößerungsgläsern, wie wir sie bis jetzt betrachtet haben, wird im Leben vielfach, zu sehr verschiedenen Zwecken, Gebrauch gemacht. Die schwächeren derselben dienen als **Brillen**, um weitsichtigen Personen, welche kleinere Gegenstände ihren Augen nicht so nahe bringen können, um sie deutlich zu sehen — das Lesen, Schreiben, Nähen u. s. f. möglich zu machen. Etwas stärkere bilden die sog. **Lupen**, die, gewöhnlich nur für **ein** Auge bestimmt, in Horn, Holz oder Messing gefaßt, wohl auch an ein eigenes Gestelle befestigt werden. Man braucht sie häufig in den Naturwissenschaften zur genaueren Betrachtung feiner Theile von Pflanzen, Insecten, Mineralien u. s. f. — sie sind unentbehrlich für manche Arbeiter, wie Uhrmacher, Kupferstecher, Holzschneider ꝛc. Mit einer besonderen Vorrichtung versehen, als sog. **Fadenzähler**, können sie dienen, um bei Geweben die Zahl der in einer bestimmten Fläche nebeneinander liegenden Fäden so wie die Beschaffenheit der letzteren zu erkennen, und darnach die Feinheit und Güte, somit den Werth eines Gewebes genauer zu bestimmen, als dies mit unbewaffnetem Auge möglich wäre.

Diese einfachen Lupen eignen sich jedoch nur für ganz schwache Vergrößerungen, die 6 bis 8 mal im Durchmesser nicht übersteigen dürfen. Will man sie zu stärkeren Vergrößerungen gebrauchen, so treten allerlei Uebelstände ein, deren Hauptursachen wir in aller Kürze betrachten wollen.

Bei ihrem Durchgange durch Glaslinsen, welche Abschnitte von Kugeln bilden, werden nicht alle Lichtstrahlen auf ganz gleiche Weise gebrochen. Die Strahlen, welche durch den Rand der Linse hindurchgehen, erleiden eine etwas andere Brechung als die, welche die Mitte der Linse durchdringen. Dadurch wird aber das Bild einigermaßen undeutlich. Man nennt dies die Abweichung wegen der Kugelgestalt der Linse, oder die **sphärische Aberration**.

Sie läßt sich zwar dadurch beseitigen, daß man den Rand der Linse verdeckt und nur ihre Mitte freiläßt, also die Randstrahlen, welche das Bild des Gegenstandes undeutlich machen, vom Auge abhält, aber dieses Auskunftsmittel führt wieder andere Nachtheile herbei. Durch die verkleinerte Oeffnung der Linse können nur wenige Lichtstrahlen von jedem Puncte des Gegenstandes in das Auge gelangen und es leidet dadurch die Helligkeit oder Lichtstärke, somit die Deutlichkeit des gesehenen Bildes. Die verkleinerte Oeffnung der Linse läßt aber überdies die Lichtstrahlen nur von wenigen Puncten des Gegenstandes in's Auge gelangen, es wird also auch das Gesichtsfeld, d. h. die Fläche des Gegenstandes, welche man mit einemmale übersehen kann, kleiner. Beide Nachtheile steigen aber mit der Vergrößerung, da die Oeffnung einer einfachen Linse ohnedies um so kleiner wird, je stärker sie vergrößert.

Ein zweiter Uebelstand ist folgender. Das Licht besteht aus verschieden gefärbten Strahlen, welche die bekannten Farben des Regenbogens bilden. Diese farbigen Strahlen werden bei ihrem Durchgange durch Glaslinsen auf verschiedene Weise gebrochen, die rothen Strahlen am schwächsten, die violetten am stärksten. Dadurch erscheinen aber die Bilder von Gegenständen, welche man durch eine stark vergrößernde einfache Glaslinse betrachtet, mit unnatürlichen Farbensäumen umgeben, welche um so stärker hervortreten, je stärker die Linse vergrößert. Man nennt dies die **Farbenzerstreuung** oder die **chromatische Abweichung** einer Linse. Dieser Farbenzerstreuung läßt sich bei einer einfachen Glaslinse nicht abhelfen. Wohl aber läßt sie sich auf andere Weise beseitigen. Es giebt nämlich verschiedene Sorten von Glas, deren farbenzerstreuende Kraft nicht in gleichem Verhältnisse mit ihrer lichtbrechenden zu-, oder abnimmt, und man kann Glaslinsen, welche vergrößern, ohne Farbenzerstreuung zu zeigen, dadurch herstellen, daß man sie aus zwei verschiedenen Glassorten zusammensetzt. Solche Linsen

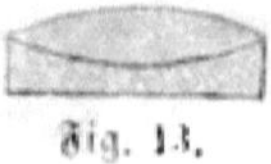

Fig. 13.

Fig. 13. Achromatische Linse, aus einer biconvexen von Crownglas und einer planconcaven von Flintglas zusammengesetzt.

nennt man achromatische farblose. Sie bestehen gewöhnlich, wie Fig. 13 zeigt, aus einer biconvexen Linse von sog. Crownglas, und einer planconcaven von sog. Flintglas, welche, zusammengesetzt, vergrößern wie eine einfache planconvexe Linse, ohne Farbenzerstreuung hervorzubringen.

Indem man auf etwas andere Weise mehrere Linsen so mit einander vereinigt, daß sie wie eine einzige wirken, lassen sich auch die vorhin erwähnten Nachtheile der sphärischen Aberration, welche bei einfachen Linsen hervortreten, einigermaßen beseitigen. Wenn man, wie in Fig. 14, zwei Glaslinsen a und b in einer bestimmten Entfernung von einander in eine Röhre faßt, so wirken sie zusammen wie eine einfache Glaslinse von viel stärkerer Krümmung, gewähren aber dabei eine viel größere Oeffnung, somit viel mehr Helligkeit und ein viel größeres Gesichtsfeld als eine einfache Glaslinse gewähren würde, welche dieselbe Vergrößerung giebt. Man

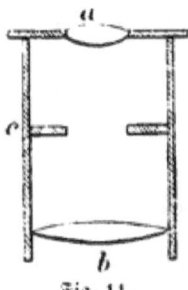

Fig. 14.

kann zwischen beiden Gläsern auch einen Metallring anbringen c Fig. 14, eine sog. Blendung, welche die Randstrahlen abhält und damit die sphärische Abweichung noch weiter verringert. Auf diese Weise erhält man zusammengesetzte Lupen, welche vor den einfachen Glaslinsen wesentliche Vorzüge besitzen. Man nennt sie Doublets, wenn sie aus 2, Triplets, wenn sie aus 3 Gläsern bestehen. Setzt man dieselben aus Linsen zusammen, welche zugleich achromatisch sind, wie in Fig. 15, so erhält man eine zusammengesetzte achromatische Lupe. Zusammengesetzte Lupen, die so sorgfältig gearbeitet sind, daß sie sehr scharfe Bilder geben, pflegt man aplanatische (d. h. ohne alle Abirrung der Lichtstrahlen) zu nennen.

Man kann mit solchen zusammengesetzten Lupen noch allerlei andere Einrichtungen verbinden, welche den Gebrauch derselben erleichtern — ein Gestell, welches die Lupen trägt — einen Tisch, welcher den zu

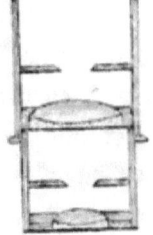

Fig. 15.

untersuchenden Gegenstand aufnimmt Objecttisch, — einen Spiegel, welcher denselben beleuchtet u. s. f. Dadurch erhält man Instrumente, welche gewöhnlich einfache Mikroskope genannt werden, im Gegensatz zu den später zu betrachtenden sog. zusammengesetzten Mikroskopen, deren Wirkungsweise eine viel complicirtere ist. Diese einfachen Mikroskope haben jedoch beim Gebrauch viele Unbequemlichkeiten, gewähren lange keine so starken Vergrößerungen und sind dabei ziemlich ebenso theuer als die zusammengesetzten Mikroskope, welche daher für die meisten Zwecke, um die es sich hier handelt, den Vorzug verdienen.

Die zusammengesetzten Mikroskope.

Um die etwas complicirtere Einrichtung der zusammengesetzten Mikroskope und deren Wirkungsweise anschaulich zu machen, müssen wir wieder einige Begriffe und Lehrsätze aus der Optik vorausschicken.

Wir sehen nicht blos solche Gegenstände, welche direct Lichtstrahlen in unser Auge schicken. Unter Umständen vermögen wir auch bloße Bilder von Gegenständen zu erblicken, die dadurch entstehen, daß die von einem Gegenstande ausgehenden Lichtstrahlen nicht direct unser Auge treffen, sondern vorher von einer spiegelnden Fläche zurückgeworfen worden sind. So sehen wir in einem gewöhnlichen ebenen Spiegel ein Bild, welches dem abgespiegelten Gegenstande vollkommen gleicht. Nur erscheint dasselbe umgekehrt, d. h. wenn wir uns selbst im Spiegel betrachten, erscheint unsere linke Gesichtshälfte als rechte u. s. w. Ist der Spiegel nicht eben, so giebt er zwar ebenfalls Bilder, diese erscheinen jedoch verändert, verzerrt, verkleinert, vergrößert u. s. w. Stellt die spiegelnde Fläche einen Kugelabschnitt dar, dessen Wölbung dem Auge zugekehrt ist, oder eine mehr oder weniger vollständige Kugel, wie man sie bisweilen in Gärten u. dergl. findet, so erscheinen die darin abgespiegelten Gegenstände verkleinert. Ein sog. Hohlspiegel dagegen, dessen dem Auge zugewandte Aushöhlung einen Kugelabschnitt bildet, zeigt den Gegenstand, welcher sich darin abspiegelt, vergrößert. Man kann sich daher auch der Hohlspiegel als Vergrößerungsgläser bedienen und es lassen sich mit Benutzung von Hohlspiegeln vortreffliche und stark wirkende Mikroskope herstellen, die sog. Spiegelmikroskope oder katoptrischen Mikroskope. Sie sind jedoch gegenwärtig noch sehr theuer, und werden für die Zwecke, um welche es sich hier handelt, nur selten gebraucht, so daß wir uns die genauere Beschreibung ihrer Einrichtung und ihres Gebrauches ersparen können.

Aber auch eine convexe Glaslinse, wie wir sie bereits als einfaches Vergrößerungsglas kennen gelernt haben, hat die Eigenschaft, die von einem Gegenstande, der sich in einer gewissen Entfernung von ihr befindet, auf sie fallenden und beim Durchgange durch sie gebrochenen Lichtstrahlen auf ihrer anderen Seite wieder in ein vergrößertes Bild des Gegenstandes zu vereinigen. In erleuchteten Räumen freilich wird dieses Bild durch die zahlreichen Lichtstrahlen, welche von anderen Seiten her in unser Auge gelangen, meist verdeckt, wohl aber sieht man dasselbe, wenn man es in einem verdunkelten Zimmer auf einem Schirme auffängt — oder in dem geschlossenen Rohre eines Perspectives oder Mikroskopes, das man vor das Auge hält, und das alle von anderswoher kommenden, also störenden Lichtstrahlen verhindert, in's Auge zu gelangen. So entwirft in Fig. 16 die convexe Glaslinse 1 von dem Gegenstande a b, der sich in kleiner Entfernung von ihr befindet, auf ihrer anderen Seite im Rohre des Mikroskopes ein vergrößertes Bild a' b'. Wird dieses bereits vergrößerte Bild vom Auge 3, durch eine zweite convexe Linse 2, betrachtet, so wird es durch

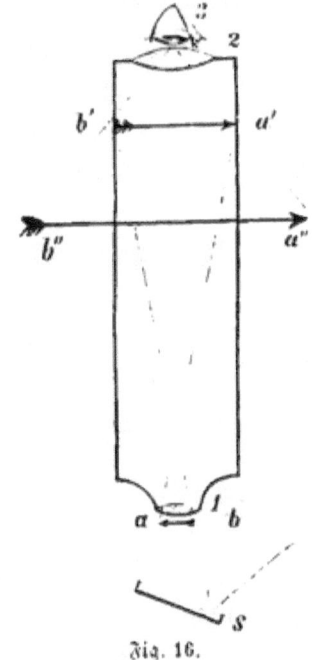

Fig. 16.

diese nochmals vergrößert und erscheint in der Größe von a'' b''.

Dies erklärt die Einrichtung und Wirkungsweise der aus Glaslinsen verfertigten zusammengesetzten Mikroskope, welche man zum Unterschiede von den obenerwähnten katoptrischen oder Spiegel-Mikroskopen dioptrische nennt. Ein zusammengesetztes dioptrisches Mikroskop besteht demnach in seiner allereinfachsten Form wesentlich aus folgenden Theilen:

aus einer Röhre oder Hülse, welche an ihren beiden Enden die Vergrößerungsgläser trägt und in ihrem Inneren das vergrößerte Bild des Gegenstandes erscheinen läßt,

aus einer Glaslinse an einem Ende des Rohres (1 Fig. 16), welche dem zu betrachtenden Gegenstande oder Object zugekehrt wird — daher Objectivglas oder schlechthin Objectiv genannt. Sie entwirft ein vergrößertes Bild des Objectes — a' b' — im Innern des Rohres,

endlich aus einem zweiten Vergrößerungsglase, welches sich am entgegengesetzten Ende des Rohres befindet (2 Fig. 16), und dazu dient, das von der Linse 1 entworfene Bild des Gegenstandes noch weiter zu vergrößern. Da dieses Glas dem Auge zugekehrt ist, so nennt man es zum Unterschiede vom Objectiv das Augenglas oder Ocular. Wie Fig. 16 zeigt, erscheint das Bild des Gegenstandes im zusammengesetzten Mikroskop verkehrt, wie ein Spiegelbild.

Diese drei genannten wesentlichen Theile eines zusammengesetzten Mikroskopes bestehen aber bei jedem besseren Instrument selbst wieder aus mehreren Stücken. Ueberdies müssen zu denselben noch mancherlei andere Theile hinzukommen, welche den Gebrauch erleichtern, ja erst möglich machen, wie ein Tisch, welcher den zu untersuchenden Gegenstand aufnimmt Objecttisch; Beleuchtungsapparate, um dem Gegenstand bei stärkeren Vergrößerungen mehr Licht zuzuführen; Gestelle oder Stativ des Mikroskopes, welches diese verschiedenen Theile miteinander vereinigt, ihnen zur Stütze dient u. s. f. Wird schon dadurch die Einrichtung der vollkommneren Mikroskope eine ziemlich complicirte, so steigert sich dies noch aus dem Grunde, weil bei verschiedenen Mikroskopen alle diese Theile meist auf sehr

verschiedene Weise eingerichtet sind, und man diese Einrichtungen verstehen muß, um mit verschiedenen Arten von Mikrosko=
pen arbeiten zu können.

Wir betrachten daher im Folgenden diese einzelnen Theile der zusammengesetz= ten Mikroskope und die wichtigsten Ver= schiedenheiten ihrer Einrichtung, werden aber bei ihrer großen Anzahl vorzugsweise diejenigen genauer in's Auge fassen, welche für alle Mikroskope und alle Arten von Untersuchungen nothwendig sind, die selt= ner und nur zu ganz speciellen Arten von Beobachtungen gebrauchten, so wie die sehr kostspieligen Einrichtungen dem Zwecke die= ser Schrift entsprechend nur kurz berühren.

Bei dieser Betrachtung wollen wir von dem Fig. 17 abgebildeten Instrumente ausgehen. Es stellt eines der Mikroskope von Rud. Wasserlein in Berlin dar, welches zu den allerbilligsten der wirklich brauchbaren Instrumente gehört und daher auch von Personen mit beschränkten Mit= teln angeschafft werden kann. Sein Preis beträgt mit allem Zubehör nur 18 Thaler.

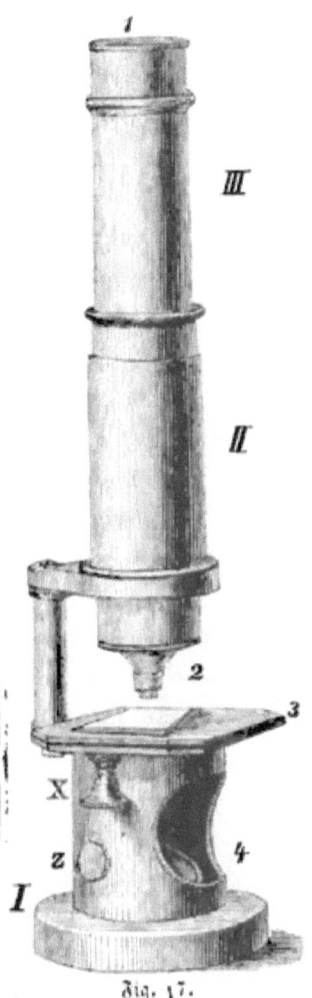

Fig. 17.

Fig. 17. Mittleres Mikroskop a von Wasserlein in Berlin in halber natür= licher Größe. I. Trommelähnlicher Fuß. 4 Beleuchtungsspiegel. Z Knopf, an welchem man den Beleuchtungsspiegel um seine horizontale Achse dreht. 3. Objecttisch, aus 2 Platten bestehend, deren obere auf ihrer einen Seite durch die Schraube X etwas gehoben und gesenkt werden kann (feine Einstellung). 2 Objectiv, am unteren Ende des Rohres angeschraubt. II. Mit dem Gestell verbundene Hülse, in welcher das Rohr durch sanftes Drehen auf= und abwärts geschoben werden kann (grobe Einstellung). III. Theil des Rohres, der ausgezogen und eingeschoben werden und dadurch zur Verlängerung oder Verkürzung des Rohres dienen kann. 1. Oberes Ende des Oculares, welches in das Rohr eingeschoben ist und in demselben um seine Achse gedreht werden kann.

I. Der eigentliche optische Theil des Mikroskopes, das Rohr mit Objectivlinsen und Ocular.

1. Die Objectivlinsen, welche dazu dienen, ein vergrößertes Bild des Gegenstandes zu entwerfen, sind bei weitem der wichtigste Theil eines Mikroskopes, weil von ihnen die Vergrößerung so wie die Schärfe und Klarheit der Bilder hauptsächlich abhängt. Es sind dies kleine Glaslinsen, in Messing gefaßt, welche an den unteren Theil des Rohres, der einen abgestumpften Kegel bildet, angeschraubt werden Fig. 16. 1 — Fig. 17. 2).

Eine gute Objectivlinse soll farbenfreie Bilder geben, sie muß daher achromatisch, d. h. aus Crown- und Flintglas zusammengesetzt sein Fig. 13. S. 16 .

Wollte man für sehr starke Vergrößerungen nur eine Linse als Objectiv verwenden, so würde ganz wie bei den einfachen Mikroskopen, vergl. S. 17 diese sehr klein werden, daher nur sehr wenig Licht durchlassen und überdies eine sehr bedeutende sphärische Aberration zeigen. Man setzt daher die Objective für stärkere Vergrößerungen aus mehreren schwächeren Linsen zusammen, welche miteinander wie eine stärkere Linse wirken. Solche aus 2, 3, ja mehr übereinandergestellten, auf passende Weise mit einander verbundenen und mit Metallringen, welche die Randstrahlen abhalten, in ihrem Innern versehenen Objective Fig. 15 S. 17 nennt man Linsensysteme. Jedes vollkommene Mikroskop muß mehrere solcher Linsensysteme besitzen, von denen die einen für schwächere, die anderen für stärkere Vergrößerungen dienen, und die man zur Unterscheidung von einander gewöhnlich mit Zahlen bezeichnet, also Linsensystem — oder schlechtweg System 1, 2, 3 u. s. f. Man schraubt dann jedesmal dasjenige System an den unteren Kegel des Rohres, dessen man zu einer bestimmten Beobachtung bedarf.

Die Linsensysteme gehören zu den theuersten Bestandtheilen eines Mikroskopes, und die Anschaffung vieler derselben muß daher nothwendig den Preis eines Instrumentes sehr erhöhen. Billigeren Mikroskopen giebt man daher nur ein Linsensystem bei, welches

aber so eingerichtet ist, daß man die Linsen desselben auseinander-
nehmen, und bald einzeln, bald in verschiedenen Combinationen als
Objective gebrauchen kann. Fig. 18 a erläutert dies. Schraubt
man die Linse I allein an den Kegel des Rohres, so
erhält man ein schwaches Objectiv. Fügt man an
diese noch die Linse II, so erhält man ein Linsensystem
I+II mit stärkerer Vergrößerung. Vereinigt man
damit noch die letzte Linse III, so entsteht das
stärkste Linsensystem, I+II+III. Natürlich giebt
diese billigere Einrichtung nicht ganz so klare und

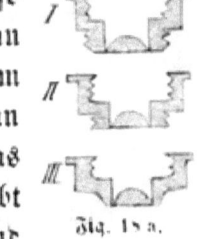

Fig. 18 a.

scharfe Bilder, als wenn man die Linsen, welche ein System bilden,
nicht auseinanderzunehmen braucht und eine größere Anzahl von
Linsensystemen anwenden kann, deren jedes nur zu einer bestimmten
Vergrößerung gebraucht wird.

Um sehr helle und scharfe Bilder zu erhalten, namentlich bei
den stärksten Vergrößerungen, werden eigene Linsensysteme construirt,
die aus vielen selbst 7—8 einzelnen Linsen zusammengesetzt sind
(dialytische Systeme). Man verfertigt ferner aus Gründen, von
denen später — bei Betrachtung des Einflusses der Deckgläschen —
die Rede sein wird, Linsensysteme, bei denen die Entfernung der
einzelnen sie zusammensetzenden Linsen durch eine Schraubenvorrichtung verstellbar ist (Systeme mit Correction), ferner Systeme, deren
unterste Linse bei ihrem Gebrauche durch einen Tropfen Wasser auf
dem Deckgläschen mit dem Objecte verbunden wird (Stipp- oder
Immersions-Linsen). Diese vollkommenen Linsensysteme sind jedoch
sehr theuer, so daß ein einzelnes 20, ja 30 Thaler und darüber
kostet, also ebensoviel, ja mehr, als manche vollständige für alle
gewöhnlichen Untersuchungen ausreichende Mikroskope. Doch können
sie für manche sehr subtile mikroskopische Untersuchungen nicht entbehrt werden. Von ihrer Anwendungsweise und ihren Vorzügen,
gewöhnlichen Systemen gegenüber wird später die Rede sein.

Fig. 18. Zerlegbares Linsensystem, dessen Linsen zur Erlangung verschiedener
Vergrößerungen sowohl einzeln als aneinandergeschraubt gebraucht werden können.

Zur Bezeichnung der **Stärke** eines Linsensystemes, also der durch dasselbe hervorgebrachten Vergrößerung bedient man sich häufig seiner Brennweite oder Fokaldistanz. Man versteht unter dieser die Entfernung, in welcher Lichtstrahlen, die auf die eine Seite des Systemes parallel auffallen, an der anderen Seite desselben durch die erlittene Brechung in **einem** Puncte, dem Brennpuncte vereinigt werden. Diese Brennweite wird gewöhnlich in Pariser Zollen und deren Theilen ausgedrückt. Unter Systemen von 1, $\frac{1}{2}$, $\frac{1}{6}$, $\frac{1}{12}$ ꝛc. versteht man daher solche, deren Brennweite 1, $\frac{1}{2}$, $\frac{1}{6}$, $\frac{1}{12}$ ꝛc. Pariser Zoll beträgt. Die stärksten bis jetzt construirten Systeme gehen selten unter $\frac{1}{20}$. Doch geben geschickte Optiker Hoffnung, daß es schon in der nächsten Zeit gelingen dürfte, welche von $\frac{1}{50}$ herzustellen. Der Preis eines solchen Systemes wird aber voraussichtlich mehrere hundert Thaler betragen.

2. Das **Ocular** oder **Augenglas**, welches dient, das vom Objectiv entworfene Bild des Gegenstandes noch weiter zu vergrößern. Es befindet sich am **oberen** Ende des Rohres (2 Fig. 16 — 1 Fig. 17), besteht jedoch bei allen vollkommenen Mikroskopen ebensowenig wie die Objectivlinsen aus **einer** convexen Linse, sondern aus zwei Gläsern, welche in ein besonderes Rohr eingefügt sind (Fig. 14 S. 17). Das untere dieser Gläser b nennt man das **Collectiv-** oder **Sammel-Glas**, das obere a das eigentliche **Ocular**. Zwischen beiden Gläsern befindet sich ein Metallring c, die **Blendung**, welcher dient, die störenden Randstrahlen abzuhalten. Ein Mikroskop besitzt gewöhnlich mehrere Oculare, für schwächere und für stärkere Vergrößerungen. Erstere sind daran kenntlich, daß sie länger, letztere daran, daß sie kürzer sind. Man bezeichnet sie zur Unterscheidung gewöhnlich, wie die Linsensysteme, mit fortlaufenden Nummern 1, 2, 3 u. s. f. Die Oculare werden einfach in das obere offene Ende des Rohres hineingesteckt und können daher, wenn man verschiedene nach einander gebrauchen will, sehr leicht gewechselt werden.

Gewöhnlich bestehen die beiden Gläser der Oculare aus einfachen meist planconvexen Glaslinsen. Vollkommneren Instrumenten werden jedoch auch complicirtere und daher theurere Oculare beigegeben: orthoskopische, die mit einer biconvexen und einer achromatischen — aplanatische, die mit 2 achromatischen Linsen Fig. 18 b, versehen sind. Sie geben schärfere und farblosere Bilder als die gewöhnlichen Oculare.

Von dem aufrichtenden orthoskopischen Ocular, das hauptsächlich dient, um kleine Gegenstände unter dem zusammengesetzten Mikroskope zu präpariren, wird später die Rede sein.

3. Das Rohr des Mikroskopes besteht aus einer Röhre von Messing, welche unten die Objectivlinsen, oben das Ocular trägt (III Fig. 17). Die Länge des Rohres hat Einfluß auf die Vergrößerung eines Mikroskopes, da, wie Fig. 16 zeigt, das durch das Objectiv 1 entworfene Bild des Gegenstandes a' b' um so größer wird, je mehr sich dasselbe im Rohre von der Linse 1 entfernt, oder je länger das Rohr ist. Bei Mikroskopen die man in einen möglichst kleinen Kasten einschließen will, um sie in der Tasche oder auf Reisen bequemer mitführen zu können, macht man daher das Rohr so, daß es aus mehreren Theilen besteht, welche, wie bei Perspectiven, zusammengeschoben und ausgezogen werden können. Fig. 17 zeigt diese Einrichtung. Ist, wie in der Fig. der Theil des Rohres III ganz ausgezogen, so giebt das Instrument eine stärkere Vergrößerung, wird er dagegen in den Theil II eingeschoben, so wird das Instrument kürzer und damit die Vergrößerung eine schwächere.

Fig. 18 b.

Von den bis jetzt betrachteten Theilen, dem Objectiv, dem Ocular und der Länge des Rohres hängt die Vergrößerung eines Mikroskopes ab, und kann durch Veränderungen in diesen Theilen gesteigert oder vermindert werden. Vergrößert z. B. das Objectiv für sich allein 20 mal im Durchmesser, das Ocular 2 mal im Durchmesser, so geben beide zusammen eine Linearvergrößerung von $2 \times 20 = 40$ mal Durchm. Zieht man das eingeschobene Rohr weiter aus, so daß seine Länge das anderthalbfache der früheren beträgt, so erhält man eine Vergrößerung von $1^1/_2 \times 10 = 60$ Durchmesser. Wählt man dagegen ein stärkeres Objectiv, das 60 mal, und ein stärkeres Ocular, das 5 mal vergrößert, so erhält man eine Totalvergrößerung von 300 mal Durchmesser. Es ist jedoch nicht gleichgültig, durch welches dieser Mittel man eine stärkere Vergrößerung erzielt. Eine Steigerung der Vergrößerung durch gute Objective gewährt immer den meisten Vortheil. Die Länge des Rohres darf gewisse Grenzen nicht überschreiten, sonst wird das Bild weniger scharf und überdies das Instrument sehr unbequem beim Gebrauch. Sehr starke Oculare vergrößern zwar das vom Objectiv entworfene Bild sehr stark, lassen aber nur in seltenen Fällen an demselben mehr Einzelheiten erkennen, als schwächere.

II. Der **Objecttisch**, welcher dazu dient, den Gegenstand aufzunehmen, den man unter dem Mikroskope betrachten will. Er besteht aus einer Metallplatte (3 Fig. 17.), die in der Mitte eine Oeffnung hat, um durchsichtige Gegenstände, welche man auf einer Glasplatte auf den Objecttisch bringt, auch von unten her beleuchten zu können. Er kann, je nach der Art des Mikroskopes eine runde oder viereckige Form haben, soll aber nicht zu klein, namentlich nicht zu schmal sein, damit man auch größere Gegenstände darauf legen kann. Verschiedene besondere Einrichtungen an demselben werden später beschrieben.

III. Der **Beleuchtungsapparat**, welcher den Zweck hat, dem zu untersuchenden Gegenstand Licht zuzuführen, ist ebenfalls ein sehr wichtiger Theil des Mikroskopes. Die Lichtstrahlen, welche vom Objecte ausgehend, ein vergrößertes Bild desselben im Mikroskope entwerfen, verbreiten sich dabei über eine größere Fläche, die ebendeshalb weniger stark erleuchtet erscheint, als der ursprüngliche Gegenstand. Die Lichtstärke oder Helligkeit des mikroskopischen Bildes nimmt daher mit der Zunahme der Vergrößerung ab, und zwar nicht blos einfach, in dem Maaße in welchem die Linearvergrößerung zunimmt, sondern im Maaße der Flächenvergrößerung, d. h. im **Quadrate der Linearvergrößerung**, so daß also z. B. bei einer

Linearvergrößerung von 100 mal das Bild nicht blos 100 mal, sondern $100 \times 100 = 10,000$ mal weniger hell erscheint als der Gegenstand. Ueberdies wird eine Anzahl der vom Objecte ausgehenden Lichtstrahlen von den Gläsern des Mikroskopes zurückgeworfen oder verschluckt, wodurch eine weitere Verminderung der Helligkeit des Bildes entsteht. Dies macht bei stärkeren Vergrößerungen besondere Einrichtungen und Apparate nöthig, welche dienen, die Beleuchtung des Gegenstandes zu verstärken. Aber nicht blos die **Stärke der Beleuchtung**, auch die **Art und Richtung** derselben ist, wie wir sehen werden, für gewisse mikroskopische Untersuchungen von Wichtigkeit.

Als **Lichtquelle** zur Beleuchtung mikroskopischer Objecte dient am Besten das gewöhnliche Tageslicht, namentlich das Licht, welches weiße Wolken ausstrahlen. Die Anwendung directer Sonnenstrahlen ist für die meisten Untersuchungen zu vermeiden, da dieselben die Augen angreifen und überdies leicht falsche Bilder von dem inneren Gefüge der untersuchten Gegenstände hervorrufen, wodurch manche frühere Beobachter getäuscht wurden. Bei Nacht oder trübem Wetter läßt sich jedoch für die meisten Beobachtungen auch künstliches Licht verwenden, das Licht einer guten Lampe, oder einer Gasflamme, weniger gut das Licht von Kerzen.

Die Art der Beleuchtung mikroskopischer Objecte kann je nach der Beschaffenheit derselben und je nach dem Zwecke, welchen man dabei im Auge hat, eine verschiedene sein. Man kann dieselben untersuchen:

1. **Bei gerade durchfallendem Lichte**, Fig. 19, in der Weise, wie man einen durchsichtigen oder durchscheinenden Gegenstand, z. B. ein Lichtbild betrachtet, wenn man denselben so vor das Auge hält, daß das Licht ihn durchdringt. Die von der Lichtquelle ausgehenden Strahlen fallen auf die vom Auge abgewandte Seite des Gegenstandes und gelangen durch das Mikroskop ins Auge, nachdem sie denselben durchdrungen haben. Diese Beleuchtungsweise eignet sich natürlich nur für durchsichtige oder durchscheinende Ge-

genstände, kommt aber beim Gebrauche des zusammengesetzten Mikroskopes am häufigsten in Anwendung.

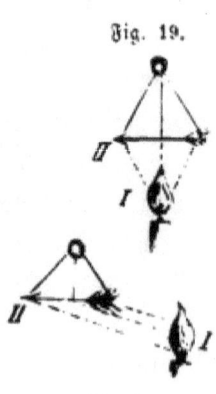

Fig. 19.

2. Bei auffallendem oder zurückgeworfenem Lichte, in der Weise, wie wir die gewöhnlichen uns umgebenden Gegenstände sehen Fig. 20). Die von der Lichtquelle ausgehenden Strahlen fallen auf die dem Auge zugekehrte Seite des Gegenstandes, werden von dieser zurückgeworfen, dabei mehr oder weniger verändert, theilweise verschluckt, in farbige Strahlen aufgelöst u. s. f. und gelangen so durch das Mikroskop in das Auge. Die Beleuchtungsweise bei auffallendem Lichte kommt in Anwendung, wenn man undurchsichtige, opake Gegenstände unter dem Mikroskope betrachten will.

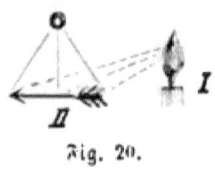

Fig. 21.

Fig. 20.

3. Bei schiefer oder schräger Beleuchtung Fig. 21). Bei ihr befindet sich die Lichtquelle auf der vom Auge abgewandten Seite des Gegenstandes, aber seitlich. Die Lichtstrahlen durchdringen hier, wie bei 1. den Gegenstand, ehe sie in das Mikroskop gelangen, jedoch in schräger Richtung, so daß dessen innere Theilchen nur auf der einen Seite beleuchtet, auf der anderen beschattet erscheinen. Diese schiefe Beleuchtung eignet sich sehr gut, um Einzelheiten im Baue durchsichtiger oder durchscheinender Gegenstände sichtbar zu machen und läßt Manches erkennen, was bei gerade durchfallendem Lichte verborgen bleibt.

Wir betrachten nun die zu diesen verschiedenen Arten von Be-

Fig. 19, 20 und 21 erläutern die verschiedenen Arten der Beleuchtung von Objecten, die unter dem Mikroskope beobachtet werden. Fig. 19, die durchsichtiger Objecte bei gerade durchfallendem Licht — Fig. 20, die undurchsichtiger opaker Gegenstände durch Licht, welches seitlich von oben auffällt — Fig. 21, die durchsichtiger Objecte durch Licht, welches sie schräg von untenher trifft (schräge oder schiefe Beleuchtung). In allen 3 Figuren bedeutet I gleichmäßig die Lichtquelle, von der die Beleuchtung ausgeht, der Pfeil II den untersuchten Gegenstand, O das Objectiv des Mikroskopes und die punctirten und vollen Linien den Gang der Lichtstrahlen.

leuchtung dienenden Einrichtungen und die Art und Weise ihres Gebrauches etwas näher.

Zur Beleuchtung der Gegenstände bei durchfallendem Lichte dient in der Regel ein Spiegel, welcher unterhalb des mit einer Oeffnung versehenen Objecttisches angebracht, die von ihm zurückgeworfenen Lichtstrahlen von untenher dem Gegenstande zuschickt. Fig. 16 S. 19 erläutert dies. Die vom Fenster oder einer anderen Lichtquelle ausgehenden Strahlen werden vom Spiegel s dem Objecte a b zugeworfen. Fig. 17 zeigt ebenfalls den Spiegel, im Innern neben 4. Er kann mittelst des Knopfes Z um eine horizontale Achse bewegt und ihm dadurch die Stellung gegeben werden, welche nöthig ist, damit er die auf ihn gelangenden Lichtstrahlen durch die in der Abbildung nicht sichtbare Oeffnung am Objecttische 3 gerade auf den Gegenstand wirft, welcher sich auf einer durchsichtigen Glasplatte auf dem Objecttische über dessen Oeffnung befindet.

Der Spiegel kann ein gewöhnlicher ebener Spiegel sein, der mit einer zweckmäßigen Fassung versehen ist. Ein solcher reicht jedoch nur für mäßige Vergrößerungen aus, welche keine besonders intensive Beleuchtung erfordern. Für stärkere Vergrößerungen bedient man sich zur Verstärkung der Beleuchtung zweckmäßiger eines Hohlspiegels. Ein solcher besitzt nämlich die Eigenschaft, die auf ihn fallenden parallelen Lichtstrahlen Fig. 22 I, II, III, IV, V so zurückzuwerfen, daß sie alle in einem Puncte, seinem Brennpuncte oder Focus F vereinigt werden.

Er erleuchtet daher einen Gegenstand, der sich ungefähr in seinem Brennpuncte befindet, viel stärker als ein gewöhnlicher ebener Spiegel, was für die Anwendung stärkerer Vergrößerungen sehr wichtig ist. Bei manchen Instrumenten trägt der um

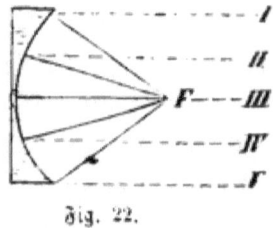

Fig. 22.

Fig. 22 zeigt wie die auf einen Hohlspiegel parallel auffallenden Lichtstrahlen I, II, III, IV, V so zurückgeworfen werden, daß sie sich alle in einem Puncte, dem Brennpuncte oder Focus F vereinigen.

seine Achse drehbare Hohlspiegel auf seiner Rückseite noch einen ebenen Spiegel, so daß man nach Belieben für schwächere Vergrößerungen den ebenen, für stärkere den Hohlspiegel zur Beleuchtung verwenden kann.

Für sehr bedeutende Vergrößerungen reicht auch die Beleuchtung durch einen Hohlspiegel nicht hin. Man giebt daher sehr vollkommenen Mikroskopen noch einen weiteren Lichtverstärkungsapparat bei von den englischen Mikroskopikern „Condenser" genannt. Er besteht im Wesentlichen aus einer convexen Glaslinse, welche wie der Hohlspiegel die Eigenschaft hat, die Lichtstrahlen, welche durch sie hindurchgehen, in einem Puncte zu vereinigen. Diese Glaslinse, in eine Messingröhre gefaßt, wird in die Oeffnung des Objecttisches unter dem Gegenstande eingeschoben. Eine eigene Vorrichtung erlaubt, sie höher und tiefer zu stellen, so daß die durch den Spiegel auf sie geworfenen und von ihr gebrochenen Lichtstrahlen möglichst vollkommen auf dem Gegenstande vereinigt werden und dieser eine sehr intensive Beleuchtung erhält.

Aber nicht in allen Fällen ist eine sehr intensive Beleuchtung für die Beobachtung vortheilhaft. Sehr zarte Gegenstände werden bei allzuviel Licht nicht deutlich erkannt: die Einzelheiten ihres Baues, feine Zeichnungen an denselben werden bei zu intensiver Beleuchtung unsichtbar. Aus diesem Grunde wird es häufig nöthig, die Beleuchtung zu schwächen oder zu modificiren. Man kann dies bis zu einem gewissen Grade durch Verstellen des Spiegels erreichen, so daß er dem Objecte nicht alle auf ihn fallende Lichtstrahlen zuschickt. Besser erreicht man jedoch diesen Zweck durch die sogenannten Blendungen, von denen man zwei Arten hat. Die eine Art derselben bilden die sogenannten Cylinderblendungen. Es sind Röhren von Messing, unten offen, oben durch einen Deckel geschlossen, in welchem sich eine größere oder kleinere, meist runde Oeffnung befindet. Sie werden, wie der Condenser, in die Oeffnung des Objecttisches unter den Gegenstand gebracht, und gestatten nur einem Theile der vom Spiegel ausgehenden Lichtstrahlen auf den Gegenstand zu fallen. Gewöhnlich werden einem Mikroskope mehrere solcher Blendungen beigegeben, mit kleineren und größeren centralen Oeffnungen, auch wohl solche deren Oeffnungen sich nicht in der Mitte, sondern am Rande der Scheibe befinden. Letztere wirken wie die Drehscheibenblendungen in einer gewissen Stellung Fig. 24. Alle diese Cylinderblendungen lassen mehr Licht auf den Gegenstand fallen, wenn man sie demselben möglichst nähert, um so weniger, je mehr man sie durch Tieferstellen in der sie aufnehmenden Röhre vom Objecte entfernt. Dieses Höher- und Tieferstellen gewährt daher die Möglichkeit, mit derselben Blendung verschiedene Grade von Lichtstärke zu erhalten.

Die zweite Art sind die sogenannten Drehscheibenblendungen Fig. 23. Sie bestehen aus einer runden geschwärzten Scheibe, welche in einiger Entfernung von der unteren Fläche des Objecttisches so an demselben

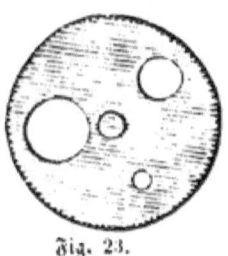
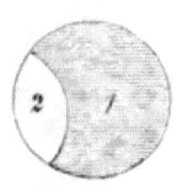

Fig. 23.   Fig. 24.

befestigt ist, daß sie in horizontaler Richtung um ihre Achse gedreht werden kann. Dieselbe enthält mehrere runde Oeffnungen von verschiedener Größe. Je nachdem man durch Drehen der Scheibe eine kleinere oder größere dieser Oeffnungen unter die Oeffnung des Objecttisches bringt, gelangt mehr oder weniger Licht vom Spiegel auf den Gegenstand. Dreht man die Scheibe so, daß wie in Fig. 24 der größte Theil der Oeffnung des Objecttisches (1 verschlossen wird, und nur ein Theil derselben am Rande 2 für die Lichtstrahlen durchgängig bleibt, so können dieselben den Gegenstand nur von der Seite erhellen und man erhält eine Art schräger oder schiefer Beleuchtung. Eine oder die andere Art dieser Blendungen darf an keinem guten Instrumente fehlen.

Um eine ganz vollkommene schiefe Beleuchtung zu erlauben,

Fig. 23. Drehscheibenblendung, mit Oeffnungen von verschiedener Größe.
Fig. 24. Blendung, so gestellt, daß der Gegenstand von der Seite beleuchtet wird.

wird der Spiegel in einer solchen Weise mit dem Instrument verbunden, daß er nicht blos um eine horizontale Achse gedreht, sondern auch nach der Seite hin verschoben werden kann (s. Fig. 25 u. 26). Durch eine zweckmäßige Blendung werden gleichzeitig die gerade von unten kommenden Lichtstrahlen vom Objecte abgehalten und nur solche zugelassen, welche, vom Spiegel ausgehend, dasselbe in schräger Richtung treffen. Eine solche Einrichtung zur schrägen Beleuchtung ist ein wesentliches Hülfsmittel, um den Bau mancher sehr zarten Gegenstände vollkommen sichtbar zu machen. Sie sollte deshalb, da sie den Preis eines Mikroskopes nicht wesentlich erhöht, auch bei den Arten der billigeren Instrumente nicht fehlen, bei welchen die Form des Fußes und Gestelles eine solche anzubringen gestattet.

Eine eigenthümliche Modification der Beleuchtung für durchsichtige Gegenstände gewährt der sogenannte ringförmige Condensor. Er besteht aus einer starken biconvexen Linse von großem Durchmesser, deren Mitte jedoch durch eine aufgekittete geschwärzte Metallscheibe undurchsichtig gemacht ist, so daß nur diejenigen vom Beleuchtungsspiegel auf sie geworfenen Lichtstrahlen, welche ihren Rand treffen, durch sie hindurchgehen können. Diese Randstrahlen erleiden bei ihrem Durchgange durch die Linse eine starke Brechung und werden dann durch eine zweite planconvexe Linse, welche wie eine gewöhnlicher Condensor wirkt, auf den Gegenstand concentrirt. Die ganze Vorrichtung wird wie die Cylinderblendungen in eine unter dem Objecttisch angebrachte verticale Röhre eingeschoben und kann in dieser höher oder tiefer gestellt werden. Sie gewährt für die Untersuchung von manchen sehr zarten Pflanzen- und Thiergeweben gewisse Vortheile, indem sie dieselben in eigenthümlich matter, diffuser Beleuchtung erscheinen läßt.

Manche Mikroskope lassen eine Stellung zu, bei welcher man zur Beleuchtung durchsichtiger Gegenstände gar keines Spiegels bedarf. Man wendet sie horizontal, in derselben Weise wie ein Perspectiv, direct gegen die Lichtquelle, das Fenster ꝛc., so daß die von dieser ausgehenden Strahlen unmittelbar den Gegenstand treffen und durch ihn hindurch an das Objectiv gelangen. Fig. 19 macht diese Stellung des Mikroskopes anschaulich, wenn man sich zwischen dem Auge o und dem Gegenstande II das Rohr des Instrumentes eingeschoben denkt.

Will man **undurchsichtige** Gegenstände beobachten, so genügen die von einer Lichtquelle unmittelbar auf den Gegenstand fallenden Strahlen (wie in Fig. 20) nur dann zur Beleuchtung, wenn man ganz schwache Vergrößerungen anwendet. Bei stärkeren Vergrößerungen muß man Hülfsapparate anwenden, welche die Beleuchtung verstärken. Als solche können convexe Glaslinsen dienen (die allbekannten Brenngläser), welche ähnlich wie die Hohlspiegel die Eigenschaft besitzen, die auf sie auffallenden und durch sie hindurchgehenden Lichtstrahlen an ihrer anderen Seite in einem Puncte, ihrem Brennpuncte, zu vereinigen. Wenn man eine solche Glaslinse zwischen die Lichtquelle und den Gegenstand bringt (also in Fig. 20 zwischen I und II), so wird das Licht auf dem Object concentrirt und letzteres stärker beleuchtet. Solche Glaslinsen (Beleuchtungslinsen) in einer passenden Fassung, die eine vielseitige Bewegung derselben gestattet, werden entweder an das Rohr, den Objecttisch, den Fuß des Mikroskopes befestigt, oder vor dasselbe hingestellt und so gedreht, daß sie möglichst viel Licht auf den Gegenstand werfen. Bei Anwendung dieser Beleuchtungsweise setzt man den Spiegel außer Thätigkeit oder hält die von demselben ausgehenden Lichtstrahlen vom Gegenstande dadurch ab, daß man die Oeffnung des Objecttisches durch die Blendung verschließt; der Gegenstand erscheint dann auf dunklem Grunde (Fig. 37).

Eine andere seltener gebrauchte Vorrichtung zur Beleuchtung kleiner undurchsichtiger Gegenstände bildet der sogenannte Lieberkühn'sche Spiegel, der Kürze halber häufig „Lieberkühn" genannt. Er besteht aus einem kleinen, in der Mitte durchbohrten Hohlspiegel von Metall, welcher ringförmig das Objectiv umgiebt. Ein Spiegel, wie er zur Beleuchtung durchsichtiger Gegenstände gebraucht wird, wirft die Lichtstrahlen auf den Metallspiegel und dieser concentrirt sie auf das unter ihm befindliche Object. Der Lieberkühn wird an das Objectiv angeschraubt und kann nur mit einem für ihn bestimmten Linsensysteme gebraucht werden, da er so eingerichtet ist, daß seine Brennweite mit dem Focus des Systemes zusammenfällt. Bei seiner Anwendung stellt man den Spiegel — bei Schröter's Instrumenten den Hohlspiegel — in derselben Weise, als wollte man bei durchfallendem Lichte beobachten. Die richtige Einstellung des Objectives giebt zugleich diejenige des daran befestigten Lieberkühn. Der zu untersuchende opake Gegenstand muß natürlich auf einen durchsichtigen Objectträger gelegt werden und darf nicht zu groß sein, so daß neben ihm vorbei noch eine hinlängliche Menge von Licht von dem Spiegel auf den Lieberkühn geworfen werden kann. Die hierbei anzuwendende Vergrößerung ist eine beschränkte und darf in der Regel 200 im Durchmesser nicht übersteigen.

IV. **Gestelle und Fuß des Mikroskopes.** Man versteht darunter diejenigen Theile des Instrumentes, welche das Ganze tragen und die bis jetzt unter I—III betrachteten Stücke desselben mit einander verbinden. Sie können eine sehr verschiedene Einrichtung haben, je nach den besonderen Zwecken, für welche das Mikroskop hauptsächlich dienen soll. Man macht sie möglichst einfach bei billigeren — complicirter bei theueren Instrumenten; schwer und standfest bei Mikroskopen, die meist auf demselben Platze stehen bleiben — möglichst leicht und compendiös bei solchen, die man auf Reisen zu gebrauchen oder in der Tasche mitzuführen wünscht. Wir wollen hier einige dieser Einrichtungen betrachten, welche am häufigsten gebraucht werden.

Den Fuß des Mikroskopes bildet bei den meisten eine mehr oder weniger schwere Platte von Metall, rund (Fig. 17 I), viereckig Fig. 26 I oder hufeisenförmig (Fig. 25 I). Bei Instrumenten, welche leicht und compendiös sein sollen, besteht derselbe aus einem Dreifuß, welcher sich zusammenlegen läßt oder der Körper des Mikroskopes wird beim Gebrauche auf seinen Kasten aufgeschraubt und letzterer bildet somit den Fuß.

Complicirtere Mikroskope.

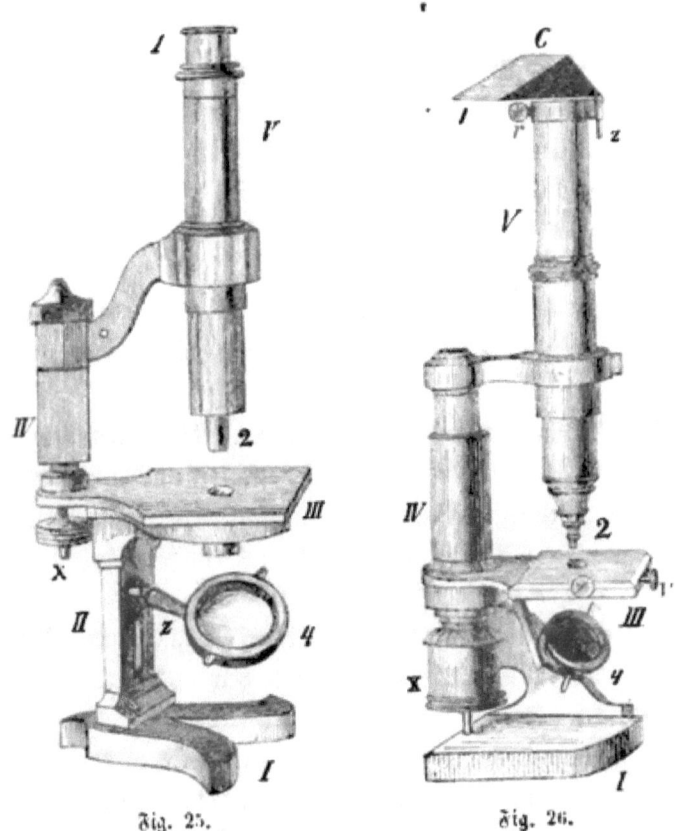

Fig. 25.   Fig. 26.

Fig. 25. Mikroskop von Hasert in Eisenach, in ¼ der natürlichen Größe. I Hufeisenförmiger Fuß. II Gestell mit Schlitz, in welchem der Spiegel 4 nach Bedürfniß höher oder tiefer gestellt werden kann. Der Knopf Z erlaubt auch eine seitliche Drehung des Spiegels für schräge Beleuchtung, wie sie in der Figur abgebildet ist. III Objecttisch, bestehend aus 2 Platten, einer oberen eckigen, welche das Stativ IV trägt und auf der unteren runden um ihre senkrechte Achse gedreht werden kann (drehbarer Objecttisch). In der unteren Platte ist eine Röhre eingefügt zur Aufnahme der Blendungen und des Condensors. Sie hat auf der einen (hier nicht sichtbaren Seite) einen Ausschnitt für die schräge Beleuchtung, bei deren Anwendung ihr unteres Ende durch einen Metalldeckel verschlossen wird. IV Stativ, an dessen unterem Ende die Schraube x die feine Einstellung vermittelt, während vom oberen ein Arm ausgeht, welcher die Hülse trägt, in der das Rohr V durch Drehung auf und abgeschoben werden kann (grobe Einstellung). Das Rohr läßt sich durch Ausziehen verlängern und trägt bei 1 das Ocular, bei 2 das Objectiv.

Fig. 26. Mikroskop von Engelbert und Hensoldt in Braunfels, in ¼ der natürlichen Größe. I schwerer viereckiger Fuß, der an einem seitlich angebrachten Stativ die übrigen Theile trägt. 4 Spiegel mit Einrichtung zur schrägen Beleuchtung. III Objecttisch. Er besteht aus 2 Platten, von denen die obere durch 2 Schrauben, deren Köpfe sichtbar sind, auf der unteren horizontal verschoben werden kann. Unter ihm ist

Auch die Verbindung des Fußes mit dem Objecttisch kann eine verschiedene sein. Bei manchen Mikroskopen ist dieselbe trommelförmig, d. h. sie besteht aus einem weiten kurzen Rohre, welches vorne eine Oeffnung hat Fig. 17 zwischen Z und 4'. Im Innern dieser Trommel befindet sich der Spiegel, der in diesem Falle nur um seine horizontale Achse drehbar ist und eine vollkommene schräge Beleuchtung nicht gestattet.

Bei anderen Instrumenten ist der Fuß mit dem Objecttisch durch eine senkrechte Säule oder Platte von Metall verbunden, wie in Fig. 25 und 26.

Dann lassen sich leicht Einrichtungen treffen, welche dem Spiegel eine große Freiheit der Bewegung gestatten und eine vollkommene schräge Beleuchtung zulassen. Hat die Platte einen senkrechten Schlitz wie in Fig. 25 II, so läßt sich der Beleuchtungsspiegel in demselben nach Bedürfniß höher oder tiefer stellen.

Aehnliche Verschiedenheiten zeigt bei verschiedenen Mikroskopen die Verbindung des Rohres, welches den optischen Apparat enthält, mit den anderen Theilen des Instruments. Bei einigen der billigsten Instrumente setzt sich das Rohr, welches den trommelförmigen Fuß bildet, noch etwas über den Objecttisch fort und trägt über sich ein etwas engeres Rohrstück, in welches das eigentliche Rohr des Mikroskopes eingeschoben wird. Solche Instrumente haben einen sehr schmalen Objecttisch, der größere Präparate nicht aufnehmen kann.

Bei den meisten Mikroskopen steigt seitlich vom Objecttisch eine runde oder dreikantige Säule in die Höhe, welche ein kurzes Rohrstück II Fig. 17 trägt, in welches das eigentliche Rohr des Mikroskopes III Fig. 17 so eingeschoben ist, daß es darin auf und niedergleiten kann.

<small>die (nicht sichtbare) Triebscheibenblendung befestigt. IV Stativ an seinem unteren Ende die Schraube zur feinen Einstellung, welche an ihrem oberen Rande, bei x eine Kreiseintheilung trägt, die als Dickenmesser Focimeter benutzt wird. Der obere Theil des Stativs trägt an einem horizontalen Arme die Hülse, in welcher das Rohr V gleitet (grobe Einstellung). Am Rohr V befinden sich unten die Objectivlinsen 2. Auf sein oberes Ende ist ein Apparat zum Nachzeichnen aufgesteckt die Camera lucida von Gerling.</small>

Soll ein Gegenstand unter dem Mikroskop ein deutliches Bild geben, so muß sich derselbe in einer ganz bestimmten Entfernung vom Objectiv befinden, welche mit dessen Brennweite oder Focalabstand wechselt. Diese Entfernung ist größer bei schwacher Vergrößerung, kleiner bei stärkeren; bei den stärksten wird sie so gering, daß die Objectivlinse den Gegenstand fast berührt. Ja selbst für verschiedene Personen, welche eine verschiedene Sehweite besitzen, wie Kurzsichtige und Fernsichtige, muß diese Entfernung eine verschiedene sein. Jedes Mikroskop muß daher Einrichtungen besitzen, um diese Entfernung des Gegenstandes vom Objectiv, die für verschiedene Vergrößerungen verändert werden muß, reguliren zu können. Man nennt diese Veränderung der Entfernung zwischen Gegenstand und Objectiv die Einstellung des Mikroskopes. Sie braucht für schwache Vergrößerungen nur eine ungefähre zu sein (grobe Einstellung), für starke Vergrößerungen dagegen muß sie sehr genau sein, da schon ein haarbreiter Unterschied in der Entfernung die Schärfe und Deutlichkeit des Bildes beeinträchtigt (feine Einstellung).

Die meisten Mikroskope besitzen eine doppelte Vorrichtung zur Einstellung, von denen die eine zur groben, die andere zur feinen dient. Die grobe Einstellung wird bisweilen durch ein sogenanntes Triebwerk, häufiger durch Verschiebung des Rohres bewirkt, das in der zu seiner Aufnahme bestimmten Hülse verschieblich ist, und durch langsames drehendes Auf- und Abschieben dem Gegenstande mehr oder weniger genähert werden kann (II Fig. 17, V Fig. 25 und 26). Hat man durch eine oder andere dieser Einrichtungen den Gegenstand so weit eingestellt, daß man ihn ungefähr sieht, so läßt man die feine Einstellung wirken um ein möglichst scharfes Bild zu erhalten. Diese feine Einstellung wird bei billigeren Mikroskopen durch eine kleine Auf- oder Abwärtsbewegung der einen Seite des Objecttisches und damit des auf ihm liegenden Gegenstandes bewirkt. Zu diesem Ende besteht der Objecttisch (3 Fig. 17) aus zwei Platten, von denen die obere durch eine Schraube X sehr allmählich etwas gehoben oder gesenkt werden kann. Diese Einrichtung ist jedoch ziemlich unvollkommen und beeinträchtigt auch die Stabilität des Objecttisches.

Bei theureren Instrumenten wird daher die feine Einstellung in der Regel dadurch erreicht, daß die Hülse, welche das Rohr trägt, durch eine feine Schraube etwas auf- oder abwärts bewegt wird. Die Schraube dazu befindet sich bald am unteren Ende der Säule, die vom Objecttisch ausgehend, der Hülse des Rohres zur Stütze dient (Fig. 25 und 26 X), bald (wie z. B. bei den Instrumenten von Schröder an deren oberen Ende.

Von verschiedenen anderen Einrichtungen des Gestelles, welche für gewisse Arten von Untersuchungen mehr oder weniger Vortheile gewähren, wird noch später die Rede sein.

Hülfsapparate und Zubehör des Mikroskopes.

Die bis jetzt betrachteten wesentlichen Theile des Mikroskopes genügen nur für den Fall, wenn man bereits fertige mikroskopische Präparate unter dem Instrumente betrachtet. Will man eigene Beobachtungen und Untersuchungen anstellen, kurz mit dem Mikroskope selbstständig arbeiten, so hat man noch allerlei Hülfsapparate nöthig. Wir betrachten die wichtigsten derselben, welche für die Mehrzahl der Untersuchungen unentbehrlich sind, im Folgenden etwas genauer. Andere, die seltner gebraucht werden oder durch ihre hohen Preise nur Wenigen zugänglich sind, sollen nur eine kürzere Erwähnung finden.

Objectträger und Deckgläschen.

Die Gegenstände, welche man unter dem Mikroskope betrachten will, werden meist auf sogenannte Objectträger gelegt. Als solche dienen in der Regel Glasplatten, welche aus polirtem Glase (Spiegelglase) oder aus einfachem Fensterglase geschnitten werden. Ihre Form und Größe ist im Ganzen gleichgültig und muß sich einigermaaßen nach der Größe und Form des Objecttisches richten. Für die meisten Untersuchungen sind solche am bequemsten, die etwa eine Länge von 2 Zoll und eine Breite von 1 Zoll haben. Will man Sammlungen von mikroskopischen Präparaten anlegen, so ist es zweckmäßig, wenn die dazu verwandten Objectträger alle gleiche Form und Größe haben, weil sich dann die Präparate bequemer in die Sammlung einordnen oder transportiren lassen (vgl. den Abschnitt, der von der Anfertigung mikroskopischer Präparate handelt). Die Objectträger müssen vor dem jedesmaligen Gebrauch sorgfältig gereinigt werden, weil ihnen anhängender Schmutz, Staub u. dergl. die Schärfe des mikroskopischen Bildes beeinträchtigen, ja selbst zu Täuschungen Veranlassung geben kann, indem man ihn für Theile des untersuchten Gegenstandes hält. Geschliffene Objectträger zeigen bisweilen auch nach der sorgfältigsten Reinigung noch Flecke, welche von Anhäufungen des zum Schleifen gebrauchten Schmirgels herrühren, oder Ritze und Streifen. Beide können bei Beobachtungen störend wirken.

Bisweilen hat man etwas größere Mengen von Flüssigkeiten mit kleinen darin schwebenden Theilchen unter das Mikroskop zu bringen, so wenn man etwas größere Infusorien in ihrer freien Bewegung beobachten will. Dann kann man als Objectträger ein kleines Uhrglas benützen, oder, was noch besser, man stellt sich zu diesem Zwecke einen kleinen Trog her, indem man auf einem gewöhnlichen Objectträger mit der Spitze eines Pinsels einen ringförmigen Wall von irgend einem Lack oder Firniß zieht, den man trocknen läßt. In diesen Fällen können natürlich nur schwächere Vergrößerungen gebraucht werden.

In den meisten Fällen ist es wünschenswerth, ja nötig, den auf den Objectträger gebrachten Gegenstand mit einem zweiten Glasplättchen, dem Deckgläschen, zu bedecken. Man erreicht damit verschiedene Zwecke: weiche Gegenstände werden dadurch etwas zusammengedrückt, alle ihre Theile mehr in eine Ebene und somit in denselben Focalabstand gebracht — hat man wie häufig, eine Menge kleiner Theilchen auf dem Objectträger, die in einer Flüssigkeit suspendirt sind, so werden diese dadurch auseinandergedrängt, mehr vertheilt und deutlicher sichtbar. — Meist ist es ferner vortheilhaft, namentlich bei stärkeren Vergrößerungen, die zu untersuchenden Gegenstände nicht mit Luft, sondern mit einer Flüssigkeit, wie Wasser ꝛc. zu umgeben, weil dadurch ihre Grenzen viel schärfer und deutlicher hervortreten und sie durchsichtiger werden. Das Deckgläschen verhindert nun einigermaaßen die Verdunstung dieser Flüssigkeit während der Untersuchung und schützt zugleich die Objectivlinse vor den Dämpfen derselben, oder vor zufälligem Eintauchen in die Flüssigkeit beim scharfen Einstellen. Dies ist namentlich wichtig bei mikrochemischen Untersuchungen, bei welchen bisweilen Flüssigkeiten in Anwendung kommen, welche direct oder durch ihre Dämpfe auf die unterste Linse schädlich wirken und dadurch das Mikroskop verderben könnten.

Für schwache Vergrößerungen kann man ziemlich dicke Deckgläschen verwenden. Man kann geradezu einen zweiten Objectträger als solches gebrauchen, oder man nimmt dazu quadratische Plättchen aus dünnem Spiegel- oder Fensterglase geschnitten, deren Seiten etwas kürzer sind, als der Objectträger breit ist, so daß sie nirgends über denselben verragen. Sie sind viel weniger zerbrechlich als dünnere.

Für die starken Vergrößerungen kann man aber nur sehr dünne Deckgläschen gebrauchen, deren Dicke nur einen Bruchtheil eines Millimeters $\frac{1}{6}$, ja $\frac{1}{10}$ Millimeter und selbst weniger, beträgt. Dies ist aus folgenden Gründen nothwendig:

1. Bei Anwendung starker Linsensysteme muß das Objectiv dem Gegenstande sehr nahe gebracht werden. Die Anwendung eines dicken Deckgläschens würde dies verhindern und dadurch bewirken, daß der Gegenstand gar nicht, oder wenigstens nicht hinreichend deutlich gesehen werden kann.

2. Durch das Deckgläschen erleiden die vom Gegenstand ausgehenden Lichtstrahlen eine gewisse Brechung und Ablenkung, welche bei sehr starken Vergrößerungen die Schärfe und Klarheit des Bildes beeinträchtigen kann. Ihr läßt sich einigermaaßen dadurch ab-

helfen, daß man die verschiedenen Linsen der stärksten Objective in ganz bestimmte Entfernungen von einander stellt, wodurch dieser störende Einfluß eines Deckgläschens von bestimmter Dicke möglichst aufgehoben wird. Solche corrigirte Linsensysteme verlangen bei ihrem Gebrauche immer Deckgläschen von einer ganz bestimmten Dicke, weil sie eben nur für diese Dicke corrigirt sind und nur bei ihr ihre vollkommenste Leistungsfähigkeit geltend machen. Wohl zu unterscheiden von diesen corrigirten Linsensystemen sind die weiter unten beschriebenen mit verstellbarer Correctionseinrichtung (Correctionslinsen), welche für Deckgläschen von verschiedener Dicke brauchbar gemacht werden können.

Bei Anwendung der stärksten Vergrößerungen wird der zu untersuchende Gegenstand, um ihn deutlicher zu sehen, in der Regel mit einer Flüssigkeit, z. B. einem Tropfen Wasser ꝛc. umgeben und dann mit dem Deckgläschen bedeckt. Die von ihm ausgehenden Lichtstrahlen müssen also, ehe sie in das Objectiv eintreten, erst die Flüssigkeitsschicht, dann das Deckgläschen, und zuletzt die Luftschicht durchdringen, welche sich zwischen Deckgläschen und Objectiv befindet. Wegen der verschiedenen Brechbarkeit der Lichtstrahlen in Wasser, Glas und Luft erleiden sie aber bei ihrem Uebergang aus dem die Flüssigkeitsschicht bedeckenden Deckgläschen in die Luft eine Brechung und Ablenkung, welche auf das von ihnen entworfene mikroskopische Bild Einfluß hat. Man kann sich dies durch einen sehr einfachen Versuch anschaulich machen. Wenn man in ein mit Wasser gefülltes Glas einen geraden Stab so eintaucht, daß ein Theil desselben über die Wasserfläche vorragt, so erscheint das Bild des im Wasser befindlichen Theiles des Stabes nicht als die geradlinige Fortsetzung des außerhalb befindlichen, sondern zeigt eine schiefe Richtung, als wenn der Stab an der Stelle, wo er das Wasser berührt, gebrochen oder geknickt wäre. Legt man ferner eine Münze ꝛc. auf den Boden des mit Wasser gefüllten Glases, und betrachtet dieselbe von oben, so scheint dieselbe nicht am Boden; sondern viel höher zu liegen, ihr Bild wird durch die Flüssigkeit gewissermaßen in die Höhe gerückt.

Diesem Uebelstande, der bei sehr starken Vergrößerungen ebenfalls störend auf die Deutlichkeit des Bildes einwirkt, kann man dadurch abhelfen, daß man auch auf die obere Fläche des Deckgläschen einen Wassertropfen bringt und die Objectivlinse in diesen eintaucht, was bei der kurzen Brennweite solcher starken Linsensysteme ohne Anstand geschehen kann. Solche zum Eintauchen in einen Wassertropfen bestimmte Linsensysteme nennt man **Immersions- oder Stipp-Linsen**. Bei ihnen ist die Entfernung der einzelnen Linsen, aus welchen das System besteht, so angeordnet, daß sie nur in der eben erwähnten Weise gebraucht, ein scharfes Bild geben. Damit sie auch ohne Immersion gute Bilder geben, oder wenn man sie für Deckgläschen von verschiedener Dicke gebrauchen will, so wie für Zusatzflüssigkeiten von verschiedener Brechungskraft, muß die Entfernung ihrer einzelnen Linsen eine etwas andre werden. Man muß dieselben einander um so mehr nähern, je mehr das Bild des Gegenstandes in der angewandten Flüssigkeit gehoben wird, je dicker also diese Flüssigkeitsschicht, und je höher ihre Brechungskraft, ebenso je dicker das angewandte Deckgläschen ist. Deßhalb hat man solche Systeme mit einer in Grade getheilten Schraubenvorrichtung versehen, welche erlaubt, die einzelnen Linsen derselben nach Bedürfniß entweder etwas von einander zu entfernen oder einander zu nähern. Dadurch erhält man die Linsensysteme mit **Correctionseinrichtung**, oder einfach **Correctionslinsen**.

Man unterscheidet Correctionssysteme, die nur als **Stipplinsen** und andere, die nur **ohne Immersion** gebraucht werden. Bei beiden Arten kann die Correction theils für verschiedene Deckgläschen, theils für Zusatzflüssigkeiten von verschiedener Brechungskraft dienen. Die vergrößernde Kraft dieser Systeme ist bei jedem derselben innerhalb gewisser Grenzen veränderlich, je nach der verschiedenen Entfernung der einzelnen Linsen. Sie wird daher nur für eine gewisse Linsenstellung bestimmt und angegeben, gewöhnlich für die, bei welcher die Linsen einander am meisten genähert sind, und der Index auf 0 steht.

Ferner ist es zweckmäßig, für jedes dieser Systeme ein für allemal zu ermitteln, welche Correction für eine gewisse Dicke des Deckgläschens die vortheilhafteste ist und diese schon vor dem jedesmaligen Gebrauche anzubringen, da ein Ausprobiren der besten Stellung während der Beobachtung ebenso unbequem als zeitraubend ist.

Solche Correctionssysteme werden wegen ihrer hohen Preise (vergl. S. 23) den billigeren Mikroskopen nicht beigegeben. Ihre Vorzüge machen sich erst bei den allerstärksten Vergrößerungen (von 1000 und mehr Dchm.) geltend und wirklich unentbehrlich sind sie nur dann, wenn man die allerzartesten mikroskopischen Gegenstände mit der größten bis jetzt erreichbaren Schärfe und Deutlichkeit beobachten will.

Hülfsmittel zum Nachzeichnen und Fixiren mikroskopischer Bilder.

Für einen geübten Zeichner hat es natürlich keine größeren Schwierigkeiten, das Bild eines Objectes zu zeichnen, welches er im Mikroskope sieht, als das irgend eines anderen Gegenstandes, den er mit unbewaffnetem Auge wahrnimmt. Soll jedoch die Abbildung eines mikroskopischen Gegenstandes ganz getreu werden, wie z. B. in Fällen, in welchen es sich um möglichst genaue Nachbildung der Lage und Größe mikroskopischer Gegenstände, der Winkel mikroskopischer Krystalle u. dergl. handelt, so kann man sich dazu verschiedener Hülfsmittel bedienen. Eine Betrachtung wenigstens der einfachsten und gebräuchlichsten derselben erscheint um so nothwendiger, als dieselben zugleich dazu dienen, um die Vergrößerungen eines Mikroskopes zu bestimmen.

Die einfachste Methode, deren man sich zu diesem Zwecke bedienen kann, ist die durch sog. **Doppeltsehen**. Sie ist zwar weniger geeignet zum Nachzeichnen größerer mikroskopischer Bilder, reicht aber vollkommen aus zur Bestimmung der Vergrößerungen eines Mikroskopes. Man bedarf dazu gar keiner weiteren Apparate, und da sie zugleich die Principien am besten erläutert, auf welchen das

Nachzeichnen mikroskopischer Gegenstände auch mit complicirteren Apparaten beruht, so wollen wir sie zuerst betrachten.

Man wende den Blick, indem man b e i d e Augen offen hält, auf irgend einen entfernteren Gegenstand, z. B. ein an der Wand hängendes Bild, während man gleichzeitig ein Stückchen Papier, am besten eine Visitenkarte, in der Entfernung des deutlichen Sehens 6—10 Zoll, vergl. S. 9, in der Richtung des entfernteren Gegenstandes vor die Augen hält. Der entfernte Gegenstand wird durch das Papier hindurch erscheinen, als wenn dieses durchsichtig wäre, und es wird bei einiger Uebung nicht schwer fallen, auf der Visitenkarte die Umrisse des dahinter sichtbaren Gegenstandes ganz in derselben Weise mit einem Bleistift nachzuzeichnen, wie man eine Zeichnung auf durchsichtigem Copierpapier durchzeichnen kann. Man muß jedoch dazu b e i d e Augen offen haben, nicht etwa das eine schließen, auch muß der Gegenstand wie das Papier ziemlich gleichmäßig erleuchtet sein, daher die Zeichnung weniger gut gelingt, wenn man z. B. aus dem dunkleren Hintergrunde des Zimmers das Fenster als Gegenstand wählt. Die Oberfläche der Visitenkarte wird in diesem Falle meist so wenig erleuchtet sein, daß man die Spitze des Bleistiftes und die Linien, welche man mit ihr zeichnet, nicht deutlich sieht. Vergleicht man die Größe seiner Zeichnung mit der wirklichen Größe des gezeichneten Gegenstandes, so wird man finden, daß sich beide genau verhalten, wie ihre jedesmaligen Entfernungen vom Auge. War z. B. der Gegenstand gerade 10 mal so weit vom Auge entfernt als die Karte, so wird der Durchmesser der Zeichnung auf letzterer $1/10$ vom wirklichen Durchmesser des Gegenstandes betragen, u. s. f.

Wir wollen diese Erscheinung, die gewöhnlich D o p p e l t s e h e n genannt wird, hier nicht weiter erklären, sondern uns mit der Thatsache begnügen, von der sich Jedermann leicht durch einen einfachen Versuch überzeugen kann.

Nach diesem Princip lassen sich mikroskopische Gegenstände ohne Weiteres nachzeichnen. Man braucht nur ein Blatt Papier unmittelbar neben den Fuß des Mikroskopes auf den Tisch zu legen — rechts von demselben, wenn man mit dem linken, links wenn man mit dem rechten Auge durch das Mikroskop sehen will. Oeffnet man nun beide Augen, indem man mit dem einen das Bild im Mikroskope, mit dem anderen das Papier fixirt, so wird das Bild des Gegenstandes auf dem Papier erscheinen und läßt sich dort leicht mit der Spitze eines Bleistiftes nachzeichnen. Soll die Zeichnung gelingen, so muß man jedoch die Beleuchtung reguliren — erscheint das Bild nicht deutlich genug, so beschatte man das Papier durch Vorhalten der Hand, Verstellen eines Buches ꝛc. — sieht man die Spitze des Bleistiftes und die damit gemachten Striche nicht hinreichend deutlich, so verändere man die Helligkeit des Bildes durch Verstellen des Spiegels, Verschieben der Blendung ꝛc. Kurzsichtige müssen sich dabei ferner einer Brille bedienen, oder das Papier durch untergelegte Bücher u. dergl. dem Auge näher bringen, Weitsichtige dagegen das Papier weiter vom Auge entfernen, etwa dadurch daß sie das Papier auf den Tisch legen, das Mikroskop aber daneben auf einen Kasten ꝛc. stellen. Vergleicht man die Größe der Bilder eines und desselben Gegenstandes, welche man bei verschiedener Entfernung des Papiers vom Auge, resp. dem Ocular des Mikroskopes gezeichnet hat, so wird man finden, daß diese um so größer sind, je weiter das Papier vom Auge entfernt war und umgekehrt um so kleiner, je mehr das Papier dem Auge genähert wurde.

Das Mißliche bei dieser Methode des Nachzeichnens durch einfaches Doppeltsehen besteht darin, daß die Stellung der Augen während des ganzen Zeichnens unverändert dieselbe bleiben muß, wenn das Bild genau werden soll. Dies läßt sich aber beim Entwerfen größerer Zeichnungen nur schwer durchführen, und hat eine solche Veränderung stattgefunden, so erfordert es einige Mühe, es dahin zu bringen, daß das Bild wieder genau mit der angefangenen Zeichnung zusammenfällt.

Durch die Anwendung gewisser Hülfsapparate wird aber das Nachzeichnen mikroskopischer Bilder wesentlich erleichtert. Man hat mehrere, nach verschiedenen Principien construirte Apparate, welche zu diesem Zwecke dienen können — Zeichenprismen, Sömmering'sche Spiegelchen, Camera lucida 2c. Sie alle gestatten, Bild und Zeichnung gleichzeitig mit demselben Auge zu fixiren und sorgen zugleich dafür, daß das Auge immer dieselbe Stellung behält. Wir wollen hier nur einige derselben und ihre Anwendungsweise kurz betrachten.

Hat das Mikroskop eine solche Einrichtung, daß sein Rohr wagerecht gestellt werden kann oder besitzt es ein knieförmiges Ocular (s. später), so genügt dazu ein sehr einfacher Apparat — das Sömmering'sche Spiegelchen. Ein kleines Spiegelchen von Metall, von der Größe eines starken Stecknadelkopfes wird so vor das Ocular befestigt, daß seine spiegelnde Fläche mit diesem und zugleich mit der Fläche des Tisches, auf welchem das Mikroskop steht, einen Winkel von 45° bildet. Blickt das Auge von oben herab auf das Spiegelchen, so sieht es neben demselben auf dem Tische direct das Papier, die zeichnende Hand und den Bleistift und zugleich das von dem Spiegelchen zurückgeworfene Bild des Gegenstandes scheinbar auf dem Papiere, so daß es leicht nachgezeichnet werden kann.

Für die gewöhnlichen aufrecht stehenden Mikroskope, deren Rohr keine wagerechte Stellung zuläßt, braucht man neben dem Sömmering'schen Spiegelchen noch einen zweiten etwas größeren Spiegel (von mehreren Quadratzollen Oberfläche), der etwas über die Mikroskopröhre verragend und schief gegen den Tisch gestellt, das Bild des Papieres und Bleistiftes auf dem Zeichnentische dem kleinen Spiegelchen zuwirft, von welchem es in das Auge gelangt, das gleichzeitig neben dem Spiegelchen vorbei durch das Ocular des Mikroskopes das Bild des Gegenstandes erblickt, so daß beide einander decken. Diese Zeichnenvorrichtung, die Camera lucida von Gerling, (Fig. 26, 1) läßt sich leicht an das Rohr des Mikroskopes befestigen, indem man einen Ring r an den oberen Theil des Mikroskoprohres festschraubt, der seitlich ein senkrechtes Loch hat, in welchem ein Zapfen Z eingesteckt werden kann, um den sich der

Zeichnenapparat C drehen und so in jede beliebige Stellung bringen läßt. Das kleine auf der Figur nicht sichtbare Spiegelchen muß sich gerade über der Mitte des Ocularglases befinden. Der Gebrauch dieses Apparates, der zu den billigsten und bequemsten Zeichnen= apparaten gehört, welche sich bei senkrecht stehenden Mikroskopen anwenden lassen, ergiebt sich mit Hülfe der vorstehenden Beschrei= bung nach einiger Uebung von selbst.

Ein anderer gebräuchlicher Apparat zum Zeichnen, den Was= serlein seinen Mikroskopen beizugeben pflegt, ist das Zeichnen= prisma von Nachet. Es besteht aus einem Glasprisma, das auf eine Weise geschliffen ist, welche sich ohne Anschauung nicht gut erläutern läßt, wird mit seiner Fassung auf einen an das Rohr des Mikroskopes befestigten Ring aufgesteckt und so über das Ocular gedreht, daß ebenfalls das Bild des Gegenstandes auf dem Bilde des Papieres erscheint, auf dem dasselbe nachgezeichnet werden soll. Ich finde es jedoch in seiner Anwendung weniger bequem, als die oben beschriebene Camera lucida von Gerling.

Einen solchen Apparat zum Nachzeichnen kann man sich auch ohne alle Kosten und in sehr einfacher Weise selbst herstellen. Man nimmt ein sehr dünnes Glimmerplättchen, wie es sich durch Spalten dieses Minerales sehr leicht erhalten läßt, etwa von der Größe eines Deckgläschens, aber noch viel dünner als ein solches. Ein qua= dratisches Stückchen dünner Pappe von gleicher Größe wie das Glim= merplättchen wird in seiner Mitte durchschnitten, so daß man 2 rechtwinklige Dreiecke erhält. Die langen Seiten (Hypotenusen) dieser beiden Dreiecke werden mit Leim ꝛc. bestrichen, und an die Seitenränder des Glimmerplättchens angeklebt, so daß dieses mit den schmalen Seiten der Pappstückchen einen Winkel von 45° bildet. Diesen kleinen Apparat stellt man auf das Ocular. Sieht man nun in horizontaler Richtung auf die untere gegen das Ocular geneigte Fläche des Glimmerplättchens, so erblickt man in diesem ein Bild des Gegenstandes und kann dieses bei gehöriger Regulirung der Beleuchtung auf einer matten Glastafel, dem Papier eines Notiz=

buches ꝛc., oder noch besser auf einer Schiefertafel, welche man in senkrechter Richtung dahin stellt, wo das Bild erscheint, leicht nachzeichnen.

Es giebt noch mehrere andere Apparate zum Nachzeichnen mikroskopischer Gegenstände, in der Hauptsache auf ähnlichen Principien beruhend, aber von etwas verschiedener Einrichtung. Ihre Beschreibung würde jedoch hier zu weit führen. Man kann die Bilder, welche das Mikroskop entwirft, auch photographisch fixiren und Einige haben in der Herstellung solcher mikroskopischer Photographien bereits sehr Vollkommenes geleistet. Es gehören dazu, natürlich außer der nöthigen Uebung im Photographiren überhaupt, besondere Einrichtungen am Mikroskop, die sich zwar in ihrer einfachsten Form ohne große Kosten herstellen lassen, deren Beschreibung wir aber hier als zu viel Raum einnehmend übergehen müssen. Wer sich specieller hiefür interessirt, findet Näheres in dem Werkchen von G. Gerlach: Die Photographie als Hülfsmittel mikroskopischer Forschung. Leipzig, Engelmann 1863, und namentlich in dem an neueren Erfahrungen hierüber sehr reichen englischen Werke von L. S. Beale, How to work with the microscope. London, 1865 auf S. 149—188.

Hülfsmittel zum Messen mikroskopischer Gegenstände und zur Bestimmung der Vergrößerungen eines Mikroskopes.

Vorrichtungen, um die Größe mikroskopischer Gegenstände genau zu messen, gehören unter die wesentlichsten Nebenapparate eines jeden Mikroskopes; sie sind nicht blos für die meisten wissenschaftlichen Untersuchungen, sondern auch für viele technische Zwecke unentbehrlich.

Die einfachste dieser Meßvorrichtungen womit man für die meisten Fälle ausreicht, bildet ein sog. Glas-Mikrometer, d. h. ein feiner auf eine Glasplatte eingeritzter Maaßstab. Man hat höchst feine Glasmikrometer, in welchen die einzelnen Theilstriche um $1/100$ Linie, selbst noch weniger von einander abstehen. Doch reicht man für die meisten Fälle mit einem Mikrometer aus, welcher Theilstriche hat, die um $1/10$ Millimeter Mm. von einander abstehen, und wobei wie in Fig. 27, jeder 5. Theilstrich um etwas, und jeder 10. bedeutend länger ist als die übrigen, was die rasche Zählung der Theilstriche erleichtert. Der Mikrometer ist am besten auf eine runde Glasplatte getheilt, welche eine Messingfassung hat und so eingerichtet ist, daß sie mit dem Mikrometer auf die Blendung im Innern des Oculars gelegt werden kann.

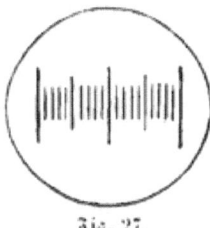

Fig. 27.

Bringt man einen solchen Mikrometer, mit der Theilung nach oben, auf den Objecttisch, legt den zu messenden Gegenstand darauf, und stellt das Mikroskop so ein, daß man die Theilung und den Gegenstand zugleich sieht, so kann man letzteren unmittelbar messen: jeder Theil desselben, der gerade den Raum zwischen 2 Theilstrichen des Maaßstabes ausfüllt, ist 0,1 Mm. groß. Theile des Gegenstandes, oder kleine Gegenstände, die weniger als 0,1 Mm. im Durchmesser haben, kann man jedoch auf diese Weise nicht mehr genau messen, sondern nur annähernd abschätzen. Auch würde der Mikrometer bei dieser Art des Gebrauches, wobei er zugleich als Objectträger dient und daher öfters beschmutzt wird und wieder gereinigt werden muß, sehr bald verderben werden.

Viel besser ist daher der Gebrauch des Mikrometers im Ocular, welcher zugleich viel genauere Messungen erlaubt. Man schraubt zu diesem Zwecke das obere Glas des Oculars ab, legt den Mikrometer mit seiner Theilung nach unten auf die Blendung in der Mitte der Röhre und schraubt das obere Ocularglas wieder auf. So kann man augenblicklich jedes Ocular mit einem Maaßstabe versehen, der viel feinere Messungen erlaubt, als ein Mikrometer, der auf die zuerst erwähnte Weise unter dem Objectiv gebraucht wird, da er in dieser Stellung nur durch das oberste Glas des Oculares vergrößert

Fig. 27. Glasmikrometer zum Einlegen in das Ocular.

wird, seine Theilstriche also viel enger erscheinen, als wenn er sich auf dem Objecttische befände. Die Theilstriche werden in dieser Lage auch nicht von dem Gegenstande verdeckt, sondern schweben über demselben und da er sich mit dem Oculare in der Mikroskopröhre um seine Achse drehen läßt, so kann man nacheinander mit demselben verschiedene, selbst entgegengesetzte Durchmesser des Gegenstandes messen. Wer öfters Messungen unter dem Mikroskope zu machen hat, der hält sich am besten ein eigens zu diesem Zwecke bestimmtes Ocular, in dem sich der Mikrometer ein für alle Male befindet. Sobald man dann einen unter dem Mikroskope beobachteten Gegenstand zu messen wünscht, nimmt man das gewöhnliche Ocular weg, steckt dafür das Mikrometerocular ein und vertauscht dasselbe bei gewöhnlichen Beobachtungen wieder mit dem ersteren, weil die Theilung auf dem Glase über dem Bilde des Gegenstandes bei genauen Untersuchungen häufig störend wirkt. Bei manchen Mikroskopen wird der Ocularmikrometer nicht einfach auf die Blendung der Oculare gelegt, sondern kann im Innern eines derselben festgeschroben werden.

Der Mikrometer im Ocular ist aber kein absoluter Maaßstab, wie der auf dem Objecttische, wenn man dessen Theilung kennt. — seine Geltung muß vielmehr erst bestimmt werden, und zwar für jedes Mikroskop und für jede Vergrößerung eines Mikroskopes besonders, da sie für jede eine andere ist. Es ist daher zweckmäßig, sich für jedes Mikroskop eine kleine Tabelle zu entwerfen, die angiebt, welche Geltung ein Theilstrich des Mikrometers im Ocular für jede Vergrößerung besitzt, wenn nicht etwa der Verfertiger dem Instrumente bereits eine solche Tabelle beigegeben hat. Die Bestimmung der Geltung, welche jeder Theil eines Ocularmikrometers bei einer bestimmten Vergrößerung eines Mikroskopes hat, läßt sich praktisch am einfachsten dadurch ausführen, daß man einen zweiten Mikrometer von bekannter Theilung auf den Objecttisch legt und sieht, wieviel Theile des Ocularmikrometers einigen oder mehreren Theilstrichen des unteren, auf dem Objecttische liegenden entsprechen.

Einige Beispiele werden dies deutlicher machen. Der untere, auf dem Objecttische liegende Mikrometer sei in $1/10$ Mm. getheilt. Wenn nun bei Anwendung des schwächsten Linsensystemes und eingeschobenem Rohre 2 Theile des Ocularmikrometers gerade 1 Theile des unteren entsprechen, so hat für diese Vergrößerung 1 Theil des Ocularmikrometers eine Geltung von $\frac{0,1}{2}$ Mm. = 0,05 Mm. Entsprechen bei demselben Objectiv, aber ganz ausgezogenem Rohre 4 Theile des Ocularmikrometers 1 Theile des unteren, so mißt 1 Theil des Ocularmikrometers $\frac{0,1}{4}$ Mm. = 0,025 Mm. Entsprechen bei Anwendung des stärksten Linsensystemes und ganz ausgezogenem Rohre 20 Theile des Ocularmikrometers 1 Theile des unteren, so hat 1 Theil des Ocularmikrometers bei dieser Vergrößerung einen Werth von $\frac{0,1}{20}$ Mm. = 0,005 Mm. u. s. w.

Wer nur einen einzigen Mikrometer, zum Einlegen in das Ocular, besitzt, kann sich den zu solchen Bestimmungen nöthigen zweiten leicht und ohne Kosten selbst herstellen, indem er sich mittelst Collodium eine Copie seines Mikrometers verfertigt. Man braucht zu diesem Zwecke nur einen Tropfen Collodium auf die Theilung der Mikrometerplatte zu gießen. Dieser breitet sich auf derselben aus und ist nach spätestens einer Viertelstunde zu einem dünnen Häutchen eingetrocknet, welches eine genaue, unter dem Mikroskope deutlich sichtbare Copie des Mikrometers enthält. Nachdem man das Collodiumhäutchen durch Abschneiden seiner Ränder mit einem scharfen Federmesser von der Mikrometerplatte abgelöst hat, kann man es auf einen Objectträger bringen und durch ein Deckgläschen geschützt, das man mit etwas Klebwachs oder Canadabalsam darüber festklebt, fortan als auf den Objecttisch zu legendes Mikrometer gebrauchen. Zwar gelingt nicht jede solche Copie, da sich, wenn das Collodium dickflüssig ist, leicht störende Luftblasen bilden, wenn es sehr dünnflüssig ist, das zarte Häutchen leicht Falten bekommt. Aber die Herstellung dieser Copien ist so einfach, daß man sich leicht ein Dutzend davon anfertigen kann, um die gelungenste derselben aufzubewahren.

Weiteres über die Anwendung des Ocularmikrometers s. in dem Abschnitte: „Anleitung zum Gebrauche des Mikrometers" unter „Messen".

Die Maaßstäbe, deren man sich zu Messungen mikroskopischer Gegenstände zu bedienen pflegt, sind leider bis jetzt sehr verschieden, was Vergleichungen der Angaben verschiedener Beobachter oft sehr unbequem macht. Die Engländer bedienen sich meist der Bruchtheile des Englischen Zolles, was für sehr kleine Gegenstände höchst unbequeme Zahlen giebt; Andere brauchen bald gemeine Brüche bald Decimalbrüche verschiedener Arten von Linien, wie der Pariser, Wiener ꝛc. Am Empfehlenswerthesten und jetzt auch am meisten gebräuchlich ist es, sich der Decimalbrüche des Millimeters (Mm.) zu bedienen. Für sehr kleine Gegenstände ist aber selbst der Mm. als Einheit zu groß, weil er dann vielfach unbequeme Zahlen mit viel Decimalstellen giebt. Daher empfiehlt sich der Vorschlag, für sehr kleine Gegenstände sich einer noch kleineren Maaßeinheit zu bedienen. Dazu eignet sich am besten ein Tausendtheil eines Millimeters, den man Mikromillimeter oder noch kürzer Mikrum nennt. Er wird am besten durch ein einfaches Zeichen ausgedrückt, durch Mmm., oder noch besser nach Listing's Vorschlag durch μ. 1 μ ist darnach = 0,001 Mm. und 12,8 μ = 0,0128 Mm. u. s. f. Wir werden uns hier für kleine Größen dieser wegen ihrer Kürze empfehlenswerthen Bezeichnungsweise neben Decimalbrüchen des Mm. häufig bedienen.

Zur Vergleichung der in verschiedenen Maaßen ausgedrückten Angaben über die Größen mikroskopischer Gegenstände, denen man bei verschiedenen Beobachtern begegnet, können folgende Verhältnißzahlen dienen, mit deren Hülfe sich leicht ein Maaßstab in einen anderen umrechnen läßt:

1 Millimeter (Mm.) ist gleich
= 1000 Mikra oder Mikromillimeter Mmm. oder μ,

= 0,4433 Pariser Linie (P. L. oder P. ''')
= 0,03694 eines Pariser Zolles (P. Z. oder P. '')
= 0,03937 eines Englischen Zolles (E. Z. oder E. '')
= 0,03796 eines österreichischen (Wiener) Zolles W. Z. oder W. '').

Wer viele solcher Umrechnungen zu machen hat, thut gut, sich eine Tabelle anzufertigen, welche die Vergleichung bequemer macht. Solche Tabellen sind auch im Buchhandel zu haben.

Außer dem Ocularmikrometer lassen sich noch verschiedene andere Vorrichtungen zum Messen mikroskopischer Gegenstände benützen, wie der Schraubenmikrometer, Spitzenmikrometer u. a. Wir wollen jedoch hier von ihrer Betrachtung absehen, da der Ocularmikrometer am billigsten, einfachsten und bequemsten ist und so ziemlich für alle hier in Betracht kommende Fälle ausreicht, dann namentlich wenn man für sehr genaue Messungen einen sehr fein getheilten Mikrometer anwendet, dessen Theilstriche um weniger als 0,1 Mm. — etwa um 0,05 Mm. oder noch weniger von einander abstehen.

Der Mikrometer bildet auch das Mittel, um mit Hülfe des früher (S. 44) beschriebenen Doppelsehens oder einer anderen Vorrichtung zum Zeichnen auf sehr einfache Weise die verschiedenen Vergrößerungen eines Mikroskopes zu bestimmen. Man legt dazu den Mikrometer auf den Objecttisch und zeichnet mit Benutzung des Doppelsehens sein Bild auf ein neben dem Mikroskope liegendes Papier. Indem man nun das gezeichnete Bild des Mikrometers mit einem Maaßstabe ausmißt und mit dem wirklichen Werthe des Mikrometers vergleicht, erfährt man, um wie viel das Bild durch das Mikroskop vergrößert worden ist. Ist z. B. der benutzte Mikrometer in $^1/_{10}$ Mm. getheilt, und die Entfernung der einzelnen Theilstriche auf dem gezeichneten Bilde beträgt je 10 Mm., so ist demnach 0,1 Mm. auf 10 Mm., also 1 Mm. auf 100 Mm. vergrößert worden und die angewandte Vergrößerung beträgt daher 100 mal im Durchmesser. Die so gefundene Zahl ist jedoch nur bedingungsweise richtig. Bereits früher wurde erwähnt, daß die sog. Sehweite die nothwendige Basis für die Bestimmung der Vergrößerung eines Mikroskopes bildet, und daß diese größer oder kleiner wird, je nachdem man ihr eine größere oder kleinere Sehweite zu Grunde legt. Die in unserem Falle in Betracht kommende Sehweite entspricht dem jedesmaligen Abstande des Papiers, auf dem man zeichnet, vom Auge. Man kann sie sehr leicht finden, wenn man neben das Mikroskop einen Maaßstab aufrecht auf das Papier stellt, und mit diesem abmißt, wieviel die senkrechte Entfernung des Auges über dem Papiere beträgt. Ist dieselbe z. B. 250 Mm., wie bei den Wasserlein'schen Mikroskopen bei ganz ausgezogenem Rohre, so kann man die gefundene Zahl ohne Weiteres als richtig annehmen, da Wasserlein seinen Vergrößerungen eine Sehweite von 250 Mm. zu Grunde legt. Beträgt dagegen bei demselben Mikroskope, wenn das Rohr ganz eingeschoben ist, die Entfernung des Auges vom Papiere nur 200 Mm., so muß die gefundene Zahl entsprechend vergrößert werden, wenn sie einer Sehweite von 250 Mm. entsprechen soll. Gesetzt man habe gefunden, daß unter diesen Umständen 0,1 Mm. auf 16 Mm., also 1 Mm. auf 160 vergrößert worden ist, so giebt dies eine Vergrößerung von 160 Durchmesser bei 200 Mm. Sehweite; für eine Sehweite von 250 Mm. dagegen beträgt die Vergrößerung 200 M. Durchmesser, denn 20 : 25 = 160 : 200.

Aehnliche Umrechnungen hat man nöthig, wenn man die Vergrößerungen eines Mikroskopes, welche bei einer Sehweite von 8 Pariser Zoll bestimmt sind, mit denen eines anderen vergleichen will, bei dem ihrer Bestimmung eine Sehweite von 250 Mm. oder von 200 Mm., oder, wie bei den Mikroskopen von Schröter eine solche von 270 Mm. zu Grunde gelegt ist u. s. f.

Bedient man sich bei der oben beschriebenen Bestimmung der Vergrößerungen eines Mikroskopes zur Zeichnung des Bildes nicht des Doppeltsehens, sondern eines der oben geschilderten Apparate zum Nachzeichnen, so wird die Bestimmung der angewandten Sehweite, d. h. der Entfernung der Zeichnung vom Auge schwieriger und weniger genau, weil dann die in Betracht kommenden Lichtstrahlen keiner einfachen senkrechten Linie folgen, sondern einer durch die angewandten Spiegel oder Prismen mehrmals gebrochenen.

Mit Hülfe der Apparate zum Nachzeichnen läßt sich dagegen noch auf eine andere und für Solche, welche im Gebrauche dieser Apparate hinreichend geübt sind, ziemlich bequeme Weise die Größe mikroskopischer Gegenstände bestimmen. Man braucht nur die Bilder eines unter das Objectiv gebrachten Mikrometers, natürlich für jede Vergrößerung besonders, auf Papier zu zeichnen, und erhält dadurch ein für allemal eine Reihe von Maaßstäben. Läßt man mit Hülfe der Apparate zum Nachzeichnen die Bilder mikroskopischer Gegenstände auf dieselben fallen und sieht, wieviele Theilstriche des Maaßstabes sie bedecken, so kann man dadurch die Größe verschiedener Durchmesser eines Gegenstandes sehr leicht bestimmen. Da man das bei Anwendung sehr starker Vergrößerungen erhaltene Bild des Mikrometers mit Hülfe eines Zirkels noch weiter theilen kann, so lassen sich dadurch sehr feine Maaßstäbe erhalten. Nur muß man sich erinnern, daß bei Anwendung dieser Methode zum Messen, nach dem, was Oben über die Sehweite gesagt wurde, die Entfernung des Bildes vom Auge immer genau dieselbe sein muß, in welcher das Bild des Mikrometers gezeichnet wurde, weil sonst die Messungen falsch werden. Es läßt sich dies leicht dadurch erreichen, daß man sich gewöhnt, Mikroskop und Mikrometerbild immer an dieselben Stellen des Arbeitstisches zu bringen.

Außer den genannten Meßapparaten, von denen der eine oder andere für jedes Mikroskop unentbehrlich ist, das nicht blos zum Vergnügen, sondern zum wirklichen Arbeiten dienen soll, giebt es noch einige andere, die seltener, nur für bestimmte Zwecke gebraucht werden.

Der Focimeter oder Dickenmesser

dient, um die Niveaudifferenz von Puncten zu bestimmen, welche sich in verschiedenen Ebenen im Gesichtsfelde des Mikroskopes befinden. Er kann benützt werden, um die Neigungswinkel zu bestimmen, in welchen verschiedene Flächen eines Krystalles zusammenstoßen, oder um die Dicke eines mikroskopischen Objectes, d. h. seinen senkrechten Durchmesser zu messen. Bis jetzt wird er nur selten an Mikroskopen angebracht und gerade deshalb soll er hier Erwähnung finden, da er manche Vortheile gewährt und sich bei den meisten, wenigstens den größeren Instrumenten leicht und ohne große Kosten anbringen läßt. Es ist dazu nur nöthig, daß der Kopf der Schraube, welche die feine Einstellung vermittelt, d. h. die Entfernung des Objectives vom Gegenstande regelt vgl. S. 38 , mit einer Eintheilung versehen wird, welche zu messen gestattet, um wieviel bei jeder Einstellung das Objectiv dem Gegenstande genähert oder davon entfernt worden ist. Der Schraubenkopf x in Fig. 26 ist an seiner oberen geneigten Fläche mit einer solchen Eintheilung versehen, welche angiebt, um wieviel bei jeder Einstellung das Mikroskoprohr nach aufwärts oder abwärts verstellt worden ist. Bei dem abgebildeten Mikroskope ist der kreisförmige Umfang des Schraubenkopfes x in 100 Theile getheilt. Eine ganze Umdrehung der Schraube verändert den Focus um 0,09048 Par. Linie oder 204 μ, 1 Theil = $^1/_{100}$ Umfang entspricht demnach 0,0009 Par. Linie oder 2 μ. Bringt man nun zuerst die obere Fläche eines mikroskopischen Gegenstandes genau in den Focus, notirt den Stand der Schraube, stellt dann die untere Fläche genau ein und liest wieder den Stand der Schraube ab, so ergiebt die Differenz zwischen den beiden Ständen der Theilung am Schraubenkopfe die Dicke des Gegenstandes.

Solche Messungen sind jedoch nur bedingt richtig. Die Augen der meisten Menschen haben eine etwas veränderliche Sehweite. Sie können durch eigenthümliche von der Willkühr abhängige Veränderungen bis zu einem gewissen Grade zum deutlichen Sehen sowohl entfernterer als näherer Gegenstände fähig gemacht werden. Man nennt dies das Accommodationsvermögen. Dasselbe gilt auch beim Sehen durch das Mikroskop, in höherem Grade bei schwachen, in viel geringerem bei starken Vergrößerungen. Größenbestimmungen mit dem Focimeter werden aus diesem Grunde ungenau, wenn man bei denselben das Auge bei Bestimmung des einen Endpunctes für nahe, bei der des anderen für entfernte Gegenstände accommodirt. Bei Personen, welche ein sehr geringes Accommodationsvermögen besitzen, die also entweder sehr kurzsichtig oder sehr weitsichtig sind, fällt diese Fehlerquelle fast ganz weg; für solche mit gut accommodirenden Augen wird sie wenigstens geringer, wenn sie ihre Messungen nur bei Anwendung sehr starker Vergrößerungen anstellen. Wer solche Messungen zur Ermittelung noch unbekannter Größenverhältnisse anstellen will, thut gut, wenn er vorher durch Messungen bekannter Größen ermittelt, welchen Einfluß die individuellen Verhältnisse seiner Augen dabei ausüben, wie groß daher der Fehler ist, den er dabei machen kann.

Außer der genannten giebt es aber auch noch andere Fehlerquellen bei solchen Messungen. Diese werden nämlich nur dann ganz genau, wenn die Puncte, deren Niveaudifferenz man messen will, durch eine Luftschicht von einander getrennt sind. So z. B. wenn man den Abstand von feinen Haaren mißt, die seitlich aus einer senkrechten Fläche verragen, auf welcher sie aufsitzen; oder verschiedene Puncte auf der schiefen Fläche eines Krystalles, aus deren Niveaudifferenz sich die Neigung der Krystallfläche gegen die Ebene des Gesichtsfeldes berechnen läßt, wenn man gleichzeitig die horizontale Entfernung dieser Puncte mit dem Mikrometer mißt. Befindet sich dagegen zwischen den beiden Puncten, deren Niveaudifferenz man bestimmen will, nicht Luft, sondern Wasser, Glas oder ein anderes durchsichtiges Medium, welches einen anderen Brechungsexponenten für die Lichtstrahlen besitzt als die Luft, so drückt die durch obige Methode gefundene Entfernung nicht mehr die wirkliche Niveaudifferenz der Puncte aus, das Resultat der Beobachtung bedarf vielmehr einer Correction. Wir wollen einige der einfacheren Fälle, welche hier in Betracht kommen, etwas näher betrachten, da sie auch sonst noch ein gewisses Interesse darbieten, indem sie anschaulich machen, wie Deckgläschen oder Flüssigkeiten, welche die Gegenstände umgeben, auf die mikroskopische Untersuchung gewisse Einflüsse ausüben. Wir gehen dabei wieder von einfachen Thatsachen aus, von denen sich Jedermann leicht überzeugen kann, und wollen von jeder optischen und mathematischen Begründung derselben absehen.

Man bringe irgend ein Object unter das Mikroskop, z. B. Schmetterlingsschuppen, und betrachte dasselbe, indem man sorgfältig so einstellt, daß der Gegenstand möglichst scharf und deutlich erscheint. Legt man nun ein dickes Glasplättchen, etwa einen Objectträger, auf den Gegenstand und beobachtet wieder, so wird man finden, daß das Bild nicht mehr scharf erscheint; man muß jetzt das Objectiv etwas höher stellen, wenn das Bild des Gegenstandes ebenso deutlich erscheinen soll, als früher. Legt man nun einen zweiten Objectträger auf, so erscheint das Bild wieder undeutlich und man muß das Objectiv nochmals höher stellen, wenn das Bild in der früheren Deutlichkeit erscheinen soll. Nimmt man nun die beiden Objectträger wieder weg, so erscheint das Bild wieder undeutlich und erreicht erst dann das Maximum seiner Schärfe, wenn man das Objectiv wieder gesenkt und auf den ursprünglichen Stand zurückgebracht hat. Der Gegenstand ist also durch die aufgelegten Glasplatten gewissermaßen gehoben worden.

Es rührt dies daher, daß die vom Gegenstande ausgehenden Lichtstrahlen auf ihrem Wege nach dem Objectiv bei ihrem Uebertritte aus der Glasplatte in die Luft eine Brechung erleiden und dadurch das Bild des Gegenstandes an eine andere Stelle versetzt wird, als die ist, welche er wirklich einnimmt.

Dasselbe kommt nun in Betracht, wenn man mit dem Focimeter die Dicke einer Glasplatte, eines Deckgläschens ec. bestimmen will, etwa in der Weise, daß man auf den beiden Flächen des Deckgläschens schwache Marken mit Tinte anbringt und die Niveaudifferenz dieser beiden Marken mit dem Focimeter mißt. Die obere Marke erscheint an ihrer natürlichen Stelle, die untere dagegen, über welcher das Glasplättchen sich befindet, erscheint gehoben. Die so gefundene Niveaudifferenz fällt deshalb immer geringer aus als die wirkliche Dicke der Glasplatte, welche man mit dem Ocularmikrometer leicht ermitteln kann, wenn man die Platte, auf ihre Kante gestellt, und mit etwas Klebwachs in dieser Stellung auf einen Objectträger befestigt, unter das Mikroskop bringt. Man muß also, wenn man den Focimeter für solche Dickenmessungen benützen will, an dem dadurch ermittelten Resultate eine Correction anbringen. Diese Correction muß nicht blos nach der Dicke des Glases etwas verschieden sein, sondern auch nach dem Einfallswinkel, der für Linsensysteme von verschiedener Brennweite ein verschiedener ist. Man ermittelt sie am besten empirisch, indem man Glasplättchen von verschiedener Dicke mißt, und dadurch erfährt, wieviel man dem mit dem Focimeter gefundenen Resultate hinzurechnen muß, um die wirkliche Dicke zu erhalten. Für nicht zu starke Objective erhält man meist ein ziemlich genaues Resultat, wenn man, entsprechend dem Verhältnisse des Brechungsexponenten der Luft zu dem des Glases 1 : 1,5 der durch den Focimeter gefundenen Zahl die Hälfte zurechnet, also z. B. statt 100, 150 setzt u. s. f.

Das eben für Glasplättchen Bemerkte gilt auch dann, wenn der zu untersuchende Gegenstand in einem Medium liegt, das eine andre Brechungskraft für die Lichtstrahlen hat, als die Luft. So z. B. für mikroskopische Präparate, welche in Canadabalsam eingeschlossen sind. Der Brechungsexponent desselben kommt nahezu mit dem des Glases überein, auch hier muß daher die durch den Focimeter ermittelte Niveaudifferenz um die Hälfte vergrößert werden, wenn sie der wirklichen entsprechen soll. Auch wenn man mikroskopische Gegenstände unter Wasser betrachtet, wie dies so häufig geschieht, kommt dieser Einfluß in Betracht.

Da sich die brechende Kraft der Luft zu der des Wassers wie 3 : 4 verhält, so muß man bei allen unter Wasser untersuchten Gegenständen die mit dem Focimeter ermittelte Niveaudifferenz um $\frac{1}{3}$ vergrößern, um die wirkliche zu erhalten. Wendet man jedoch Stipplinsen an, wobei ein Wassertropfen zwischen Deckgläschen und Objectiv gebracht wird, so gelangen die vom Gegenstande ausgehenden

Lichtstrahlen ungebrochen zum Objectiv und man hat in diesem Falle, abgesehen von dem Einflusse des Deckplättchens, der bei der geringen Brechungsdifferenz zwischen Glas und Wasser nur unbedeutend ist, keine Correction für die durch den Focimeter gefundene Niveaudifferenz nöthig.

Wiewohl es nach dem Mitgetheilten scheinen könnte, als sei der Focimeter ein sehr unzuverlässiges Meßinstrument, so empfehle ich doch sehr, ihn an solchen Mikroskopen, bei welchen dies ohne erhebliche Erhöhung des Preises geschehen kann, anbringen zu lassen, da er für manche Untersuchungen entschiedene Vortheile gewährt. So z. B. bei Messung der Neigungswinkel von Krystallflächen, wie die Beispiele zeigen, welche in der zweiten Abtheilung angeführt sind, wo auch das bei solchen Messungen einzuschlagende Verfahren genauer beschrieben ist.

Der Winkelmesser oder Goniometer

dient, die Winkel mikroskopischer Krystalle zu messen. Er bildet eine sehr nützliche Beigabe des Mikroskopes für mikrochemische Untersuchungen von Flüssigkeiten, indem man dieselben langsam verdunsten läßt und aus den Winkelverhältnissen der dabei gebildeten Krystalle die chemische Zusammensetzung der Substanz erkennt, aus welcher sie bestehen. Seine Anwendung wird jedoch dadurch einigermaßen beschränkt, daß man mit demselben in der Regel nur Flächenwinkel messen kann, d. h. solche, welche an einer und derselben Fläche eines Krystalles auftreten, nur selten die Winkel, welche 2 Flächen, die in einer Kante, oder 2 Kanten, die in einer Ecke zusammentreffen, mit einander bilden. Deshalb und da er in einer einigermaßen vollkommenen Form ziemlich kostspielig ist, auch zur bequemen Anwendung einige weitere Einrichtungen am Mikroskope fordert, und sich überdies einigermaßen durch andere Hülfsmittel ersetzen läßt, wollen wir ihn nur kurz betrachten. Die gewöhnliche Einrichtung desselben ist folgende:

Am Rohre des Mikroskopes ist eine horizontale Scheibe angebracht, deren Mittelpunct genau mit der Achse des Rohres zusammenfällt und deren Rand in 360° eingetheilt ist. Vom Ocular geht ein mit einem Nonius versehener Zeiger aus, welcher auf der Theilung gleitet und die Grade anzeigt, um welche das Ocular um seine senkrechte Achse gedreht wird. Das Ocular besitzt ferner auf seiner Blendung ein Fadenkreuz, dessen Fäden sich in der Mitte des Gesichtsfeldes unter einem rechten Winkel kreuzen. Um Verwechslungen zu vermeiden, besteht zweckmäßig einer dieser Fäden aus 2 durch einen kleinen Zwischenraum getrennten Parallelfäden. Man bringt den Krystall so unter das Mikroskop, daß der zu messende Winkel sich genau unter dem Mittelpuncte des Fadenkreuzes befindet, stellt das Ocular so, daß der eine Faden des Kreuzes genau die eine Seite des zu messenden Winkels deckt, und beobachtet den Stand des Zeigers. Darauf dreht man das Ocular so, daß der Faden des Kreuzes über den Krystall hinüberrückt und genau die andre Seite des zu messenden Winkels deckt. Ist dies erreicht, so beobachtet man wieder den Stand des Zeigers, und erhält aus der Differenz der beiden Stände die Größe des gesuchten Winkels. Soll ein solcher Goniometer zu möglichst genauen Messungen dienen, die noch 1 Minute des Kreisbogens anzeigen, so wird er am zweckmäßigsten mit einem ausschließlich dazu bestimmten Mikroskoprohre verbunden, weil er dadurch eine viel größere Stabilität erhält. Auch ist es wünschenswerth, ja für genaue Messungen unerläßlich, daß damit ein seitlich verschiebbarer Objecttisch (Fig. 26. III) verbunden wird, um den zu messenden Winkel ganz genau unter den Kreuzungspunct der Ocularfäden einstellen zu können. Dadurch wird aber der Apparat ziemlich kostspielig.

Eine andere Art Goniometer ist der **Doppelbildgoniometer von Leeson**. Bei ihm wird durch ein doppelbrechendes Prisma von Kalkspath oder Quarz ein Doppelbild des Krystalles hervorgerufen, welches durch Drehen des Prisma seine Gestalt verändert, so daß bald die einen bald die anderen Seiten des zu messenden Winkels im Bilde zusammenfallen. Auch hier läßt sich an einem angebrachten Kreisbogen die Größe des Winkels in Graden bestimmen. Bei dieser Art Goniometer ist ein verschiebbarer Objecttisch zum genauen Einstellen nicht nöthig.

Sollen solche Winkelmessungen genau werden, so muß die Krystallfläche an welcher sich der zu messende Winkel befindet, genau horizontal liegen, weil sonst perspectivische Verkürzungen oder Verschiebungen des Winkels entstehen. Dies läßt sich am leichtesten bei tafelförmigen Krystallen erreichen.

Aber auch ohne Goniometer lassen sich die Winkel mikroskopischer Krystalle bestimmen: so durch Nachzeichnen des Winkels mit einem Zeichnenapparate und Messen des gezeichneten Winkels mit einem gewöhnlichen Transporteur — ferner auf trigonometrischem Wege, indem man mit einem Ocularmikrometer die Länge seiner beiden Seiten und einer dritten ihm gegenüberliegenten Linie, welche das Dreieck schließt, mißt und aus deren Längen nach bekannten Formeln den Winkel berechnet. Genaueres hierüber, so wie über die Methode, die Neigungswinkel zu bestimmen, unter welchen verschiedene Flächen eines mikroskopischen Krystalles zusammenstoßen, in der zweiten Abtheilung, bei der Anleitung zur Untersuchung und Messung mikroskopischer Krystalle.

Einrichtungen am Objecttische.

Der Objecttisch des Mikroskopes kann außer seinen früher betrachteten unentbehrlichen Bestandtheilen noch mancherlei Einrichtungen erhalten, welche für gewisse Untersuchungen Annehmlichkeiten und Vortheile gewähren. Wir wollen die am meisten gebrauchten etwas näher betrachten:

Klammern

von Metall, am besten etwas federnd, die auf verschiedene Weise — durch Aufstecken oder Festschrauben — an den Objecttisch befestigt werden, dienen, den Objectträger mit dem Gegenstande unverrückt in derselben Lage auf dem Objecttische festzuhalten. Sie leisten sehr gute Dienste, wenn es darauf ankommt, einen kleinen Gegenstand, den man unter vielen ähnlichen nur schwer wiederfinden würde, sehr lange Zeit hindurch unter dem Mikroskop zu beobachten, um dessen Veränderungen zu studiren: so z. B. beim Keimen von Pilzsporen. Ganz unentbehrlich sind sie bei Mikroskopen, welche eine solche Neigung gestatten, daß der Objecttisch schräg oder selbst senkrecht zu stehen kommt. In letzterer Stellung würde der Objectträger mit dem Gegenstand nothwendig vom Objecttische herabfallen, wenn er nicht durch Klammern festgehalten würde. Wo solche Klammern fehlen, lassen sie sich einigermaßen dadurch ersetzen, daß man den Objectträger durch übergeschobene elastische Gummiringe auf den Objecttisch befestigt.

Der Indicator

dient, um in mikroskopischen Präparaten, welche zur Aufbewahrung bestimmt sind, irgend einen kleinen Gegenstand ohne ein oft langwieriges und mühsames Suchen nach demselben rasch wieder auffinden zu können. Er ist daher von großem Vortheile bei mikroskopischen Demonstrationen in Vorlesungen ꝛc., wobei das Auffinden irgend eines kleinen Gegenstandes, den man verzeigen will, oft viel Zeit kostet, ja bisweilen, wenn die Zuschauer ungeduldig darauf warten, geradezu in Verzweiflung bringen kann.

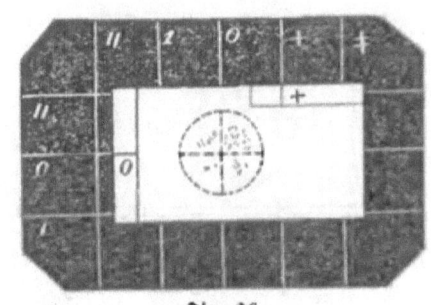

Fig. 28.

Die einfachste Einrichtung eines solchen, die sich leicht und ohne wesentliche Kosten an jedem

Fig. 28. Objecttisch mit Indicator. Der schwarze Raum mit den weißen, durch verschiedene Zeichen unterschiedenen Parallellinien stellt den Objecttisch dar; der weiße länglich-viereckige Raum im Innern den Objectträger mit dem Präparate, das sich im Kreise in der Mitte des Objectträgers befindet. + und O zwei schmale, auf den Rändern des Objectträgers aufgeklebte Papierstreifchen. Sobald die auf beiden angebrachten kurzen Linien genau an die entsprechenden des Objecttisches angerückt sind, erscheint auch der gesuchte Gegenstand unter dem Mikroskope.

Mikroskope anbringen läßt, zeigt Fig. 28. Auf dem geschwärzten Objecttische des Mikroskopes sind eine Anzahl Parallellinien gezogen, die sich rechtwinklig kreuzen, und von denen jede mit einer Nummer bezeichnet ist. Die mittleren dieser Linien $O\ O$ sind so gezogen, daß sie sich gerade in der Mitte der Oeffnung des Objecttisches kreuzen würden; die anderen damit parallellaufenden $|\ ||+\mp$ sind genau um 1 Ctm. von einander entfernt. Auf dem Objectträger des Präparates, an welchem man einen bestimmten Gegenstand später rasch wiederfinden will, werden an den Rändern von je 2 Seiten, die rechtwinklig auf einander stehen, schmale Papierstreifchen $+$ und O aufgeklebt. Liegt nun das Präparat so auf dem Objecttische, daß der Gegenstand, den man später wiederfinden will, sich im Gesichtsfelde befindet, so bemerkt man sich auf den Papierstreifchen durch kurze Striche die Puncte an, an welchen der Objectträger 2 oder mehrere sich kreuzende Linien des Objecttisches berührt (hier $+$ und O_1). Will man nun später dasselbe Object im Präparate rasch wiederfinden, so braucht man nur den Objectträger so auf den Objecttisch zu legen, daß die markirten Puncte wieder mit den entsprechenden Linien des Tisches zusammenfallen.

Der um seine Achse drehbare Objecttisch.

Für manche Untersuchungen gewährt es wesentliche Vortheile, wenn das Object während der Untersuchung um seine senkrechte oder wagerechte Achse gedreht werden kann.

Das Erstere, ein Drehen um eine senkrechte Achse, in der Ebene des Gesichtsfeldes ist namentlich dann von Nutzen, wenn das Licht schief auf den Gegenstand fällt und bewirkt in diesem Falle, daß während des Umdrehens jeder Theil desselben nach und nach von verschiedenen Seiten her Licht empfängt, wodurch Manches sichtbar wird, was außerdem unsichtbar geblieben wäre. Es gilt dies sowohl für undurchsichtige Gegenstände, welche ihr Licht seitlich von oben empfangen wie in Fig. 20, als für durchsichtige, welche mit Anwendung der sogenannten schrägen Beleuchtung seitsich von unten her beleuchtet werden (Fig. 21), während bei der gewöhnlichen Beleuchtungsweise durchsichtiger Gegenstände gerade von unten her (Fig. 19) das Drehen keine Vortheile gewährt. Die hierzu nöthige Einrichtung läßt sich auf verschiedene Weise herstellen: in der Hauptsache besteht sie immer darin, daß der Objecttisch aus 2 Platten zusammengesetzt wird, von denen die obere sich auf der unteren drehen läßt. Diese Drehung kann sich entweder auf die obere Platte des Objecttisches beschränken, so daß alle übrigen Theile des Mikroskopes bei der Drehung der Platte mit dem Gegenstand ihre Lage behalten — oder mit der oberen Platte des Objecttisches dreht sich gleichzeitig das Rohr des Mikroskopes, wie in Fig. 25. Diese letztere Einrichtung gewährt den Vortheil, daß Objectiv und Gegenstand immer ganz genau dieselbe Stellung zu einander behalten, was bei der ersteren nur in dem Falle stattfindet, wenn der Apparat sehr sorgfältig gearbeitet ist.

Wenn ein in der ersterwähnten Weise horizontal-drehbarer Objecttisch an seinem Rande mit einer Eintheilung in Grade versehen ist, kann er in Verbindung mit einem Ocular, welches auf seiner Blendung ein Fadenkreuz trägt, auch als Goniometer zur Messung von Flächenwinkeln an Krystallen dienen.

Die andere Art des um seine Achse drehbaren Objecttisches, wobei der Gegenstand um eine horizontale Achse gedreht wird, also in einer Ebene, welche auf die des Gesichtsfeldes senkrecht steht, wird bis jetzt nur selten Mikroskopen beigegeben. Sie ist wünschenswerth für die Untersuchung von Gegenständen im polarisirten Lichte und kann überdies, wenn sie mit einem Gradbogen versehen ist, mit Vortheil als Goniometer gebraucht werden, um die Neigungswinkel verschiedener Flächen eines Krystalles gegeneinander zu bestimmen. Sie läßt sich auf verschiedene Weise herstellen. Ein solcher hauptsächlich für Polarisation, mit geringen Abänderungen aber auch als Goniometer brauchbarer Apparat, den H. Schröter in Hamburg kürzlich für mich angefertigt hat, kostet 8 Thaler. Einige andere Apparate der Art sind beschrieben und abgebildet von Valentin, Die Untersuchung d Pflanzen- u. Thier-Gewebe im polarisirten Lichte. Leipzig, Engelmann 1861. S. 166 und Nägeli und Schwendner, Das Mikroskop ꝛc. Leipzig, Engelmann 1867. S. 306., worauf wir solche Leser, die sich specieller dafür interessiren, verweisen.

Der in horizontaler Richtung verschiebbare Objecttisch

gewährt ebenfalls für manche genaue Untersuchungen erhebliche Vortheile. So bei Krystallmessungen, um die Spitze des zu messenden Winkels genau unter den Kreuzungspunct der Fäden des Oculares zu bringen — oder wenn es sich darum handelt, alle Theile eines größeren Präparates allmählich durch das Gesichtsfeld zu führen, wie bei Zählungen von Blut- oder Lymphkörperchen, bei Untersuchung zahlreicher Fleischpräparate auf Trichinen ꝛc., was sich Alles durch bloßes Verschieben des Präparates mit den Händen viel weniger sicher und vollkommen erreichen läßt.

Er läßt sich dadurch herstellen, daß der Objecttisch aus 2 Platten verfertigt wird, von denen die obere durch 2 Schrauben, welche rechtwinklig zu einander stehen, in jeder beliebigen Richtung horizontal auf der unteren verschoben werden kann. Fig. 26. S. 35, wo III den aus 2 Platten bestehenden Objecttisch darstellt, V die eine Schraube; der Kopf der anderen ist an der anderen Seite des Tisches, gerade über den Spiegel sichtbar.) In diesem Falle ist er unzertrennlich mit dem Objecttisch verbunden. Oder er wird zum Wegnehmen eingerichtet, so daß er sich, wenn er gebraucht wird, auf dem Objecttisch durch Aufstecken oder Aufschrauben befestigen und wenn er nicht nöthig ist, von demselben entfernen läßt. Einrichtungen der letzteren Art lassen sich den meisten Mikroskopen mit größerem Objecttisch auch noch nachträglich meist leicht und ohne erhebliche Kosten anpassen. Sie gestatten zwar nur selten die feine Einstellung, wie sie für die Messung der Winkel von Krystallen erforderlich ist — dafür eignet sich die erstere Art besser — dagegen erlauben sie gröbere Verschiebungen in sehr großer Ausdehnung, und werden dadurch z. B. sehr bequem für Solche, welche sehr viele Fleischpräparate auf Trichinen genau untersuchen wollen. Fast unentbehrlich sind sie für genaue Zählungen von Blut- oder Lymphkörperchen u. dgl. Zur Erleichterung von solchen Zählungen dienen überdies noch sogenannte Zählgitter, d. h. Objectträger, welche ähnlich den Mikrometern durch eingeritzte Parallellinien, die jedoch hier weiter abstehen als bei den eigentlichen Mikrometern, in Felder abgetheilt sind. Am zweckmäßigsten sind die Zählgitter, in welche Parallellinien eingeritzt sind, die sich unter rechten Winkeln kreuzen, wie bei einem Gitter (Fig. 35), so daß dadurch Gruppen von viereckigen Feldern entstehen. Es erleichtert die Ausführung solcher Zählungen sowie eine etwaige spätere Controle derselben, wenn die Zwischenräume zwischen je 2 Parallellinien mit Marken oder Nummern bezeichnet sind, so daß man jedes beliebige Feld genau bestimmen und nöthigenfalls später wieder auffinden kann, so z. B. das dritte Feld in der zweiten, das vierte in der sechsten Reihe u. s. f.

Bisweilen hat man ein Object zu erwärmen, während es sich unter dem Mikroskope befindet, so z. B. wenn man die höchst interessanten Bewegungen lebender Trichinen beobachten will. Am einfachsten, freilich nicht ganz ohne Schaden für das Instrument, erreicht man dies dadurch, daß man die Flamme einer Spirituslampe unter den Rand des Objecttisches hält und diesen so lange dadurch erhitzt, bis sich von ihm aus der nöthige Wärmegrad dem Objectträger und dem Gegenstande selbst mitgetheilt hat. Um dies auf bequemere und für das Instrument weniger schädliche Weise zu erreichen, kann man eine, natürlich in ihrer Mitte mit einer Oeffnung versehene Metallplatte auf den Objecttisch legen, deren Ränder auf beiden Seiten über den Objecttisch weit hinausragen und durch die Flammen untergesetzter Spirituslampen erhitzt werden. Um die Einwirkung genau bestimmter Temperaturgrade bei mikroskopischen Untersuchungen zu ermöglichen, kann man Objecttische anwenden, die auf eine noch viel vollkommenere Weise heizbar sind, deren Hohlräume mit heißem Wasser u. dgl. gefüllt werden können und die mit genauen Thermometern versehen sind. Man hat mehrere Arten dieser **heizbaren** Objecttische construirt, auf deren genauere Beschreibung wir jedoch hier verzichten, da sie nur für gewisse, selten vorkommende, streng wissenschaftliche Untersuchungen nothwendig sind.

In solchen Fällen wünscht man bisweilen auch die **Elektricität** auf einen Gegenstand unter dem Mikroskope einwirken zu lassen. Der Optiker **Plößl** in Wien verfertigt zu diesem Zwecke einen eigenen kleinen Elektricitätsentlader, der 5 Gulden österr. kostet und auf den Objecttisch gestellt werden kann. Auf einfachere, wenn auch weniger vollkommene Weise kann man dies erreichen, wenn man 2 kurze Kupfer- oder Platindräthe so auf den Objectträger legt, daß ihre einen Enden den Gegenstand zwischen sich haben, während die anderen über die Seiten des Objectträgers und Objecttisches verragen und, am besten in eine Oese umgebogen, durch andere Dräthe mit den Polen der Elektricitätsquelle in Verbindung gebracht werden. Zur besseren Fixirung dieser Dräthe und des Objectträgers selbst, auf dem sie liegen, kann man sie in ihrer Mitte mittelst Klammern an den Objecttisch festdrücken, — ohne weiteres, wenn ihr mittlerer Theil der Isolation wegen mit Seide übersponnen ist; — wenn dies nicht der Fall ist, nach Auflegung dicker Glasplättchen, welche zwischen sie und die Metallklammern zu liegen kommen und zu ihrer Isolirung dienen.

Manche Gegenstände, die man mikroskopisch zu untersuchen wünscht, lassen sich nicht wohl in gewöhnlicher Weise auf einen Objectträger legen, oder man will sie während der Beobachtung drehen und wenden, um sie von den verschiedensten Gesichtspuncten aus beobachten zu können. Für solche Dinge, Krystalle, kleine Insecten u. dgl. leistet häufig der sogenannte **Pincettennadelapparat** gute Dienste, der sich in der Regel unter dem Zubehör älterer Mikroskope findet, während er neueren nur selten beigegeben wird. Er wird irgendwo, meist am Rande des Objecttisches aufgesteckt und besteht wesentlich aus einem Stabe, der an einem Ende in eine Nadel, am anderen in eine Pincette endigt. Dieser Stab, in einer Hülse gleitend, die selbst wieder durch verschiedene Gelenke eine große Beweglichkeit hat, läßt die allerverschiedensten Stellungen zu. Der Gegenstand kann, je nach seiner Beschaffenheit, an die Nadel gesteckt, zwischen die Pincette geschoben, mit Klebwachs an diese oder jene befestigt werden und läßt sich leicht so drehen, daß man ihn von den verschiedensten Seiten beobachten kann. Freilich kann man dazu meist nur schwächere Vergrößerungen verwenden.

Der Quetscher (Compressorium)

wird gebraucht um Gegenstände unter dem Mikroskop während der Beobachtung zusammenzupressen, und die dadurch bewirkten Veränderungen an denselben kennen zu lernen. Eben so kann er benutzt werden, um kleine thierische oder pflanzliche Zellen, wie Eier u. dergl. durch Druck zu sprengen und so ihren Inhalt austreten zu lassen. Er wird beim Gebrauch auf den Objecttisch gelegt und besteht meist aus einer durchbohrten Messingplatte, welche an einem hebelartigen Gestelle einen Doppelring trägt, der durch eine Schraube höher und tiefer gestellt werden kann. Zwischen Platte und Ring wird der Objectträger mit dem Gegenstand, der von einem etwas dicken Deckgläschen bedeckt sein muß, gebracht und durch Drehen der Schraube das Deckgläschen mittelst des Ringes fester und fester an den Objectträger angedrückt, bis der gewünschte Zweck erreicht ist. Eine andere weniger bequeme Art des Quetschens ist so eingerichtet, daß 2 Messingringe, von denen jeder eine Glasplatte trägt, zwischen denen sich der Gegenstand befindet, übereinandergeschraubt und dadurch die Platten einander mehr und mehr genähert werden.

Polarisationsapparate.

Sie lassen sich mit dem Mikroskope verbinden, um mit ihrer Hülfe das Verhalten zu untersuchen, welches mikroskopische Gegenstände im sogenannten polarisirten Lichte zeigen. Dabei treten häusig sehr hübsche Farben auf, deren Betrachtung eine angenehme Unterhaltung gewährt, ja selbst für manche Zwecke eine praktische Verwendung finden kann, wie z. B. zur Erfindung hübscher Farbenmuster für Tapeten u. dergl. Aber ebenso können dergleichen Untersuchungen auch dienen, um mancherlei wissenschaftliche und praktische Fragen zu lösen in Bezug auf die innere, sogenannte moleculäre Beschaffenheit gewisser Substanzen, die Achsenverhältnisse von Krystallen u. s. f. Die Anstellung von solchen wissenschaftlichen Untersuchungen setzt eine genaue Kenntniß der Polarisationserscheinungen und deren Gesetze voraus, wie sie nur wenige unserer Leser besitzen dürften und die hier, auch nur in ihren Grundzügen mitzutheilen viel zu weit führen würde. Wir begnügen uns deshalb, die beim Mikroskope in Anwendung kommenden, zur Polarisation dienenden Apparate kurz zu beschreiben, und von deren Gebrauch und den dabei hervortretenden Erscheinungen das zu schildern, was auch ohne weitere Vorkenntnisse verständlich ist. Solche Leser, die sich genauer über dieses höchst interessante aber schwierige Thema unterrichten wollen, verweisen wir theils auf die ausführlicheren neueren Lehrbücher der Optik, theils auf die oben S. 66) erwähnten Schriften von Valentin und von Nägeli und Schwendner.

Der Polarisationsapparat am Mikroskope besteht gewöhnlich aus 2 sogenannten Nicol'schen Prismen, (oft auch schlechthin Nicol genannt) von denen jedes aus 2 Stücken eines eigenthümlich geschnittenen Kalkspathkrystalles zusammengesetzt ist, welche in eine Messingröhre gefaßt werden. Statt eines solchen Nicol läßt sich jedoch auch eine Anzahl 25—30 sehr dünne Glasplättchen (Deckgläschen von $1/_5$—$1/_8$ Mm. Dicke) verwenden, die in einer Röhre so übereinandergeschichtet werden, daß sie mit der Achse derselben einen ganz bestimmten Winkel, den sogenannten Polarisationswinkel $= 35^1/_2$ Grad bilden. Einen solchen Apparat kann man sich aus Deckgläschen mit einiger Geschicklichkeit ziemlich billig selbst herstellen (das genauere Verfahren siehe bei Reinicke, Beiträge zur neueren Mikroskopie. Heft 3. Dresden, Kuntze 1862. S. 1 ff.).

wenn er auch nicht ganz dasselbe leistet, wie ein wirklicher guter Nicol.

Der eine dieser Nicol's, der sogenannte **Polarisator**, kommt zwischen Beleuchtungsspiegel und Object zu stehen, indem er ganz so wie eine Cylinderblendung oder ein Condensor in eine unter der Oeffnung des Objecttisches befindliche Röhre (vergl. Fig. 25 unter III) eingeschoben wird. Der zweite Nicol (Analysator genannt) erhält seine Stelle entweder zwischen Objectiv und Ocular, oder, was im Ganzen zweckmäßiger ist, über dem Ocular, indem er mit seiner Röhre auf letzteres so aufgesteckt wird, daß er sich um seine verticale Achse drehen läßt. Dreht man nun, während man beobachtet, ohne daß sich ein polarisirender Gegenstand unter dem Mikroskop befindet, den Analysator um seine Achse, so wird das Gesichtsfeld abwechselnd allmählich bald heller bald dunkler erscheinen. Das Minimum der Helligkeit erhält man, wenn die Stellung des Analysators mit der des Polarisators einen Winkel von 90° oder von 270° bildet, das Maximum derselben, wenn der Winkel 0° oder 180° beträgt. Bringt man dagegen einen gleichmäßig polarisirenden Gegenstand als Object unter das mit den Nicol's versehene Mikroskop, z. B. eine gleichdicke Platte von Quarz, Gyps, Glimmer, Selenit ꝛc., so erscheint dieser gleichmäßig gefärbt, aber die Farbe desselben wechselt, während man den Analysator dreht, z. B. durch blau, purpur, hellroth, gelb, grünlich, bis wieder das ursprüngliche blau erscheint, wenn ein Bogen von 180° durchlaufen ist. Mit der Natur des Objectes und der Dicke der Platte wechselt auch die Art der erscheinenden Farben und deren Aufeinanderfolge.

Meist werden dem Apparate solche Platten, von Quarz, Selenit ꝛc. beigegeben, die in Messing gefaßt und so eingerichtet sind, daß sie oben auf den Polarisator aufgeschraubt werden können. Ist der Polarisator mit einer solchen polarisirenden Platte versehen, so bringe man einen nicht polarisirenden Gegenstand unter das Mikroskop, z. B. ein gewöhnliches Deckplättchen von Glas in der Weise, daß es einen Theil des Gesichtsfeldes ausfüllt, während der übrige frei bleibt. Das ganze Gesichtsfeld wird in diesem Falle gleichmäßig gefärbt erscheinen, wie man auch den Analysator dreht, weil eben das Glas keine polarisirende Wirkung hat. Wählt man dagegen statt des Glases einen durchsichtigen polarisirenden Körper von gleichmäßiger Dicke, z. B. ein Glimmer- oder Gypsplättchen, ebenfalls in der Weise, daß es nur einen Theil, etwa die Hälfte des Gesichtsfeldes einnimmt, so werden nun beide Hälften des Gesichtsfeldes verschieden gefärbt erscheinen, welche Stellung man auch den Analysator giebt; mit jeder dieser Stellungen verändern sich aber die beiden Farben: man sieht z. B. himmelblau neben violett, hellgelb neben purpur, indigoblau neben apfelgrün ec. Dadurch lassen sich polarisirende Körper sogleich von nichtpolarisirenden unterscheiden.

Die Farben, welche von der polarisirenden Platte herrühren, bleiben natürlich, abgesehen von ihrem Wechsel durch Drehen des Analysators immer dieselben und ändern sich nur, wenn man die Platte mit einer anderen vertauscht. Ebenso die des polarisirenden Objectes: sie ändern sich mit der Natur desselben, seiner Lage (Stellung und Länge seiner Polarisationsachsen), sowie mit seiner Dicke. Dieselben Objecte zeigen verschiedene Farben, wenn sie verschiedene Dicke haben. Daher erscheinen gleichzeitig sehr verschiedene Farben, die oft reizende Muster bilden und bei jeder Drehung des Analysators wechseln, wie die Bilder in einem Kaleidoskop, wenn man als Objecte keilförmige Gypsplatten anwendet, oder Häufchen von Gyps- oder Glimmerplättchen, die man unregelmäßig aufschichtet. Andere sehr hübsche Objecte der Art, die schöne Farbenmuster zeigen sind: Krystallisationen von Zucker, harnsaurem Natron, bernsteinsaurem Ammoniak ec., die man sehr einfach dadurch erhält, daß man ein Paar Tropfen von einer wässerigen Lösung dieser Substanzen auf einem Objectträger verdunsten läßt. Gewisse Objecte zeigen nicht blos unregelmäßige, je nach deren Dicke wechselnde Farben, sondern auch regelmäßige Figuren, farbige Ringe oder Ellipsen, dunkle Kreuze u. dergl. So z. B. die Stärkemehlkörner, manche Krystalle ec.

Durch Betrachtung solcher Gegenstände, die unendliche Mannigfaltigkeit darbieten, läßt sich der Polarisationsapparat am Mikroskope zu einer reichen Quelle von Unterhaltung für Jedermann machen. Dem Eingeweihten gewährt er aber auch noch mancherlei wissenschaftliche Aufschlüsse, erleichtert die Bestimmung und Unterscheidung von Krystallen rc. Für wissenschaftliche Untersuchungen der Art ist es häufig wünschenswerth bei der Beobachtung Messungen vorzunehmen. Zu diesem Zwecke wird am Analysator ein getheilter Kreis angebracht, der abzulesen gestattet, um wieviele Grade derselbe gedreht worden ist. Ebenso ist es bisweilen wünschenswerth, den polarisirenden Gegenstand um seine horizontale Achse drehen zu können. Dazu dient der oben (S. 65) erwähnte um seine horizontale Achse drehbare Objecttisch, welcher ebenfalls mit einer Gradeintheilung versehen ist, um den Neigungswinkel messen zu können.

Besitzt man einen aus Polarisator und Analysator mit getheiltem Kreise bestehenden Polarisationsapparat am Mikroskope, so kann man denselben mit geringen Kosten dahin vervollständigen, daß er auch zur Bestimmung der sogenannten Circumpolarisation von Flüssigkeiten, und daher zur quantitativen Bestimmung von Zucker in Lösungen, von Traubenzucker im diabetischen Urin, von Eiweiß in Lösungen u. dergl. dienen kann, also als sogenanntes Sacchari meter, wie es in Zuckerfabriken rc. gebraucht wird. Man bedarf dazu nur noch einer Glasröhre von circa 7—8 Mm. lichter Weite, welche unten durch ein Glasplättchen geschlossen wird, das entweder ein für allemal aufgekittet ist, oder, der leichteren Reinigung wegen, wasserdicht aufgeschraubt werden kann. Sie wird mittelst einer einfachen Fassung in die Mikroskopröhre eingehängt. Zweckmäßig ist ferner noch eine aus 2 verschieden geschnittenen Quarzplatten zusammengesetzte Polarisationsplatte, die, wie die früher beschriebenen, mit ihrer Fassung über dem Polarisator angeschraubt werden kann. Doch läßt sich diese, freilich viel unvollkommner dadurch ersetzen, daß man ein nicht zu dünnes Glimmerplättchen so über den Polarisator legt, daß es, durch das Rohr des Mikroskopes betrachtet, die eine Hälfte des Gesichtsfeldes ausfüllt, die andere aber frei läßt.

Da der Gebrauch dieses so zweckmäßigen, aber bis jetzt noch wenig angewandten Saccharimeters am Mikroskope bald ein allgemeiner werden dürfte, wollen wir hier eine kurze Anweisung dazu geben.

Man bringe den Polarisator mit den Quarzplatten oder dem Glimmerplättchen darüber in die Oeffnung des Objecttisches und regulire die Beleuchtung durch Stellung des Spiegels wie bei Beobachtung durchsichtiger Objecte. Linsen und Ocular werden weggenommen, nur der Analysator aufgesteckt und gedreht: die beiden Hälften des Gesichtsfeldes werden verschieden gefärbt erscheinen, je nach dem Stande des Analysator: hellblau und orange, dunkelblau und purpur ꝛc. Sind die letztgenannten Farben aufgetreten, so gelangt man bei fortgesetztem Drehen bald an einen Punct, wo b e i d e Hälften des Gesichtsfeldes gleichmäßig (blau) gefärbt erscheinen, während die geringste Drehung nach rechts oder links Spuren von Beimengung einer anderen Farbe (Purpur) bald in der einen, bald in der anderen Hälfte des Gesichtsfeldes erkennen läßt. Dieser — der sogenannte n e u t r a l e — Punct muß möglichst scharf bestimmt werden, weil davon die Genauigkeit der Untersuchung abhängt. Ist dies geschehen, so beobachtet man den Stand der am Analysator angebrachten Kreiseintheilung und notirt sich denselben, — oder, was noch bequemer, man stellt die Scala am Analysator auf 0 und dreht am Polarisator so lange, bis der neutrale Punct genau erreicht ist. Nun entfernt man den Analysator und steckt die Glasröhre so in das Mikroskoprohr ein, daß sie genau senkrecht steht und daß ihr unteres geschlossenes Ende gerade über die doppelte Quarzplatte auf dem Polarisator zu stehen kommt. In dieser Stellung wird die Röhre mittelst eines kleinen Trichters mit der zu prüfenden Flüssigkeit (Zuckerlösung, Eiweißlösung, diabetischen Urin ꝛc.) gefüllt und durch ein aufgelegtes Glasplättchen — wozu nöthigenfalls ein dickes Deckgläschen dienen kann — auch an ihrem oberen Ende geschlossen.

Da hierbei fast immer etwas Flüssigkeit überfließt, so umgiebt man zweckmäßig das obere Ende der Röhre mit etwas Löschpapier, um diesen Ueberschuß aufzusaugen und das Innere des Mikroskoprohres vor Verunreinigung zu schützen. Die Röhre muß vollkommen angefüllt sein, so daß unter dem aufgelegten Glasplättchen keine Luftblase bleibt. Ist dieses geschehen, so wird der Analysator wieder aufgesteckt und so lange gedreht, bis man wiederum genau den oben besprochenen (neutralen) Punct erreicht hat, an welchem beide Hälften des Gesichtsfeldes gleichgefärbt erscheinen. (Der Polarisator muß während der ganzen Operation u n v e r ä n d e r t seinen Stand behalten; die geringste Drehung desselben würde den Versuch scheitern machen.) Liest man nun den Stand der Scala wieder ab, so wird man finden, daß derselbe nicht mehr mit dem übereinstimmt, welchen die Beobachtung ohne Röhre ergab. Je nachdem man eine nach rechts oder nach links drehende Flüssigkeit beim Versuche angewandt hat, ist auch der Zeiger der Scala nach links oder nach rechts fortgerückt. Aus dieser Differenz im Stande der Scala, welche durch die Gegenwart der drehenden Flüssigkeit in der Röhre hervorgebracht wird, läßt sich aber der Procentgehalt der Flüssigkeit an gewissen Bestandtheilen berechnen. Der Werth (Coefficient), welcher dieser Rechnung zu Grunde gelegt werden muß, läßt sich für jeden Apparat durch einen Versuch finden, wenn man eine Lösung (z. B. von Zucker) von bekanntem Procentgehalt in die Röhre bringt und beobachtet, um wieviele Grade diese ablenkt.

Er läßt sich aber auch aus bekannten Daten berechnen und wir wollen hier die Art, wie dies geschieht, an den zwei am häufigsten in Betracht kommenden Substanzen, gewöhnlichem Zucker (Rohrzucker) und Traubenzucker, wie er im diabetischen Harne vorkommt, kurz erläutern. Beide drehen die Polarisationsebene nach r e c h t s, und zwar lenkt in einer Röhre, welche 234 Mm. lang ist, eine Lösung, welche 25 °/₀ Traubenzucker enthält, um 46° ab, eine, welche 25 °/₀ Rohrzucker enthält um 56°. Man braucht daher nur die Länge der Röhre seines Apparates zu messen (natürlich mit Abzug der aufgekitteten Glasplatte), um, wenn dieselbe nicht gerade ebenfalls 234 Mm. lang ist, durch eine einfache Rechnung zu erfahren, um wie viel Grade in dieser Röhre eine 25 %/₀ Lösung von Trauben- oder Rohrzucker nach rechts ablenkt. Ist die Röhre z. B. nur 220 Mm. lang, so verhält sich $234 : 220 = 46$ oder $56 : x$. Die so gefundenen Grade sind solche, deren 360 auf einen Kreis gehen. Ist der Analysator jedoch nicht in 360° getheilt, sondern anders, z. B. in 100 oder in 90 Theile, so muß jene Zahl umgerechnet werden: 360 : 100 oder 90 = die gefundene Zahl 0 : x. Wird 25 mit dem so erhaltenen x dividirt, so erhält man die Zahl, welche angiebt, wie viel in Procenten die Flüssigkeit von der polarisirenden Substanz enthält für jeden Grad der Scala, um welchen sie ablenkt. Man braucht also diese Zahl nur mit der Zahl der Grade der Ablenkung zu multipliciren, um den gesuchten Procentgehalt zu finden. In der eben beispielsweise erwähnten Röhre von 220 Mm. Länge entspricht z. B. 1 Grad des in 90 Theile getheilten Kreises einem Gehalt von 1,68 %/₀ Rohrzucker. Hat man gefunden, daß die Flüssigkeit um $6^1/_4$ Grad ablenkt, so enthält sie 10,5 %/₀ Zucker. Berechnet man sich dafür eine kleine Tabelle, so kann man aus dieser das Resultat unmittelbar nach dem Versuche ablesen. Bei Apparaten, die vorzugsweise nur für bestimmte Flüssigkeiten, z. B. Zuckerlösungen, gebraucht werden sollen, ist es bequem, wenn die Theilung sogleich so eingerichtet wird, daß jeder Grad derselben genau einen Gehalt von 1 %/₀ Zucker ꝛc. in der Lösung anzeigt. Die zum Versuche verwandte Flüssigkeit muß möglichst klar und farblos sein, wenn die Bestimmung genau werden soll (bei Zucker beträgt der mögliche Fehler in diesem günstigsten Falle weit unter $1/_2$ %/₀). Ist sie nicht klar, so muß man sie filtriren, gefärbte Flüssigkeiten durch Kohle möglichst entfärben, wohl auch durch Zusatz von Bleiessig reinigen. Wenn auch dies nicht zum Ziele führt, wird die Bestimmung natürlich weniger genau.

Das aufrichtende (orthoskopische) und das pankratische Ocular.

Das Bild des untersuchten Gegenstandes erscheint im Mikroskope umgekehrt, so daß man rechts erblickt, was in Wirklichkeit links liegt u. s. f. Man muß daher das Object nach rechts verschieben, wenn sein Bild weiter nach links rücken soll ꝛc., was dem Anfänger unbequem erscheint, aber durch Uebung bald erlernt wird. Dagegen wirkt diese Umkehrung des Bildes sehr störend, wenn man einen Gegenstand unter dem Mikroskop weiter präpariren, mit Nadeln auseinanderzerren, mit Messer, Scheere ꝛc. zerkleinern will. In diesem Falle gewährt das genannte Ocular wesentliche Vortheile. Es ist nämlich mit einer Einrichtung versehen, wodurch das mikroskopische Bild eine nochmalige Umkehrung erleidet, der Gegenstand also in seiner natürlichen Lage erscheint. Dadurch wird aber das Präpariren von Gegenständen unter dem Mikroskope während der Beobachtung wesentlich erleichtert.

Der dazu dienende Apparat kann ein verschiedener sein:

ein Glasprisma, welches so gestellt ist, daß die durch dasselbe hindurchtretenden Lichtstrahlen in Bezug auf ihre gegenseitige Stellung eine Umkehrung erleiden,

oder eine Einrichtung, der ähnlich wie sie an den gewöhnlichen Perspectiven angebracht ist, um den gleichen Zweck, eine Umkehrung des Bildes, zu erreichen. Man wendet nämlich statt eines Oculares deren zwei an. Durch das zweite wird das vom ersten entworfene Bild umgekehrt. Dies läßt sich auf eine, freilich sehr unvollkommene Weise, schon bei jedem gewöhnlichen Mikroskope dadurch erreichen, daß man auf das Ocular ein zweites stellt. Die Größe des bei dieser Anwendung erscheinenden Bildes wechselt mit der Entfernung der beiden Oculare von einander: sie wird kleiner, wenn dieselben nahe beisammen stehen, — größer, wenn sie weiter von einander entfernt sind. Wird daher mit einem solchen aufrichtenden Ocular eine Einrichtung verbunden, welche erlaubt, die Entfernung der beiden Oculare von einander willkürlich zu verändern, so erhält man ein aufrichtendes Mikroskop, welches mit demselben Objectiv je nach der Entfernung der beiden Oculare von einander verschiedene Vergrößerungen liefert. Dies ist das **pankratische** Mikroskop

Das knieförmig gebogene Ocular

gewährt Bequemlichkeiten beim Nachzeichnen mikroskopischer Gegenstände mit Hülfe des Sömmerring'schen Spiegelchen (vergl. S. 46) und ermüdet bei anhaltenden Untersuchungen weniger, weil man horizontal hineinsehen kann, also weniger vorwärts gebeugt zu sitzen braucht. Es besteht aus einem knieförmig — in einem rechten oder stumpfen Winkel — gebogenem Rohre, dessen senkrechter Theil statt des Oculares in das obere Ende der Mikroskopröhre eingesteckt wird, während man das Ocular in den horizontalen Theil einsteckt. Am Knie befindet sich ein Glasprisma oder Spiegel, wodurch das vom Objectiv kommende Bild des Gegenstandes in veränderter Richtung dem Oculare zugeworfen wird. Diese Einrichtung hat jedoch den Nachtheil, daß sie weniger Helligkeit gewährt, weil durch Spiegel oder Prisma immer etwas Licht verschluckt wird.

Außer den bis jetzt betrachteten Hülfsapparaten, die sich mehr oder weniger leicht an den meisten größeren Mikroskopen anbringen lassen, giebt es noch verschiedene andere Einrichtungen, welche für bestimmte Zwecke Vortheile gewähren, die aber von vornherein eine bestimmte, von der gewöhnlichen abweichende Construction des Mikroskopes voraussetzen. Wir wollen nur einige derselben im Folgenden kurz erwähnen.

Bei den gewöhnlichen bis jetzt betrachteten Instrumenten hat das Rohr mit dem optischen Apparat eine **senkrechte** Stellung. Manche Mikroskope haben eine Einrichtung, welche erlaubt, das Rohr durch Drehen um eine horizontale Achse am Stativ auch **schräg** oder selbst **wagerecht** zu stellen. Mit diesen kann man durchsichtige Gegenstände auch ohne Spiegel beobachten, indem man sie direct durch die Lichtstrahlen erleuchten läßt, welche von einem Fenster ꝛc. kommen. Kleinere derartige Mikroskope, die man in der

Hand halten kann und in derselben Stellung wie ein Perspectiv vors Auge bringt, sind sehr geeignet, um bei mikroskopischen Demonstrationen aus der Hand eines Zuhörers in die des andern zu wandern. Ebenso eignen sie sich um bei Excursionen im Freien, unter Umständen wo man keinen Tisch zur Verfügung hat, kleine Gegenstände, wie Algen-, Diatomeen ꝛc. an Ort und Stelle mikroskopisch zu untersuchen.

Wasserlein hat mir nach meiner Angabe ein Instrument angefertigt, das für diese beiden Zwecke sehr bequem ist. Es gleicht ganz dem in Fig. 17 S. 21 abgebildeten, nur fehlt die Fußplatte I mit dem trommelförmigen Aufsatze, so wie der Beleuchtungsspiegel 4 und z. An dem runden Stabe, welcher den Objecttisch mit der Hülse verbindet, ist ein Griff angebracht, der sowohl dienen kann, das Instrument in der Hand zu halten, als auch, es in irgend einen stabilen Fuß einzustecken. Die grobe Einstellung wird durch Verschieben des Rohres, die feine durch eine Schraube x am Objecttische bewirkt. Der Objecttisch hat Klammern, um die Objectträger festzuhalten, und besitzt eine Einrichtung zur horizontalen sowohl als verticalen Verschiebung (vergl. S. 66), so daß die Gegenstände auf demselben mit Anwendung einer Hand durch das ganze Gesichtsfeld geführt und also sehr bequem gemustert werden können. Eine Drehscheibenblendung dient zur Regulirung der Beleuchtung. Da man hierbei das Rohr, sowie die Objective und Oculare eines anderen Wasserlein'schen Mikroskopes verwenden kann, also nur das Gestell nöthig hat, so ist dieser Apparat ziemlich billig.

Mit horizontal gestellten Mikroskopen kann man ferner bei Anwendung von schwachen Objectiven mit großer Brennweite kleine Pflanzen und Thiere in Aquarien durch die Wände des Glases hindurch beobachten.

Für alle diese Zwecke kann auch, freilich in etwas unvollkommenerer Weise das später (in der zweiten Abtheilung unter „Trichinen") beschriebene Trichinoskop gebraucht werden.

Ebenso die ganz kleinen Mikroskope (zu 4 Thaler), welche Wasserlein in neuerer Zeit verfertigt. Sie sind so compendiös, daß man sie in ihrem Etuis bequem selbst in der Hosentasche bei sich tragen kann, und lassen sich, da der Objectträger durch Klammern auf dem Objecttisch festgehalten und der Spiegel durch eine einfache Vorrichtung leicht herausgenommen werden kann, augenblicklich in ein horizontales Instrument verwandeln, das man wie ein Perspectiv vor's Auge hält.

Zur Noth kann man die meisten kleineren Mikroskope momentan in solche, freilich etwas weniger bequeme, horizontale umwandeln, wenn man Fußplatte und Spiegel wegnimmt und den Objectträger durch Ueberschieben elastischer Gummiringe auf dem Objecttisch befestigt.

Um bei mikrochemischen Untersuchungen den schädlichen Einfluß scharfer Flüssigkeiten oder der von ihnen aufsteigenden Dämpfe auf die Objectivlinsen zu beseitigen, hat man Mikroskope construirt, welche eine solche Stellung gestatten, daß sich das Objectiv u n t e r dem Gegenstand befindet. Der dadurch erlangte Vortheil wird dadurch etwas beschränkt, daß man bei ihnen bei starken Vergrößerungen wegen der kurzen Brennweite des Objectives als Objectträger nur dünne Deckgläschen verwenden kann, die sehr unbequem, zerbrechlich und schwer zu reinigen sind, während man bei schwächeren Vergrößerungen, wo diese Nachtheile wegfallen, auch bei Mikroskopen von gewöhnlicher Einrichtung durch hinreichend große und etwas dickere Deckgläschen das Objectiv vor jenen schädlichen Einflüssen schützen kann. Doch gewähren sie die Annehmlichkeit, daß man den Gegenstand ohne Anwendung eines Deckgläschens betrachten und so verschiedene chemische Manipulationen mit demselben leichter vornehmen kann.

In neuerer Zeit verfertigt man auch s t e r e o s k o p i s c h e Mikroskope, welche, mit zwei Röhren versehen, erlauben, den Gegenstand gleichzeitig mit beiden Augen zu betrachten, so daß er nicht als Bild, sondern wie im Stereoskop gesehen in seiner natürlichen Körperlichkeit erscheint.

Schließlich wollen wir noch die Mikroskope kurz erwähnen, welche gleichzeitig mehreren Personen die Betrachtung eines mikroskopischen Gegenstandes gestatten.

Dazu können dienen:

1. Instrumente, welche wie die oben erwähnten stereoskopischen mit zwei und mehr Mikroskopröhren versehen sind, von denen jede ein Bild des unter dem Mikroskop befindlichen Objectes zeigt, so daß mehrere Beobachter gleichzeitig denselben Gegenstand betrachten können binoculäre, trioculäre ꝛc. Mikroskope.

2. Instrumente, welche in derselben Weise wie die sogenannte Laterna magica ein vergrößertes Bild des Gegenstandes entwerfen, das in einem dunklen Raume auf einem Schirme, einer weißen Wand ꝛc. erscheinend, von vielen Personen gleichzeitig gesehen werden kann. Hierher gehören: das **Sonnenmikroskop**, bei welchem das Licht der Sonne als Lichtquell dient, und das **Gasmikroskop**, bei dem eine Hydro-Oxygengasflamme den Gegenstand beleuchtet. Beide eignen sich für populäre Demonstrationen, um einer großen Anzahl von Zuschauern eine ungefähre Vorstellung von mikroskopischen Gegenständen zu geben. Ihre genauere Beschreibung würde jedoch hier zu viel Raum fordern.

Die Wahl eines Mikroskopes und die Prüfung seiner Güte und Brauchbarkeit für bestimmte Zwecke.

Aus dem Vorhergehenden ergiebt sich, daß die Einrichtung eines Mikroskopes so wie seine Ausstattung mit mehr oder weniger Apparaten sehr verschieden sein kann. Mit dieser Verschiedenheit wechselt natürlich einerseits seine **Leistungsfähigkeit**, andererseits sein **Preis**. Beide kommen aber in der Regel in Betracht, wenn es sich um die Anschaffung eines Mikroskopes handelt. Wer ein solches Instrument zu haben wünscht, um damit schwierige wissenschaftliche Probleme zu lösen, der wird sich natürlich das beste und vollkommenste anschaffen, was zu haben ist und dasselbe auf's reichlichste mit Nebenapparaten ausstatten lassen, muß aber in diesem Falle eine Summe von mehreren hundert Thalern anwenden. Wer dagegen dasselbe nur zur Unterhaltung und Belehrung oder zur Erreichung gewisser praktischer Zwecke anzuschaffen wünscht, der kann seine Absicht für eine viel geringere Summe, ja für wenige Thaler erreichen. Da diese Schrift vorzugsweise für die letztere Klasse von Lesern bestimmt ist, so will ich hier die Puncte angeben, welche bei der Auswahl eines Mikroskopes vorzugsweise in Betracht kommen, und zugleich die Mittel, um die Güte und Brauchbarkeit eines solchen im Allgemeinen zu prüfen. Von den Anforderungen, welche zur Erreichung ganz bestimmter Zwecke an ein Mikroskop gestellt werden müssen, wird in den betreffenden Abschnitten der zweiten und dritten Abtheilung specieller die Rede sein.

Der wichtigste Theil eines jeden Mikroskopes ist der optische Apparat, d. h. die Objectivlinsen und Oculare mit dem sie aufnehmenden Rohre. Von ihrer größeren oder geringeren Vollkommenheit hängt die Vergrößerung und zugleich die Schärfe und Deutlichkeit der Bilder ab.

Wie sich die verschiedenen Vergrößerungen eines Mikroskopes auf sehr einfache Weise bestimmen lassen, wurde schon früher (S. 53) angegeben. Für manche specielle Zwecke, wie z. B. für eine Untersuchung von Schweinefleisch auf Trichinen, reichen schon sehr geringe Vergrößerungen aus. Bei einem Mikroskop dagegen, das zu sehr verschiedenartigen Untersuchungen gebraucht werden soll, ist es wünschenswerth, daß es eine ganze Reihe von verschiedenen Vergrößerungen gewähre, die in einer regelmäßigen Stufenleiter auf einander folgen, damit man für jede Art von Untersuchung die zweckmäßigste auswählen kann. So ist z. B. für billigere Mikroskope, welche für die meisten Arten von Untersuchungen ausreichen sollen, wünschenswerth, daß sie Vergrößerungen von etwa 30, 60, 100, 200, 300, 400 mal Durchmesser gewähren; bei vollkommneren müssen zu den genannten noch solche von 600—800 Durchmesser hinzukommen, und die besten überdies noch brauchbare Vergrößerungen von 1000, 1500, ja 2000 und darüber gestatten.

Die **Quantität** der Vergrößerung gewährt aber durchaus keinen sicheren Maaßstab für die Güte und Brauchbarkeit eines Mikroskopes, es kommt vielmehr auf die **Qualität** derselben an. Ein schlechtes Mikroskop kann eine 1000malige Vergrößerung gewähren, die aber viel weniger erkennen läßt, als eine nur 300malige eines besseren Instrumentes. Die relative Güte und Brauchbarkeit verschiedener Mikroskope hängt also nicht blos von der Stärke ihrer Vergrößerungen, sondern noch viel mehr von der Helligkeit, Schärfe und Klarheit der Bilder ab, welche sie bei Anwendung derselben Vergrößerungen entwerfen. Man hat verschiedene Mittel, diese zu prüfen und dadurch den relativen optischen Werth verschiedener Mikroskope zu bestimmen.

Gewöhnlich gebraucht man dazu sog. **Probeobjecte**. Man versteht darunter Gegenstände von so zarter und feiner Textur, daß dieselbe eine gewisse Vollkommenheit des Mikroskopes erfordert, um sichtbar zu werden. Man sieht an diesen mit besseren Mikroskopen gewisse Detailverhältnisse, welche sich mit weniger guten nicht entdecken lassen und sie können daher als Mittel dienen, die Güte verschiedener Mikroskope mit einander zu vergleichen. Als ein solches Probeobject für weniger vollkommene Mikroskope eignen sich die Schuppen von Schmetterlingsflügeln, namentlich die von Hipparchia Janira. Fig. 29 zeigt eine solche Schuppe vom Flügel der H. Janira, etwa 400mal, und Fig. 30 ein Stück einer solchen etwa 700

Fig. 29.   Fig. 30.

Fig. 29. Schuppe eines Schmetterlingsflügels von Hipparchia Janira etwa 400 mal vergrößert. Sie zeigt sowohl die Längsstreifen, als die kürzeren Querstreifen.

Fig. 30. Ein Theil derselben Schuppe, etwa 700 mal vergrößert. Die kurzen Querstreifen sind viel deutlicher und erscheinen als Abtheilungen gewölbter Leisten etwas gekrümmt.

mal vergrößert. Man sieht an ihnen schon bei schwächeren Vergrößerungen parallele Längsstreifen, bei stärkeren treten zwischen diesen auch kurze Querstreifen hervor. Auf die Erkennung der letzteren hat aber auch die Art der angewandten Beleuchtung großen Einfluß. Bei schräger Beleuchtung sind sie viel leichter und deutlicher erkennbar, als bei gerade durchfallendem Lichte.

Noch feinere Probeobjecte bilden die Kieselschalen kleiner Diatomeen, wie z. B. die von Pleurosigma attenuatum und angulatum.

Die Kieselschalen oder Panzer von Pleurosigma attenuatum haben die Gestalt einer Spindel mit schwach S förmiger Krümmung an ihren Enden und zeigen in ihrer Mitte eine vorspringende Längsleiste mit einem kleinen Knöpfchen im Centrum. Bei mäßiger Vergrößerung Fig. 31 sieht man an ihnen nur Längsstreifen, welche den Rändern einigermaaßen parallel laufen, daher an den Spitzen einander näher liegen als in der Mitte. Bei stärkeren Vergrößerungen überzeugt man sich, daß diese Längsstreifung von Längsleisten abhängt, welche der mittleren gleichen, aber schwächer entwickelt sind als diese, und zugleich treten Querstreifen hervor, welche die Längsstreifen unter rechten Winkeln schneiden. Bei Anwendung von noch stärkeren Vergrößerungen erhält man eine Ansicht, wie sie Fig. 32 darstellt. Die Längsleisten

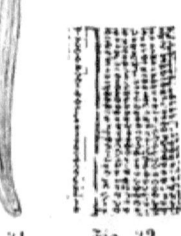

Fig. 31.   Fig. 32.

erscheinen durch die Querlinien wie eingekerbt und in unregelmäßig viereckige Felder getheilt.

Pleurosigma angulatum gleicht einigermaaßen dem vorigen, ist aber eckiger und hat ungefähr die Gestalt einer Raute. Bei schwächeren, selbst mittelstarken Vergrößerungen erkennt man an demselben außer einer Längsleiste im langen Durchmesser höchstens schwache Spuren von Streifen, die sich kreuzen Fig. 33 . Bei

Fig. 31. Pleurosigma attenuatum 320 mal vergrößert.
Fig. 32. Ein Stück von demselben. 800 mal vergrößert.

Anwendung von stärkeren Vergrößerungen entdeckt man, namentlich bei schiefer Beleuchtung, 3 verschiedene Systeme von Parallellinien. Zwei derselben schneiden sich unter einem Winkel von ca. 53° und sind unter einem spitzen Winkel von etwa 26^1/$_2$° zur Mittellinie geneigt. Das dritte etwas schwächere System von Parallel=
linien besteht aus Querstreifen, die senkrecht zur Mittellinie laufen und mit den Linien der beiden ersten Systeme Winkel von 63^1/$_2$° bilden. Wenn man bei Anwendung von schiefer Beleuchtung auf dem horizontal drehbaren Objecttische das Präparat so herumdreht, daß es allmählich von verschiedenen Seiten beleuchtet wird, so werden diese 3 verschiedenen Strei=
fensysteme nach einander sichtbar. Unter den besten und stärksten Objectiven erscheint das Object mit kleinen Sechs=
ecken bedeckt, welche durch die Kreuzung der erwähnten Liniensysteme hervorgebracht werden. Die von dem schwächeren Streifensystem gebildeten Seiten der Sechsecke sind jedoch meist weniger deutlich, so daß die Figuren bei weniger vollkommener Leistung des Mikroskopes mehr wie Vierecke erscheinen (Fig. 34).

Für die stärksten Immersions= und Corrections=
systeme sind Pleuros. angulatum und attenuatum zu mässig und als Probeobjecte weniger geeignet. Man ver=
wendet daher als solche für diese Systeme Gegenstände mit noch viel zarteren Zeichnungen, und zwar ebenfalls meist Kieselpanzer von Diatomeen, wie Surirella Gemma, Grammatophora subtilissima, Nitzschia sigmoidea, Nitzschiella reversa etc.

Diese und ähnliche Probeobjecte geben jedoch keinen absoluten Maaßstab für die Güte der optischen Theile eines Mikroskopes. Ein=
mal sind die Objecte selbst nicht eines dem anderen ganz gleich, und dann haben auf ihre mehr oder weniger deutliche Darstellung gewisse Nebendinge, wie namentlich Anwendung von schräger Beleuchtung,

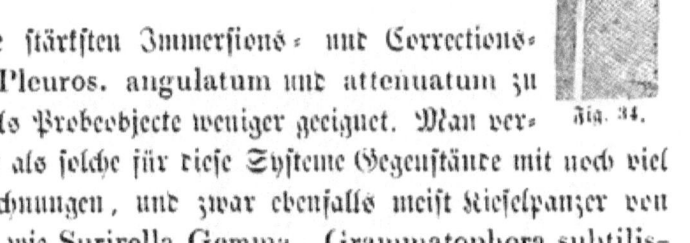

Fig. 33. Pleurosigma angulatum, 320 mal vergrößert.
Fig. 34. Ein Stück von demselben, 800 mal vergrößert.

der Gebrauch eines drehbaren Objecttisches ꝛc. großen Einfluß, so daß ein Mikroskop, welches solche Probeobjecte besser zeigt als ein anderes, doch letzterem an Schärfe und Klarheit für andere Untersuchungen nachstehen kann. Andere Prüfungsmittel der Güte eines Mikroskopes verdienen daher den Vorzug vor diesen Probeobjecten, um so mehr, da sie nicht blos einen relativen, sondern gewissermaaßen einen absoluten Maaßstab für die vergrößernde Kraft eines Instrumentes bilden.

Hieher gehören die Probeplatten von Nobert, Gruppen von Parallellinien, die auf Glasplatten eingeritzt sind, ähnlich wie die Glasmikrometer, nur unendlich viel feiner. In Nr. 1 dieser Gruppen sind die einzelnen Linien um je 0,001 Par. Linie von einander entfernt. Bei jeder folgenden Gruppe nimmt ihre Entfernung ab, so daß sie z. B. bei Gruppe 5 = 0,00055 Par. ''', bei Gruppe 10 = 0,000275, bei Gruppe 15 = 0,00020, bei 20 = 0,000167, bei 30 = 0,000125 Par. ''' beträgt u. s. w. Mit weniger vollkommenen Mikroskopen lassen sich nur die niederen dieser Gruppen deutlich erkennen, d. h. in ihre einzelnen Linien auflösen. Je besser das Mikroskop ist, um so höhere Liniengruppen vermag es sichtbar zu machen und da die Entfernung der feinen Linien in den verschiedenen Gruppen bekannt ist, so gewährt diese Prüfungsmethode zugleich einen absoluten Maaßstab für die Kleinheit der Gegenstände, welche man durch ein Mikroskop noch zu erkennen vermag. Die Nobert'schen Probeplatten sind jedoch kostspielig — sie kosten je nach der Zahl der Gruppen, welche sie enthalten, 30 Thaler und darüber. Auch lassen sie sich trotz aller Sorgfalt nicht so genau herstellen, daß die eine Platte der anderen in Bezug auf Schärfe der Linien ganz gleicht. Die Angabe, daß ein Mikroskop eine bestimmte Nummer dieser Platten auflöst, gilt daher genau genommen nur für die individuelle Platte, welche benutzt wurde.

Man kann überdies denselben Zweck durch eine andere sehr einfache Vorrichtung erreichen, welche sich Jedermann ohne Kosten und mit geringer Mühe selbst herstellen kann. Sie besteht im Wesentlichen darin, daß man das durch eine Luftblase verkleinerte Bild eines feinen Drahtgitters durch ein Mikroskop betrachtet und für die verschiedenen Vergrößerungen desselben die äußerste Grenze bestimmt, bei welcher sich die einzelnen Linien desselben noch deutlich unterscheiden lassen. Da diese Methode Jeden in den Stand setzt, die Güte der optischen Theile irgend eines Mikroskopes genau zu prüfen, so wollen wir hier die Herstellung dieser Vorrichtung und das bei der Prüfung einzuschlagende Verfahren genauer beschreiben.

Als Gitter benutzt man am besten ein feines Drahtgeflecht, dessen Metallfäden sich rechtwinklig kreuzen und etwa 1 Mm. von einander entfernt sind. Da solches zur Anfertigung von feinen Drahtsieben für Müller ꝛc. gebraucht wird, so ist es fast überall leicht zu haben und man erhält in jeder gut versehenen Eisenhandlung für wenige Pfennige Zehnmal mehr davon als man nöthig hat. Von diesem Drahtgeflecht schneidet man ein rundes oder quadratisches Stückchen ab, dessen Größe sich nach der Einrichtung des Mikroskopes, der Größe der Oeffnung seines Objecttisches ꝛc. richten muß, und beklebt es so mit schwarzem Papiere, daß ein quadratischer Raum frei bleibt, der genau eine bestimmte Zahl von Drahtmaschen, z. B. 5×5, oder 10×10 einschließt. Ein Gitter von 10×10 Maschen ist für die Rechnung am bequemsten. Für manche Beobachtungen ist es jedoch zu groß und dann ist es besser ein kleineres von 5×5 Maschen (Fig. 35) zu wählen. Dieses Drahtgitter befestigt man auf irgend eine Weise unter dem Objecttisch, indem man es z. B. mit Klebwachs an die untere Fläche einer Drehscheibenblendung festklebt oder auf eine senkrecht verschiebbare Cylinderblendung auflegt ꝛc.,

Fig. 35.

und giebt ihm eine solche Stellung, daß man durch die Oeffnung des Objecttisches hindurch alle Maschennetze desselben wahrnimmt, wenn man nach Hinwegnahme des Oculares durch die Röhre des Mikroskopes blickt. Man bereitet sich nun auf einem Objectträger eine

Fig. 35. Drahtgitter zur Prüfung der Mikroskope, im zweifachen Maaßstab seiner natürlichen Größe.

Flüssigkeit, die viele kleine Luftblasen einschließt, etwa in der Weise, daß man einen Tropfen Gummischleim, Glycerin oder sehr dickflüssiges Collodium auf den Objectträger bringt, ihn mit einer Nadelspitze umrührt oder mit einem Pinsel zu feinem Schaum schlägt, so daß viele kleine Luftblasen entstehen, und dann mit einem Deckgläschen bedeckt. Bringt man nun die Luftblasen unter das Mikroskop und beobachtet dieselben, wobei sie als dunkle Ringe mit heller Mitte erscheinen, so erblickt man in ihnen bei einer gewissen Einstellung des Focus ein verkleinertes Bild des Drahtgitters Fig. 36. Dieses

Fig. 36

wird um so kleiner, je kleiner die Luftblase ist, welche dasselbe entwirft. An den größeren Bildern kann man noch deutlich die einzelnen Fäden des Drahtnetzes erkennen, selbst zählen, an den kleineren erscheinen die Fäden sehr fein, nur angedeutet, an den kleinsten sind sie gar nicht mehr sichtbar. Da eine Flüssigkeit, wie sie oben erwähnt wurde, fast immer kleine Luftblasen von sehr verschiedenen Größen enthält, so wird man leicht solche auffinden, in denen sich die Linien des Gitters eben noch erkennen lassen, während sie in kleineren nicht mehr sichtbar sind. Man darf jedoch nur solche Luftblasen wählen, welche vollkommen kreisrund erscheinen, wie die Fig. 38 a, weil andere gedrückte oder verzerrte, nur ein undeutliches Bild des Gitters geben. Damit ist aber auch die Leistungsgrenze der angewandten Vergrößerung gefunden, und es bleibt nur noch übrig, dieselbe numerisch festzustellen. Dies kann sehr leicht dadurch geschehen, daß man mit einem Ocularmikrometer die Größe des Gitterbildchens mißt, in welchem man die Metallfäden eben noch erkennen kann, und daraus den Abstand der einzelnen Fäden berechnet. Hat man z. B. durch eine solche Messung gefunden, daß das Bild des eben noch sichtbaren Gitters von 10×10 Maschen einen Durchmesser von 20 Mikr. hat, so beträgt die Entfernung der einzelnen Fäden, deren 10 auf den gesammten Durchmesser kommen — mit

Fig. 36 Luftblase mit einem verkleinerten Bilde des Drahtgitters.

Einschluß der halben Dicke von je 2 Parallelfäden $= \frac{20}{10}$ Mikr. oder 2 μ. Dies ist also die Grenze der Leistungsfähigkeit des geprüften Mikroskopes für die angewandte Combination von Objectivlinsen und Ocularen. Findet man für eine andere Combination, und bei Anwendung eines kleineren Gitters von nur 5×5 Maschen, daß das kleinste Bildchen des Gitters, welches die Fäden noch deutlich erkennen läßt, einen Durchmesser von 5 μ besitzt, so beträgt die Leistungsfähigkeit der angewandten Combination $\frac{5}{5} \mu = 1 \mu$ u. s. f.

So lassen sich also in kurzer Zeit und ohne weitere Hülfsmittel als das erwähnte Drahtgitter und ein Ocularmikrometer, dessen Werth für die betreffenden Combinationen bekannt ist, alle verschiedenen Vergrößerungen eines Mikroskopes sehr leicht auf die Größe ihrer Leistungsfähigkeit prüfen, und darnach auch die Güte und Brauchbarkeit verschiedener Instrumente mit einander vergleichen. Selbstverständlich leistet dasjenige Mikroskop, welches noch kleinere Entfernungen der Gitterfäden im Bildchen deutlich erkennen läßt, mehr als das andere, und man kann sich bei dergleichen Prüfungen leicht davon überzeugen, daß ein gutes Mikroskop häufig schon bei schwächeren Vergrößerungen eine viel größere Leistungsfähigkeit besitzt, als ein schlechtes bei Anwendung von viel stärkeren. Doch darf man bei solchen Prüfungen nicht vergessen, daß auch bei ihnen, trotz der absoluten numerischen Resultate, welche diese Methode giebt, die Bestimmung der Leistungsgrenze kleine Schwankungen zeigen kann, welche abhängen von der mehr oder weniger günstigen Beleuchtung, der Uebung und augenblicklichen Stimmung des Beobachters ꝛc. Man thut daher wohl, wenn man die Leistungsfähigkeit eines Mikroskopes möglichst genau bestimmen und mit der anderer Instrumente vergleichen will, sich nicht mit einer Prüfung zu begnügen, sondern diese öfters und unter verschiedenen Umständen zu wiederholen.

Da die Wahl eines Mikroskopes bei dessen Ankauf zum großen Theile von den Ansprüchen abhängt, welche man an die optische Leistungsfähigkeit eines Instrumentes stellen will oder zur Erreichung gewisser Zwecke stellen muß, so wollen wir diese Ansprüche und die optische Leistungsfähigkeit verschiedener Mikroskope in der Gegenwart etwas näher ins Auge fassen.

Bis vor verhältnißmäßig kurzer Zeit, d. h. vor etwa 10 bis 20 Jahren, war die optische Leistungsfähigkeit auch der besten Mikroskope, die zu allen wissenschaftlichen Untersuchungen gebraucht wurden, eine solche, daß sie nur selten Parallellinien deutlich zeigten, deren Entfernung, nach der oben geschilderten Methode mit dem Drahtgitter gemessen, viel weniger als 1 Mikron betrug; 0,9—0,8, höchstens 0,7 μ war meist die äußerste Grenze ihrer Leistung, die nur in seltenen Fällen überschritten wurde. Diese Leistungsfähigkeit war hinreichend, fast alle die Entdeckungen zu machen, auf welchen unsere gegenwärtigen Kenntnisse von dem feineren Bau der thierischen und pflanzlichen Gewebe beruhen, sie reicht daher auch gegenwärtig noch für das Studium dieser Gewebe, so wie für die praktischen Zwecke, von denen in der 2. und 3. Abtheilung dieses Werkes die Rede ist, ziemlich vollständig aus. Seitdem hat nun die Verfertigung der Mikroskope nach zwei Seiten hin Fortschritte gemacht. Man liefert jetzt Mikroskope, welche in optischer Hinsicht dasselbe leisten, wie die früheren besten, um einen viel geringeren Preis, für 30, ja 20 Thaler und darunter, während man früher 60, 100 Thaler und mehr dafür anwenden mußte.

Auf der anderen Seite ist aber auch die optische Leistungsfähigkeit der neueren Mikroskope etwas gestiegen, namentlich durch die Anfertigung vollkommnerer Objective, von Stipplinien und Linsensystemen mit Correctionseinrichtungen (s. S. 42). Diese gehen in ihrer Leistungsfähigkeit bis unter 0,5 μ herab, die vollkommensten noch weiter. Das höchste, was bisher geleistet worden ist, scheint etwa 0,3 μ zu sein. Dergleichen Linsensysteme sind jedoch sehr theuer. Der Preis eines solchen allein übersteigt den Preis eines ganzen für die meisten Zwecke ausreichenden Mikroskopes und vollständige mit ihnen ausgestattete Instrumente lassen sich nicht unter 100 bis 150 Thaler erhalten.

Die eben geschilderten optischen Leistungen bilden zwar den

Hauptpunct bei der Beurtheilung eines Mikroskopes, aber neben ihnen kommen doch auch noch einige andere, wenn auch weniger wichtige Verhältnisse in Betracht, die hier ebenfalls Erwähnung finden müssen. Hierher gehören:

Die Größe des Gesichtsfeldes. Man versteht darunter den hellen kreisrunden Raum, welchen man erblickt, wenn man in das Ocular eines Mikroskopes sieht. Er hat für jede Vergrößerung des Mikroskopes einen anderen Durchmesser. Je größer das Gesichtsfeld ist, einen um so größeren Theil eines mikroskopischen Präparates kann man auf einmal übersehen und durchmustern. Die Größe des Gesichtsfeldes kommt namentlich bei schwachen Vergrößerungen in Betracht, wenn man einen möglichst großen Theil eines Gegenstandes gleichzeitig betrachten will, um den Zusammenhang seiner einzelnen Theile zu erkennen — oder wo es sich darum handelt, ganze Reihen von Präparaten möglichst rasch zu durchmustern, wie z. B. bei der Untersuchung auf Trichinen. Bei sehr starken Vergrößerungen ist ein großes Gesichtsfeld meist weniger nothwendig, wiewohl es auch hier immer sehr bequem, und oft selbst wünschenswerth ist, so z. B. wenn es sich darum handelt, die feinen Verzweigungen der Keimschläuche von Pilzsporen über eine weitere Strecke in ihrem Zusammenhange zu verfolgen.

Die Größe des Gesichtsfeldes eines Mikroskopes läßt sich sehr leicht bestimmen, wenn man einen passenden Maaßstab durch dasselbe betrachtet. Die größte Anzahl der Theile dieses Maaßstabes, welche man auf einmal übersehen kann, ergiebt den Durchmesser des Gesichtsfeldes. Als Maaßstab dient am besten ein Glasmikrometer, welches man auf den Objecttisch legt. Für stärkere Vergrößerungen beträgt der Durchmesser des Gesichtsfeldes nur Bruchtheile eines Millimeters; für schwächere von 100 Dchm. abwärts, soll er 1 Mm. übersteigen.

Verzerrungen der Bilder und Unebenheit des Gesichtsfeldes sind Eigenschaften schlechter Mikroskope, welche sich leicht erkennen lassen.

Bei guten Mikroskopen müssen die parallelen Theilstriche eines Glasmikrometers, den man als Object betrachtet, auch im Bilde parallel erscheinen. Bei schlechten dagegen sieht man sie im Bilde meist verzerrt, d. h. sie erscheinen nicht mehr parallel, sondern gebogen, indem sie an den Rändern des Gesichtsfeldes entweder weiter auseinander treten, oder sich mehr nähern, als in der Mitte desselben. Man kann dies auch bei den meisten besseren Instrumenten dadurch zur Anschauung bringen, daß man vom Ocularrohre das untere Glas (Collectiv) abschraubt, und mit dem oberen (dem eigentlichen Oculare) allein beobachtet.

Die Ebenheit des Gesichtsfeldes prüft man in der Weise, daß man die Oberfläche eines ebenen Objectträgers durch Reiben mit dem Finger leicht beschmuzt und diese Fläche unter dem Mikroskope betrachtet. Bei ebenem Gesichtsfelde muß diese dünne Schmutzschicht, die meist aus feinen Streifen und Pünctchen besteht in allen Theilen des Gesichtsfeldes gleich deutlich erscheinen, ohne daß man die Einstellung des Focus zu verändern braucht.

Ein gutes Mikroskop muß ferner selbstverständlich achromatisch sein, d. h. die von ihm entworfenen Bilder dürfen keine farbigen Ränder zeigen, wie sie an schlechten Mikroskopen zum Vorschein kommen.

Da die bis jetzt betrachteten Methoden, die optische Leistungsfähigkeit eines Mikroskopes zu prüfen, für die hier in Betracht kommenden Zwecke ausreichen, so wollen wir auf eine genauere quantitative Bestimmung mancher hierher gehörigen Puncte, wie der sphärischen und chromatischen Abweichung, der Brennweite und der Oeffnungswinkel der verschiedenen Linsensysteme u. dgl. nicht weiter eingehen.

Neben dem eigentlichen optischen Apparat kommen bei der Wahl eines Mikroskopes noch andere Puncte in Betracht, wie die Größe des Objecttisches, die Größe und Form des ganzen Instrumentes, seines Kastens, die Ausstattung mit Nebenapparaten u. dgl.

Der Objecttisch soll nicht zu klein, namentlich nicht zu schmal sein, so daß er im Stande ist, auch größere Objectträger aufzunehmen und gestattet, alle Theile derselben nacheinander in das Gesichtsfeld zu bringen.

Während große und schwere Instrumente durch ihre Festigkeit und Stabilität für Untersuchungen Vortheile haben, die im Arbeitszimmer vorgenommen werden, verdienen auf der anderen Seite leichtere und kleinere Instrumente den Vorzug, wenn es sich darum handelt, sie auf Reisen mitzuführen, oder selbst — wie bei ihrem Gebrauch für Sectionen, Untersuchungen bei Kranken, technischen Prüfungen außerhalb des Hauses, — in der Tasche bei sich zu tragen.

Welche von den zahlreichen früher beschriebenen Hülfs- und Nebenapparaten bei der Anschaffung eines Instrumentes berücksichtigt werden sollen, muß hauptsächlich theils von den Zwecken abhängen, für welche das Mikroskop bestimmt ist, theils von der Geldsumme, welche man für dasselbe anwenden will und kann. Irgend eine der S. 31 beschriebenen Blendungsvorrichtungen ist für jedes Instrument unentbehrlich, Einrichtung zur vollkommenen schrägen Beleuchtung wenigstens bei größeren wünschenswerth, bei kleineren nicht gerade nothwendig, da sie zwar manche Details an gewissen Probeobjecten besser zeigt und dadurch Laien imponirt, aber für die meisten anderen Untersuchungen nur selten erhebliche Vortheile gewährt. Viele Nebenapparate kann man auch erst nachträglich anschaffen, wenn man findet, daß sie nothwendig oder wünschenswerth sind, da sie sich den meisten Instrumenten leicht anpassen lassen; auf andere, wo dies nicht gut nachträglich geschehen kann, muß freilich schon bei der Anfertigung, also auch bei der Bestellung des Mikroskopes Rücksicht genommen werden. Ein Glasmikrometer, zum Einlegen ins Ocular eingerichtet S. 49, der sich durch Kopiren mittelst Collodium (S. 51) leicht vervielfältigen läßt, sollte auch beim billigsten Mikroskope nicht fehlen.

Um die Auswahl eines Mikroskopes bei seiner Anschaffung möglichst zu erleichtern, wollen wir dieselben in verschiedene Klassen bringen und für jede derselben die Anforderungen, welche man stellen, so wie die Preise, welche man bezahlen muß, angeben, so weit dies in einer kurzen Uebersicht möglich ist.

A. Mikroskope, welche ausschließlich für ganz bestimmte Zwecke dienen sollen, wie z. B. zur Untersuchung auf Trichinen, zum Studium der Polarisationserscheinungen u. dgl. Bei ihnen muß sich Einrichtung und Preis natürlich ganz nach dem speciellen Zweck richten, und wir verweisen deshalb auf die betreffenden Stellen dieser Schrift.

B. Mikroskope, welche für alle oder wenigstens die meisten Arten der mikroskopischen Untersuchung gleichzeitig dienen sollen. Wir theilen sie je nach ihren verschiedenen Leistungen, nach denen sich auch ihr Preis richten muß, in 3 Klassen.

1. Ganz billige Instrumente, die man schon für einen Preis von etwa 20 Thaler in genügender Vollkommenheit erhalten kann (das Fig. 17. abgebildete Mikroskop a von Wasserlein kostet mit Ocularmikrometer nur 18 Thaler), und die für fast alle in der zweiten und dritten Abtheilung erwähnten Untersuchungen ziemlich vollständig ausreichen. Sie sollen mehrere (wenigstens 4 bis 6) verschiedene Vergrößerungen gewähren, die in regelmäßiger Progression von etwa 30 bis wenigstens 300, besser noch bis etwa 400 Dchm. fortschreitend (vgl. S. 82), hinlänglich helle, scharfe und farblose Bilder geben, und deren stärkste, mit dem Drahtgitter S. 88 geprüft, Streifen von 1 μ Entfernung noch deutlich erkennen läßt. Sie müssen mit einer Blendung und mit Einrichtung für grobe und feine Einstellung versehen sein. Eine solche für schräge Beleuchtung kann entbehrt werden.

Ein derartiges billiges Instrument ist häufig auch für Besitzer eines vollständigeren neben diesem sehr wünschenswerth, da es wegen seiner geringen Größe und Schwere auf Reisen oder für Untersuchungen, die man in anderen Localitäten, als dem gewöhnlichen mikroskopischen Arbeitszimmer vorzunehmen hat, sehr leicht transportirt werden kann. Zu letzterem Zwecke ist namentlich das Mikroskop b von Wasserlein sehr geeignet, welches so leicht und comvenziös ist, daß man es in seinem verschließbaren Kasten bequem in jeder Rocktasche transportiren kann und das nur 10 Thaler kostet. Nur ist freilich, eben dieses kleinen Formats wegen sein Objecttisch sehr schmal, so daß er den Gebrauch von nur etwas breiten Objectträgern, und daher auch die Betrachtung von käuflichen Präparaten, die auf solche befestigt sind, ausschließt*.

2. **Mittlere Mikroskope**, die sich je nach ihrer Leistungsfähigkeit, den beigegebenen Einrichtungen und Nebenapparaten zu Preisen von etwa 40 bis 80 Thaler beschaffen lassen. Sie sollen eine noch größere Auswahl von Vergrößerungen darbieten, die in regelmäßiger Progression von etwa 20 bis 600 Durchm. fortschreiten und von denen auch die stärksten noch hinreichende Helligkeit und Schärfe der Bilder gewähren, auch mit dem Drahtgitter geprüft, Linien von nicht mehr als 0,7 μ Entfernung noch wahrnehmen lassen. Bei den schwächeren Vergrößerungen — bis etwa 50 —

---

* Die Empfehlung von solchen billigen Mikroskopen, die nicht blos als Spielerei, sondern zur Anstellung wirklicher Beobachtungen dienen sollen, wurde und wird noch von Vielen mit Mißtrauen aufgenommen. Ja, gerade ihr geringer Preis veranlaßt Manche zu der Meinung, daß sie unmöglich brauchbar sein können. Und doch kann ich versichern, daß wenigstens diejenigen billigen Mikroskope, welche R. Wasserlein seit Jahren, hauptsächlich auf meine Anregung, verfertigt, für fast alle oben erwähnten Zwecke ausreichen. Mehrere solche Instrumente a. zu 18 Thaler. Fig. 17 dienen nicht blos seit Jahren zu den Demonstrationen in den Vorlesungen und zum täglichen Gebrauche in den Laboratorien der pathologischen und landwirthschaftlichen Institute an hiesiger Universität; auch zu eigenen Untersuchungen gebrauche ich sie häufig wegen ihrer bequemen und handlichen Form, und greife nur dann zu theureren Instrumenten, deren mir vortreffliche, reich mit Nebenapparaten versehene zu Gebote stehen, wenn die Erreichung besonderer Zwecke dies wünschenswerth macht. Dabei bin ich natürlich weit davon entfernt, behaupten zu wollen, daß diese Mikroskope in jeder Hinsicht dasselbe leisten, wie die besseren der zweiten Klasse, welche das Doppelte und Dreifache kosten. Wem es daher gleichgültig ist, ob er 18 oder 50 Thaler anwendet, der wird immer besser thun, sich ein theureres Instrument anzuschaffen; und wer für gewisse Zwecke stärkere Vergrößerungen, oder bestimmte Einrichtungen und Nebenapparate bedarf, für den ist es geradezu eine Nothwendigkeit.

soll der Durchmesser des Gesichtsfeldes nicht unter 2 Mm., bei denen von 50 bis 100 nicht unter 1 Mm. betragen. Sie müssen außer der groben auch eine vollkommene feine Einstellung und einen großen, bequemen Objecttisch mit zweckmäßigen Blendungsvorrichtungen besitzen. Auch eine Einrichtung zur schrägen Beleuchtung ist wünschenswerth. Die übrigen Einrichtungen und Nebenapparate, welche man damit noch verbinden will, richten sich natürlich nach der Geldsumme, welche man für das Instrument aufwenden kann.

3. **Mikroskope, die Vorzügliches leisten.** Ich verstehe darunter solche, die, hauptsächlich durch Anwendung von Immersions- und Correctionslinsen, Vergrößerungen erlauben, welche bei 1500, 2000, ja 2500 Dchm. und darüber noch vollkommen brauchbar sind, indem sie scharfe, hinreichend helle Bilder geben und die bei Prüfung mit dem Drathgitter noch Entfernungen von 0,5, ja 0,4 und 0,3 μ deutlich erkennen lassen. Der Preis solcher Instrumente ist immer verhältnißmäßig hoch, wechselt aber natürlich mit ihrer Ausstattung. Begnügt man sich mit wenigen, aber guten Linsensystemen, gewöhnlichen Ocularen, einfachem Stativ und wenig Nebenapparaten, so kann man schon für 80 bis 100 Thaler ein Instrument erwerben, das in gewisser, freilich etwas einseitiger Weise, sehr vollkommen ist. Sieht man aber zugleich auf Mannigfaltigkeit der Leistungen — auf eine reiche Auswahl progressiv von 20 bis über 2000 Dchm. fortschreitender Vergrößerungen durch viele Linsensysteme (gewöhnliche, dialytische, Stipplinsen mit und ohne Correction, Correctionslinsen für trockene Beobachtungen, auf aplanatische Oculare — wählt man dazu ein sehr vollkommenes Stativ mit mancherlei Einrichtungen am Objecttisch, zahlreichen Blendungen und Beleuchtungsapparaten, und außerdem noch eine große Menge Nebenapparate wie orthoskopisches Ocular, Goniometer, Einrichtungen zur Polarisation, zum Nachzeichnen, zum Photographiren u. dgl., so wird man 200, ja 300 Thaler und darüber anwenden müssen, wenn man etwas Vorzügliches erhalten will.

Das Vorstehende wird jeden Leser in den Stand setzen, sich

je nach seinen Bedürfnissen und Mitteln ein passendes Instrument auszuwählen. Angaben von Bezugsquellen, Adressen und Preiscourante verschiedener Optiker, die vorzugsweise Mikroskope verfertigen, nebst einzelnen Bemerkungen über Leistungen von Instrumenten, die ich selbst bis jetzt genauer zu prüfen Gelegenheit hatte, finden sich am Schlusse der dritten Abtheilung.

Anleitung zum Gebrauch des Mikroskopes.

1. Beleuchten. Einstellen. Messen. Beobachten und Beurtheilen mikroskopischer Gegenstände. Bewegungserscheinungen unter dem Mikroskop.

Nachdem wir in den bisherigen Abschnitten die einzelnen Bestandtheile der Mikroskope, so wie deren wichtigste Nebenapparate geschildert und die Grundsätze betrachtet haben, welche bei der Anschaffung eines Mikroskopes leiten müssen, je nach dem Zweck, den man durch dasselbe erreichen will, geben wir nun eine Anleitung zum Gebrauche des Mikroskopes für die verschiedenen Arten von Untersuchungen, zu welchen dasselbe dienen kann.

Wir setzen dabei den Fall voraus, daß Jemand ohne die praktische Unterweisung eines bereits in solchen Untersuchungen Geübten, welche freilich am schnellsten über die ersten Schwierigkeiten hinweghilft, genöthigt ist, sich die nöthige Fertigkeit durch Selbststudium und eigene Bemühungen zu erwerben.

Die erste Schwierigkeit pflegt ganz Ungeübten die richtige Stellung des Mikroskopes und die Anordnung der Beleuchtung zu machen. Will man, wie gewöhnlich einen durchsichtigen Gegenstand bei durchfallendem Lichte betrachten, so muß dieser durch den Spiegel von unten her beleuchtet werden. Man verfährt dabei in folgender Weise: Das Rohr des Mikroskopes wird aus seiner Hülse herausgenommen, oder wenigstens Objectiv und Ocular entfernt. Man stellt das Instrument auf einem Tische in einiger Entfernung vom Fenster so auf, daß es sich vor dem Beobachter befindet, der sein Gesicht dem Fenster zukehrt. Man sieht nun durch das Rohr oder, wenn man dies ganz weggenommen hat, durch die Hülse desselben gerade nach unten, so daß man durch die Oeffnung im Objecttisch den Spiegel erblickt, und dreht das Stativ nach rechts oder links und den Spiegel um seine horizontale Achse so lange, bis im letzteren das Bild des Fensters mit dem hellen Himmel erscheint. In dieser Stellung muß Stativ und Spiegel während der nachfolgenden Untersuchung unverrückt stehen bleiben, da jede Verrückung des einen oder anderen die Lichtmenge, und damit die Deutlichkeit des Bildes vermindert. Das beste Licht giebt ein mit weißen Wolken bedeckter Himmel, ein weniger gutes der klare, blaue Himmel. Directes Sonnenlicht ist bei den meisten Beobachtungen zu vermeiden. Abgesehen davon, daß es den Augen schadet, giebt es zu allerlei Täuschungen Veranlassung. Man muß daher das Instrument immer so drehen, daß der Spiegel nicht von der Sonne beschienen wird, oder durch ein Stückchen dünnes weißes Seidenpapier, das man auf den Spiegel legt, die Intensität der Sonnenstrahlen vermindern. In engen Straßen, die keine Aussicht auf den Himmel gewähren, muß man sich mit dem Lichte begnügen, welches die Wand eines gegenüberliegenden Hauses ausstrahlt, und das Mikroskop so richten, daß die hellste Stelle der Wand im Spiegel sichtbar wird.

Bei Nacht kann man sich einer hellen Lampe oder nicht zu sehr flackernden Gasflamme bedienen — das Licht einer Kerze ist weniger geeignet. Man erhält in diesem Falle dann die hellste Beleuchtung, wenn man das Mikroskop so stellt, daß das Bild der Flamme im Spiegel erscheint. Doch wird diese Beleuchtung für lange fortgesetzte Beobachtungen leicht zu grell und greift die Augen an. Will man dies vermeiden und sich mit weniger Licht begnügen, so giebt man dem Stativ und Spiegel eine solche Stellung, daß in letzterem nicht das Bild der Flamme gesehen wird, sondern das einer Kuppel von mattem Glase oder Milchglas, welche die Flamme umgiebt — oder man legt auf den Spiegel ein Stück glattes weißes Briefpapier oder dünnes Seidenpapier.

Ist die Beleuchtung in der einen oder anderen Weise geordnet, so bringt man einen oder den anderen zu untersuchenden Gegenstand auf den Objecttisch. Für Anfänger eignen sich dazu am besten bereits präparirte Gegenstände, Probeobjecte, wie Schmetterlingsschuppen u. dergl., welche den Mikroskopen gewöhnlich vom Verfertiger beigegeben werden. Ist kein solches Probeobject zur Hand, so nehme man z. B. etwas Baumwollenwatte, von der man ein Stückchen, kleiner als ein Stecknadelkopf abzupft, oder ein kleines Stückchen Leinen- oder Baumwollenfaden. Man lege dasselbe auf die Mitte eines Objectträgers, setze einen Tropfen Wasser zu, und ziehe die feinen Fäserchen mit ein Paar Nadeln möglichst auseinander. Darauf wird ein Deckgläschen vorsichtig aufgelegt, wobei man Acht geben muß, dasselbe mit den Fingern nicht zu beschmutzen und seine obere Fläche nicht mit Wasser zu benetzen.

Den Objectträger mit dem Gegenstand legt man so auf den Objecttisch, daß der Gegenstand über die Oeffnung des letzteren zu stehen kommt.

Nun schraubt man das Objectiv unten an das Rohr, steckt das Ocular oben in dasselbe, und schiebt das so vorbereitete Rohr in die Hülse. Die nächste Aufgabe ist die, das Object einzustellen, d. h. das Rohr des Mikroskopes in diejenige Entfernung vom Gegenstande zu bringen, bei welcher im Mikroskope ein deutliches Bild desselben erscheint. Der erste Theil dieser Aufgabe, die sogenannte grobe Einstellung, wird bei den meisten Instrumenten dadurch gelöst, daß man das Rohr mit der Hand durch eine sanfte Schraubenbewegung in seiner Hülse so lange auf- oder abwärts dreht, bis das Bild des Gegenstandes im Gesichtsfelde erscheint. Bei Mikroskopen, die kein sehr festes und schweres Stativ haben, ist es zweckmäßig, letzteres während des Drehens mit der anderen Hand fest zu halten, damit es sich nicht verrückt, und die vorher regulirte Beleuchtung nicht wieder in Unordnung kommt. Je stärker die angewandte Vergrößerung ist, um so mehr muß in der Regel das Objectiv dem Gegenstand genähert werden und umgekehrt. Jeder lernt bald durch Uebung den Abstand kennen, welchen für die verschiedenen Vergrößerungen seines Instrumentes das Objectiv vom Gegenstand ungefähr haben muß. Anfänger thun wohl, wenn sie sich gewöhnen, das Rohr zuerst möglichst tief zu stellen, so daß es das Deckgläschen berührt, und dann dasselbe, indem sie durch das Ocular sehen, langsam nach **aufwärts** zu drehen, bis das Bild erscheint, weil beim unvorsichtigen Abwärtsdrehen das Objectiv leicht mit solcher Gewalt auf den Gegenstand anstoßen kann, daß Deckgläschen, Gegenstand oder selbst Objectiv Schaden leiden können. Sieht man den Gegenstand einigermaßen, aber noch nicht hinreichend scharf, so wende man die **feine Einstellung** an S. 37 ff., d. h. man dreht an der Schraube, welche die obere Platte des Objecttisches Fig. 17 x oder die Hülse des Rohres Fig. 25 und 26 x auf- und abwärts bewegt, nach rechts oder links bis das Bild seine möglichste Klarheit erreicht, und in unserem Beispiele die Leinen- oder Baumwollenfasern vollkommen deutlich so erscheinen, wie sie Fig. 56 a und b abgebildet sind.

Es ist nicht für alle Beobachtungen vortheilhaft, die möglichst helle Beleuchtung anzuwenden, wie sie durch die oben angegebene Stellung des Instrumentes erhalten wird. Für sehr zarte Gegenstände ist häufig eine etwas schwächere Beleuchtung vorzuziehen, oder eine solche, bei der das Licht den Gegenstand nicht in gerader Richtung durchdringt, sondern ihn etwas von der Seite trifft. Er wird dadurch theilweise beschattet, und zeigt so manche Structurverhältnisse, die durch zu helles Licht verschwinden. In solchen Fällen nimmt man die sogenannten **Blendungen** zu Hülfe, entweder die **Drehscheibenblendung** Fig. 23, S. 31, die man so lange um ihre Achse dreht, bis der gewünschte Zweck erreicht ist, oder **Cylinderblendungen** S. 30, mit engerer oder weiterer Oeffnung, die man in der Oeffnung des Objecttisches auf- und abschiebt. Man lernt bald durch Uebung die für jede Untersuchung zweckmäßigste Art der Blendung und der Beleuchtung überhaupt herausfinden.

Um bei Anwendung der schrägen Beleuchtung S. 28. 3) die möglichste Helligkeit zu erhalten, sieht man entweder durch das Rohr und dreht den Spiegel so lange seitlich nach oben bis der Gegenstand hinreichend beleuchtet erscheint — oder man schiebt das Rohr in die Höhe, fixirt den Gegenstand mit bloßen Augen von der Seite, während man den Spiegel so lange seitlich nach oben dreht, bis der von ihm ausgehende Lichtkegel den Gegenstand gerade trifft und stellt dann erst ein.

Undurchsichtige Gegenstände werden von oben her beleuchtet (den Fall ausgenommen, wo man das Lieberkühn'sche Spiegelchen S. 33 anwendet. Das vom Spiegel kommende Licht würde bei ihnen nur störend wirken. Man bringt daher den undurchbohrten Theil der Blendung unter die Oeffnung des Objecttisches

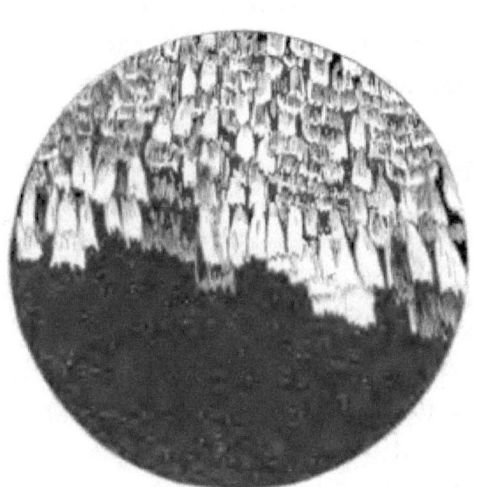

Fig. 37.

oder bedeckt dieselbe mit einem schwarzen Papier oder braucht einen Objectträger, den man mit schwarzem Firniß (Eisenlack ꝛc.) überzogen hat. Der Gegenstand erscheint dann hell auf dunklem Grunde, wie in Fig. 37. Will man sie stärker beleuchten, so concentrire man das vom Fenster oder einer Lampe ausgehende Licht auf sie durch eine Beleuchtungslinse S. 33). Wegen der viel größeren Schwierigkeit der Beleuchtung lassen sich zur Untersuchung undurchsichtiger Gegenstände nur schwächere Vergrößerungen verwenden.

Hat man gelernt, einen Gegenstand unter dem Mikroskop ge-

Fig. 37. Ein Stückchen von einem Schmetterlingsflügel, 90 mal durchm. vergrößert. Die dachziegelförmig übereinanderliegenden Schüppchen erscheinen hell auf dem dunklen Grunde des Gesichtsfeldes.

hörig einzustellen, und seine Beleuchtung zweckmäßig zu reguliren, so übe man sich, denselben auf dem Objecttisch hin- und herzubewegen, und so allmählich alle Theile desselben in das Gesichtsfeld zu führen. Dies hat für Anfänger deshalb einige Schwierigkeiten, weil das Bild des Gegenstandes im Mikroskope wenn man nicht ein aufrichtendes Ocular S. 77 anwendet, verkehrt erscheint und daher nach links rückt, wenn man das Object nach rechts vorschiebt, nach vorne, wenn man letzteres nach hinten schiebt, und umgekehrt. Uebung führt auch in dieser Hinsicht zum Ziele, und man lernt bald, den Objectträger während der Beobachtung so hin- und herzuschieben, daß man nach einander alle Theile selbst eines großen Gegenstandes zur Anschauung bringt. Doch muß man dabei meist auch die feine Einstellung von Zeit zu Zeit ändern, da verschiedene Theile des Objectes, die in einem verschiedenen Niveau liegen, einen verschiedenen Focus fordern. Man erspart sich beim Durchmustern von Präparaten viele Zeit, wenn man sich von Anfang an gewöhnt, dieselben immer in einer bestimmten Richtung weiter zu schieben, und sich dabei nur des Daumen und Zeigefingers der linken Hand zu bedienen, so daß die rechte Hand gleichzeitig die feine Einstellung reguliren kann. Viel regelmäßiger als mit der Hand läßt sich das Präparat dadurch allmählich durch das Gesichtsfeld führen, daß man den verschiebbaren Objecttisch S. 66 zu Hülfe nimmt, und in Fällen, in denen es darauf ankommt, sicher alle Theile eines größeren Präparates nach einander zur Anschauung zu bringen, wie bei Zählungen von Blutkörperchen oder anderen kleinen Gegenständen, bei Untersuchung zahlreicher Fleischpräparate auf Trichinen u. dergl. gewährt auch für Geübte die Anwendung eines solchen durch Schrauben verschiebbaren Objecttisches wesentliche Vortheile.

Da es bei vielen Untersuchungen darauf ankommt, die Größenverhältnisse mikroskopischer Gegenstände zu bestimmen, so übe man sich ferner im Messen derselben. Die dazu nöthigen Vorrichtungen und ihr Gebrauch wurden bereits früher beschrieben S. 18 ff. und S. 55. Wir wollen uns daher hier auf einige wenige Bemerkungen beschränken. Am bequemsten dazu ist der Glasmikrometer im Ocular, welcher auf die Blendung in der Röhre des letzteren gelegt wird. Man kann so jedes Ocular leicht in ein Mikrometerocular verwandeln. Nur ist dazu nöthig, daß man die Theilung des Mikrometers im Ocular scharf sieht. Dies hat aber für sehr Kurz- oder Weitsichtige bisweilen Schwierigkeiten, wenn sich der durch das Ocularglas vergrößerte Mikrometer nicht genau in der Entfernung des deutlichen Sehens von ihrem Auge befindet. Dem läßt sich auf folgende Weise abhelfen. Weitsichtige müssen den Abstand zwischen Mikrometer und Ocularglas etwas vergrößern, was dadurch geschehen kann, daß man letzteres in seiner Hülse etwas in die Höhe schraubt. Kurzsichtige dagegen müssen diesen Abstand etwas verringern, indem sie einen Ring von Papier, Tuch, Pappe ɛc. von passender Dicke zwischen Blendung und Mikrometer legen, wodurch letzterer dem Ocularglase mehr genähert wird. Wo der Mikrometer im Oculare zum festschrauben eingerichtet ist, ist gewöhnlich dafür gesorgt, daß derselbe höher oder tiefer gestellt werden kann, so daß er auch für Beobachter von sehr verschiedener Sehweite deutlich sichtbar wird.

Der Werth des Mikrometers im Ocular ist für jede Vergrößerung ein anderer, was auf die früher S. 50 beschriebene Weise sehr leicht bestimmt werden kann. Jeder, der genaue Messungen zu machen wünscht, sollte dies selbst thun, da die von den Verfertigern den Mikroskopen beigegebenen Tabellen in dieser Hinsicht nicht immer hinreichend genau sind. Man thut ferner gut, sich für diesen Werth des Mikrometers bei den verschiedenen Vergrößerungen eine kleine Tabelle zu berechnen, die beim Gebrauche viel Zeit erspart. Ich lasse eine solche Tabelle hier folgen, die für einen in 0,1 Mm. getheilten Mikrometer in Ocular 2 für Objectiv 3 eines Mikroskopes von Wasserlein bei vollständig ausgezogenem Rohre gilt. 22 Theile des Mikrometers entsprechen genau 0,1 Mm. oder 100 Mikra:

1 Theil also = 4,54 μ
2 Theile „ = 9,08 „

3 Theile also = 13,62 μ
4   „   „   = 18,16 „
½ Theil   „   = 2,27 „ u. s. f.

Will man mit dem Ocularmikrometer eine Messung ausführen, so bringt man den Gegenstand so in das Gesichtsfeld, daß er vom Maaßstabe bedeckt erscheint und daß die Theilstriche des Mikrometers auf den Durchmesser, den man zu messen wünscht, rechtwinklig stehen. Dadurch, daß man das Ocularrohr mit dem Mikrometer um seine Achse drehen kann, wird die Einstellung des Maaßstabes erleichtert, und der Umstand, daß jeder fünfte und zehnte Theilstrich des Mikrometers vor den anderen vorragt, macht bei großen Gegenständen die Zählung der Theile sicherer.

Soll eine Messung sehr genau werden, so thut man gut, sie zu wiederholen; die beobachteten Unterschiede ergeben die Grenzen der Fehler, welche man bei einer solchen Messung begehen kann.

Hat man es mit sehr vielen Gegenständen ähnlicher Art zu thun, so mißt man mehrere derselben, addirt die gefundenen Zahlen und dividirt in die Summe mit der Zahl der Messungen. Man erhält dadurch die **mittlere** oder **Durchschnittsgröße** der Gegenstände. Vergleicht man die höchsten gefundenen Werthe (Maxima) mit den kleinsten (Minima), so erhält man die Grenzen der Größenverschiedenheit, welche zwischen verschiedenen Exemplaren derselben Art stattfindet.

Hat man sich auf die im Vorstehenden geschilderte Weise die zum Gebrauche des Mikroskopes nöthigen technischen Handgriffe und Fertigkeiten erworben, so übe man sich im Beobachten, d. h. man lerne die gesehenen Gegenstände richtig deuten und aus der Beschaffenheit ihrer Bilder auf die wirkliche Natur der untersuchten Gegenstände schließen. Es ist dies schwieriger als die Meisten glauben. Um klar zu machen, worauf es hierbei ankommt, müssen wir von einigen Betrachtungen ausgehen, die sich auf das gewöhnliche Sehen mit unbewaffnetem Auge beziehen. Wir sehen einen Gegenstand dadurch, daß in unserem Auge ein Bild desselben entsteht. In diesem erscheinen aber alle gesehenen Gegenstände auf **einer Fläche**, wie auf einem Gemälde. Erst allmählich, durch fortgesetzte Uebung, lernen wir aus der Vertheilung von Licht und Schatten auf die körperliche Gestaltung eines gesehenen Gegenstandes schließen: wir lernen eine Erhöhung an demselben von einer Vertiefung, eine Scheibe von einer Kugel unterscheiden. Diese Unterscheidung wird unterstützt durch gleichzeitiges Sehen mit beiden Augen, wobei jedes Auge einen nahen Gegenstand von einem etwas verschiedenen Standpunkte aus betrachtet. Indem diese etwas verschiedenen Bilder beider Augen im Bewußtsein in **eines** zusammenfallen, zeigt dieses gemeinsame Bild den Gegenstand in seiner Körperlichkeit, ganz ähnlich wie dies in dem bekannten Stereoskop in noch stärkerem Maaße der Fall ist. Wir können uns ferner von der Körperlichkeit eines gesehenen Gegenstandes, den Vorsprüngen und Vertiefungen seiner Oberfläche ꝛc. dadurch überzeugen, daß wir ihn herumdrehen und so nach und nach von verschiedenen Seiten betrachten.

Alles dieses gilt auch vom Sehen durch das Mikroskop, wenn wir **undurchsichtige** Gegenstände durch dasselbe betrachten, die von Luft umgeben sind, und von oben her beleuchtet werden, wie in Fig. 20, S. 28. Alle Verhältnisse der Oberfläche, Vertiefungen und Vorsprünge zeigen dieselbe Anordnung von Licht und Schatten und erscheinen ganz in derselben Weise wie beim gewöhnlichen Sehen. Man kann überdies durch Drehen und Herumwälzen des Gegenstandes unter dem Mikroskope allmählich seine verschiedenen Seiten zur Anschauung bringen und denselben durch Benützung eines stereoskopischen Mikroskopes (S. 80) sogar im Relief erscheinen lassen. Dazu kommt noch, daß man sich durch höher und tiefer Stellen des Focus leicht davon überzeugen kann, welche Theile des Gegenstandes höher liegen, welche tiefer, ja daß man diese Niveaudifferenzen selbst messen kann (S. 55 ff.). Bei allen solchen Untersuchungen wird sich daher ein aufmerksamer Beobachter bald zurecht finden, und lernen, aus dem Bilde eines mikroskopischen Gegenstandes auf seine körperliche Beschaffenheit zu schließen.

Ganz anders verhält es sich aber bei denjenigen mikroskopischen Untersuchungen, bei welchen der Gegenstand bei **durchfallendem** Lichte betrachtet wird, das ihn in senkrechter Richtung (Fig. 19, S. 28), oder wie bei der schrägen Beleuchtung (Fig. 21, S. 28), in etwas schiefer Richtung von unten her trifft. Und gerade solche Untersuchungen kommen am häufigsten vor. Der Gegenstand erscheint hier wie ein sogenanntes Lichtbild von dünnem Porzellan ic., das an einem Fenster aufgehängt oder vor einer Lampe stehend, bei durchfallendem Lichte betrachtet wird. Seine dünneren oder durchsichtigeren Stellen erscheinen heller, die dickeren oder weniger durchsichtigen dunkler. Ueberdies erleiden die Lichtstrahlen bei ihrem Durchgange durch denselben vielfache Brechungen — Ablenkungen von ihrem geraden Wege. Alles dieses hat aber Einfluß auf das Bild im Mikroskope und es ist nicht leicht, aus diesem richtige Schlüsse auf die wirkliche Beschaffenheit des untersuchten Gegenstandes zu ziehen. Von dieser richtigen Deutung des unter dem Mikroskope Gesehenen hängt aber zum großen Theile der Werth einer Untersuchung ab; sie ist es, welche hauptsächlich einen guten Beobachter von einem schlechten unterscheidet. Das beste Mittel, sich zu einem guten Beobachter auszubilden, ist Uebung, indem man bekannte Gegenstände betrachtet, und das Bild derselben mit ihrer wirklichen Beschaffenheit vergleicht, oder indem man Objecte nachuntersucht, welche von guten Beobachtern genau beschrieben und durch Abbildungen anschaulich gemacht sind. Für Letzteres liefert der zweite Abschnitt eine hinreichende Anzahl von instructiven Beispielen. Zu Ersterem wollen wir hier einige Anleitungen geben.

Wenn man Gegenstände so unter das Mikroskop bringt, daß sie von Luft umgeben werden, und dieselben bei **durchfallendem** Lichte betrachtet, so erhält man nur selten ein klares und deutliches Bild von ihnen, höchstens dann, wenn sie aus sehr zarten Theilchen bestehen, wie Schmetterlingsschuppen (Fig. 29 S. 83), Leinen- oder Baumwollenfasern (Fig. 56 a u. b), Haare (Fig. 87) u. dgl. oder wenn man höchst feine Schichten derselben anwendet, wie z. B. außerordentlich dünne Abschnittchen von Hollundermark, Kork ꝛc. Es rührt dies daher, daß fast alle Substanzen, welche in dünnen Schichten durchscheinend sind, die Lichtstrahlen bei ihrem Durchgange viel stärker brechen und von ihrem geraden Wege ablenken als die Luft, so daß viele Lichtstrahlen beim Uebergange aus der Luft in diese Substanzen und umgekehrt bei ihrem Uebergange aus den Gegenständen in die Luft starke Brechungen und Ablenkungen erleiden, was zur Folge hat, daß einestheils nur wenige Lichtstrahlen, welche von demselben Puncte des Gegenstandes ausgehen, sich im mikroskopischen Bilde vereinigen, so daß dieses dunkel erscheint — auf der anderen Seite aber auch Lichtstrahlen, welche von verschiedenen Puncten des Gegenstandes kommen an denselben Puncten des Bildes zusammentreffen, wodurch das Bild undeutlich und weniger scharf wird. Anders verhält sich die Sache, wenn der Gegenstand nicht von Luft umgeben und durchdrungen wird, sondern von einem anderen Medium, dessen brechende Kraft für Lichtstrahlen derjenigen seiner Substanz näher steht, als Luft, wie z. B. Wasser, Oel u. dgl. Der Gegenstand wird dann durchsichtiger, geradeso wie dünnes Papier, das man mit Wasser oder Oel befeuchtet, das von ihm im Mikroskope entworfene Bild wird heller und zugleich schärfer, weil in diesem Falle die eben erwähnte Brechung und Ablenkung der das Object durchdringenden Lichtstrahlen bei ihrem Ein= und Austritte eine geringere wird. Ein Gegenstand wird in diesem Falle um so durchsichtiger, je näher der Brechungsexponent der angewandten Flüssigkeit mit seinem eigenen übereinkommt. Sind beide fast gleich, so gehen die Lichtstrahlen durch ihn fast ebenso ungebrochen hindurch, wie durch ein Glasplättchen und in seinem mikroskopischen Bilde verschwindet fast alles Detail seiner Structurverhältnisse. Dieser Umstand läßt sich mit Vortheil benützen, wenn man mikroskopische Gegenstände bei durchfallendem Lichte untersuchen will. Um sie durchsichtiger zu machen und klarere Bilder von ihnen zu erhalten, untersucht man sie in der Regel nicht in Luft, sondern in Wasser oder einer anderen Flüssigkeit mit höherem Brechungsexponenten.

Gewöhnlich setzt man ihnen einen Tropfen reines Wasser zu, so daß sie davon bedeckt und allseitig durchdrungen werden. Wenn zu fürchten ist, daß Wasser sie auflöst oder sonst ihre Structur verändert, so wählt man statt dessen eine Kochsalzlösung, Glycerin, oder Weingeist, ein Oel u. dergl. Die Oele, deren Brechungsexponent meist ein hoher ist, wirken aber in vielen Fällen gar zu sehr aufhellend, so daß alles Detail der Structur verschwindet. Wir rathen Anfängern, um sich hierüber die nöthigen Erfahrungen zu verschaffen, dieselben Gegenstände nacheinander in verschiedenen Medien zu untersuchen. Man betrachte z. B. Baumwollenfasern (Fig. 56 b) erst in Luft, dann in Wasser, Weingeist, Oel. Die Brechungsexponenten der Medien, welche hierbei hauptsächlich in Betracht kommen, sind folgende:

Luft	1,00029	Terpentinöl	1,476
Wasser	1,336	Mohnöl	1,463
Weingeist	1,372	Canadabalsam	1,532
Glas, je nach der Sorte	{1,5 / 1,6}	Anisöl	1,811

Bei allen solchen Untersuchungen ist es gut, den zu beobachtenden Gegenstand erst hinreichend von der Flüssigkeit durchdringen zu lassen, ehe man ihn unter das Mikroskop bringt. Dies geschieht am besten in der Weise, daß man ihn in einem Uhrgläschen mit einer kleinen Menge der anzuwendenden Flüssigkeit übergießt, und mit einem Uhrgläschen bedeckt, um Staub abzuhalten, eine Zeit lang stehen läßt. Dann bringt man ihn auf einen Objectträger, entfernt etwa ihm anhängende Luftbläschen, welche bei der Beobachtung leicht stören, mit einer Nadelspitze, setzt mit dieser oder einem Glasstäbchen wenn es nöthig ist noch etwas Flüssigkeit zu und deckt dann vorsichtig ein Deckgläschen darauf, das man entweder mit den Fingern oder mit einer Pincette (Zängelchen) faßt, wobei man sich hüten muß, die Oberfläche des Deckgläschens nicht mit der Flüssigkeit zu verunreinigen, was die nachherige Untersuchung hindern würde. Dies geschieht aber leicht, wenn die zugesetzte Flüssigkeitsmenge zu groß ist.

In diesem Falle nimmt man den Ueberschuß derselben vor Auflegen des Deckgläschens dadurch weg, daß man ihn mit der Spitze eines Stückchens Löschpapier aufsaugt. Ist der Gegenstand sehr aufgequollen und dadurch dick, so kann man ihn etwas zusammendrücken und dünner machen, indem man mit einem Stückchen Kork vorsichtig auf das Deckgläschen drückt. Ist er sehr weich, so daß man fürchten muß, er würde durch den Druck des Deckgläschens zerquetscht werden, so legt man an seine beiden Seiten auf den Objectträger ein Paar Leinenfasern oder schmale Papierstreifchen, und legt das Deckgläschen so auf, daß es auf diese zu liegen kommt und durch sie verhindert wird, das Object allzusehr zusammen zu drücken.

Um aus den Bildern mikroskopischer Gegenstände, die man bei durchfallendem Lichte untersucht, richtige Schlüsse auf ihre wahre Gestalt zu ziehen, mögen die folgenden Bemerkungen dienen. Sie beziehen sich auf häufig vorkommende Fälle und der Anfänger thut wohl, wenn er sich durch eigene Anschauung mit ihnen recht vertraut macht.

Sehr häufig hat man es unter dem Mikroskope mit **kugelförmigen Objecten** zu thun. Sie geben ein verschiedenes Bild, je nachdem die Substanz der kleinen Kugel einen größeren oder geringeren Brechungsexponenten besitzt, als die umgebende Flüssigkeit. Letzteres ist der Fall bei kleinen **Luftblasen**, die in einer wässerigen Flüssigkeit schwimmen, was bei mikroskopischen Untersuchungen sehr häufig vorkommt. Sie zeigen bei genauer Einstellung in der Mitte eine helle Scheibe, von einem dunklen Ringe umgeben der an den Rändern fast schwarz erscheint (Fig. 36 und 38 a). Auch größere, durch das Deckgläschen plattgedrückte Lufträume zwischen Flüssigkeit zeigen an den Stellen, wo sie mit letzterer zusammenstoßen solche dunkle, scharf begrenzte Ränder (Fig. 38 b). Der dunkle Rand erscheint immer um so breiter, je

Fig. 38. a. Kleine Luftblasen bei durchfallendem Lichte. b. Stück des Randes einer größeren unregelmäßigen plattgedrückten Luftblase.

stärker die angewandte Vergrößerung ist. Hat man sich dieses mikroskopische Aussehen von Luftblasen in Flüssigkeiten einmal eingeprägt, so wird man sie immer leicht wiedererkennen und richtig deuten. Ein Verfahren, wie man sich Luftblasen für eine mikroskopische Betrachtung leicht darstellen kann, wurde bereits früher (S. 88) erwähnt.

Ein ganz anderes Aussehen haben **Fettkügelchen** oder **Fetttröpfchen**, welche in einer wässerigen Flüssigkeit schwimmen, ein Fall, der bei mikroskopischen Untersuchungen ebenfalls sehr häufig vorkommt. Um ihr Aussehen zu studiren, braucht man unter dem Mikroskop nur ein Tröpfchen Milch zu beobachten, welches immer zahlreiche solche Fettkügelchen von verschiedener Größe enthält. Auch bei ihnen (Fig. 106) erscheint der Rand dunkler, die Mitte heller, aber der Uebergang vom Schatten zum Lichte ist hier ein ganz allmählicher, ohne scharfe Grenze, wie bei den Luftblasen.

Plattgedrückte Kugeln — Linsen — oder Halb-Kugeln, z. B. ein Oeltropfen, der sich auf dem Objectträger abgeplattet hat, geben ein Bild, welches dem vollständiger Kugeln gleicht, aber sein Randschatten ist schwächer. Aus der größeren oder geringeren Intensität dieses Schattens läßt sich die größere oder geringere Krümmung derselben abschätzen.

Eine platte **Scheibe**, von ihrer flachen Seite gesehen, erscheint ebenfalls rund, aber ihre ganze Oberfläche ist gleichmäßig beschattet und gleich deutlich. Von der Seite gesehen erscheint sie dagegen als ein gerader Stab, wie ein Geldstück, welches man so betrachtet, daß nur sein Rand sichtbar ist. Bei sehr kleinen Körpern kann man dadurch entscheiden, ob sie Kugeln, Linsen oder Scheiben bilden, daß man sie schwimmen läßt. Indem sie sich drehen, kann man sie von allen Seiten betrachten und so ihre Form erkennen. Man bewirkt dieses Drehen am leichtesten, wenn man in der sie umgebenden Flüssigkeit einen Strom bewirkt, indem man an die eine Seite des Deckgläschens ein Stückchen Löschpapier legt, das die Flüssigkeit aufsaugt, an die entgegengesetzte einen Tropfen Flüssigkeit bringt.

Schüsseln. Röhren. Cylinder ⁊c.   111

Größere schüsselförmige Vertiefungen kann man durch Veränderungen des Focus erkennen. Stellt man das Objectiv höher ein, so wird ihr oberer Rand deutlicher erscheinen, umgekehrt, wenn man es tiefer einstellt, ihr Boden. Bei kleineren, wo dies Erkennungsmittel wegfällt, ist die richtige Deutung oft schwierig, man suche dann bei Anwendung verschiedener Beleuchtungsarten aus der Art der Beschattung ihre Form zu erkennen.

Aehnliche Verhältnisse, wie wir sie eben für Kugeln und kugelähnliche Körper kennen gelernt haben, finden statt bei in die Länge gezogenen Gegenständen, Cylindern, Fasern, Röhren, Leisten u. drgl.

Hohle, mit Luft gefüllte Röhren zeigen, analog den Luftblasen, in ihrer Mitte einen hellen Längsstreifen, der an seinen Rändern von zwei dunklen scharf begrenzten Bändern eingefaßt wird. Die Mitte dieser Bänder erscheint viel heller, als ihre Ränder (Fig. 39).

Fig. 39.

Cylinder aus einer Substanz, deren Brechungsexponent größer ist, als das sie umgebende Medium, wie z. B. Leinenfasern, Haare u. drgl. zeigen dagegen an den Rändern eine Beschattung, welche anfangs vom Rande an etwas zunimmt, dann aber sich gegen die helle Mitte zu allmählich verliert (vgl. Fig. 56 a u. 57). Platte, bandartige Fasern dagegen, wie die der Baumwolle (Fig. 56 b) zeigen diese den cylindrischen Körpern zukommende regelmäßige Anordnung der Beschattung nicht. Ihre Bandform läßt sich überdies meist daran erkennen, daß sie öfters stellenweise um ihre Achse gedreht sind und so bald die breite, bald die schmale Seite darbieten.

Halbrunde Leisten erscheinen ähnlich wie Cylinder, nur ist ihre Beschattung weniger intensiv. Sie lassen sich ebenso wie vertiefte Furchen, wenn sie hinlänglich groß sind, durch Verstellung des Focus erkennen. Erscheint bei tieferer Einstellung des Objectives ihre Mitte deutlicher als ihr Rand, so hat man es mit einer vertieften

Fig. 39. Stück einer Haarröhrchens von Glas bei durchfallendem Lichte betrachtet.

Furche, im umgekehrten Falle mit einer erhabenen Leiste zu thun. Bei sehr zarten Structurverhältnissen fällt freilich dies Hülfsmittel weg, und man muß sich, wie dies schon bei den kugelförmigen Elementen erwähnt wurde, durch zweckmäßige, in verschiedenen Richtungen den Gegenstand treffende Beleuchtung zu helfen suchen. Namentlich die schräge Beleuchtung leistet in dieser Hinsicht gute Dienste. Sie läßt z. B. die höchst zarten Querlinien auf den Schuppen von Hipparchia Janira Fig. 29 und 30 deutlich als Einkerbungen schmaler Längsleisten erkennen.

Zur richtigen Beurtheilung der unter dem Mikroskop gesehenen Gegenstände gehört noch, daß man lernt, sich vor allerlei Täuschungen zu hüten, welche durch fremde, nicht zum untersuchten Gegenstand gehörige Dinge, wie Verunreinigungen ꝛc. hervorgerufen werden können.

Wenn die Gläser des Mikroskopes mit Staub bedeckt, oder sonst irgendwie beschmutzt und verunreinigt sind, Streifen, Flecken oder Ritze haben, so erscheinen diese im Gesichtsfelde als Streifen, Flecken oder Puncte von verschiedener Form und Größe und können von einem ungeübten Beobachter leicht dem untersuchten Gegenstande zugeschrieben werden. Man erkennt sie leicht daran, daß sie auch dann im Gesichtsfelde erscheinen, wenn kein Gegenstand unter dem Mikroskope liegt, und daß sie ihre Lage im Gesichtsfelde auch dann beibehalten, wenn man den Gegenstand verrückt, sich aber mit drehen, wenn das Rohr des Mikroskopes um seine Achse gedreht wird. Um sie wegzubringen, muß man die Gläser des Mikroskopes auf die später zu beschreibende Weise reinigen. Dazu ist es nöthig zu wissen, ob sie an den Gläsern des Oculares oder an denen des Objectives sitzen. Sind sie am Ocular, so drehen sie sich mit, wenn man dieses um seine Achse dreht und verschwinden, wenn man dieses wegnimmt, und ein anderes an seine Stelle setzt.

Auch Verunreinigungen der Objectträger und Deckgläschen können solche Täuschungen veranlassen und überdies das Bild des untersuchten Gegenstandes undeutlich machen. Man muß daher

Objectträger wie Deckgläschen vor ihrer Anwendung immer sorgfältig reinigen und sich hüten, das Deckgläschen beim Auflegen mit feuchten oder fettigen Fingern zu beschmutzen.

Den Objectträgern und Deckgläschen haften aber bisweilen störende Unregelmäßigkeiten an, die sich auch durch die sorgfältigste Reinigung nicht entfernen lassen, wie Streifen, Ritze oder Bläschen, die im Glase sitzen. Manche geschliffene Objectträger zeigen gelbbraune Flecke, die von anhängendem Schmirgel herrühren.

Aber auch den Objecten selbst mischen sich allerlei Unreinigkeiten bei, die nicht zu ihnen gehören, und zu Täuschungen über ihre Beschaffenheit Veranlassung geben können. So namentlich Staub, der ja überall in der Luft herumfliegt, Fasern von Leinen= oder Baumwollenzeug, das zum Abwischen der Objectträger rc. dient u. dgl. Da sich derartige Verunreinigungen auch bei der größten Sorgfalt nicht ganz vermeiden lassen, so ist es am besten, wenn man dieselben kennen lernt, um nicht durch sie getäuscht zu werden. Man untersuche daher Staub, wie er sich auf lange nicht gebrauchten Büchern, auf Schränken, Oefen u. dgl. oder in Winkeln immer vorfindet, unter dem Mikroskop, theils trocken, theils mit Wasser benetzt. Man wird in ihm außer vielen unbestimmbaren kleinen Fragmenten Stückchen von Leinen=, Baumwollen=, Wollen=Fasern, Federn, Menschen= und Thierhaaren, Holz u. dgl. finden, und bei wiederholter Untersuchung die einzelnen Bestandtheile desselben leicht erkennen und von einander unterscheiden lernen.

Auch durch die wiederholt beschriebenen Luftblasen können Ungeübte getäuscht werden, indem sie dieselben für Theile der untersuchten Gegenstände halten. Sie treten sehr häufig auf, wenn man die untersuchten Gegenstände mit einer Flüssigkeit befeuchtet.

Eine andere Quelle von Täuschungen können die sog. Scotome oder Mouches volantes bilden. Sie erscheinen häufig im Gesichtsfelde, namentlich bei Anwendung sehr starker Vergrößerungen in Form von unbestimmt begrenzten, oft perlenschnurähnlichen, verschlungenen Fäden, die allmählich ihren Ort verändern. Sie sitzen im Auge des Beobachters, finden sich in allen, auch den gesundesten Augen und haben deshalb keine schlimme Bedeutung.

Täuschungen können ferner dadurch entstehen, daß man Gegenstände unter dem Mikroskop betrachtet, welche unmittelbar von den Sonnenstrahlen beleuchtet werden. Ihr Bild zeigt dann Regenbogenfarben und wird undeutlich, manchmal ist es ganz und gar aus verworrenen farbigen Fäden zusammengesetzt.

Bei schlechten Mikroskopen erscheinen auch bei zweckmäßiger Beleuchtung in Folge der sphärischen und chromatischen Aberration S. 16, die Ränder der Bilder nicht scharf, sondern von weißen oder gefärbten Säumen umgeben, wodurch bei sehr zarten Gegenständen Irrthümer über ihre wirkliche Beschaffenheit veranlaßt werden können.

Hier mögen auch noch einige Bemerkungen Platz finden über **Bewegungserscheinungen** unter dem Mikroskope und deren richtige Deutung. Sie kommen nicht selten bei mikroskopischen Untersuchungen vor und es handelt sich häufig darum, dieselben richtig zu deuten, und ihre Ursachen zu bestimmen.

Die im Gesichtsfelde des Mikroskopes bemerkbaren Bewegungserscheinungen sind entweder **selbständige** oder **unselbständige**, den sich bewegenden Gegenständen von außen her mitgetheilte.

Selbständige Bewegungen zeigen lebende Thiere, seltner Pflanzen oder deren Theile. Höher organisirte, mit willkürlichen Muskeln oder analogen Organen versehene Thiere können die mannigfaltigsten Bewegungen darbieten. Wer sich von ihnen Anschauungen verschaffen will, mag etwa die folgenden fast überall leicht zu beschaffenden Gegenstände untersuchen: Essigälchen oder andere kleine Nematoden, die sich fast überall in feuchter Erde, zwischen feuchtem Moose u. dgl. finden, zeigen lebhafte, schlängelnde Bewegungen. Ebenso aus ihrer Kapsel befreite Trichinen, wenn man sie vorsichtig erwärmt. Milben, Krätzmilben und andere Arten, die fast überall in faulenden Stoffen zwischen Schimmel leben, bieten nicht blos die fortschreitenden Bewegungen ihres ganzen Kör-

pers, sondern auch Bewegungen ihrer Kiefer dar. An sie reihen sich
die verschiedenen Arten der so häufigen Räderthiere. Höchst in=
teressant sind ferner die ruckweisen, dem Losschnellen einer gespannten
Spiralfeder gleichenden Bewegungen der Vorticellen (Glockenthier=
chen), die sich häufig an Wasserpflanzen finden, u. s. f.

Eine bei mikroskopischen Beobachtungen sehr häufig auftretende
Bewegungsform ist die sogenannte **Flimmerbewegung**, welche
durch kleine Haare, Fäden oder Plättchen (Cilien, Wimpern) bewirkt
wird, die in regelmäßigem Rhythmus rasch hin und her schwingen,
so daß die Bewegung im Großen, wenn viele Wimpern regelmäßig
beisammen stehen, dem Wogen eines vom Winde bewegten Korn=
feldes gleicht. Durch diese Flimmerbewegung werden in der umge=
benden Flüssigkeit Strömungen erregt, welche kleine in diesen schwim=
mende Gegenstände mit sich fortreißen, bisweilen, wie bei den Vor=
ticellen, kleine Strudel und Wirbel. Sind die mit Flimmerhaaren
versehenen Gebilde klein, so werden sie, in Flüssigkeiten schwimmend,
durch die Haare selbst fortbewegt; so viele Arten von Infusorien
(Fig. 102), die Schwärmsporen von Pilzen (Fig. 68 c) 2c.

Sehr langsame und allmähliche Bewegungserscheinungen zeigen
unter den Infusorien die sogenannten Amöben oder Wechselthier=
chen, kleine Klümpchen einer gallertartigen Masse, welche sich bald
zu einem unförmlichen Klumpen zusammenziehen, bald verschieden
gestaltete Fortsätze ähnlich den Armen eines Polypen oder den Hör=
nern einer Schnecke hervorstrecken und wieder einziehen. Aehnliche
Gestaltveränderungen zeigen die sogenannten Plasmodien der in
neuerer Zeit den Pflanzen zugezählten Myxomyceten.

Ob die den erwähnten gleichenden Gestaltveränderungen, welche
man an thierischen und pflanzlichen Zellen, wie Blutkörperchen,
Schleimkörperchen 2c. beobachtet, in manchen Fällen von einer ähn=
lichen selbständigen Bewegung abhängen, oder immer nur endos=
motischen Einflüssen, von denen sogleich die Rede sein wird, ihren
Ursprung verdanken, ist noch unentschieden.

Diesen selbständigen Bewegungen stehen verschiedene Arten

von mitgetheilten Bewegungen gegenüber. Endosmotische Bewegungen entstehen dann, wenn organische Zellen oder sonstige Gebilde mit Flüssigkeiten in Berührung kommen, welche einen anderen Concentrationsgrad besitzen, als die in ihrem Innern eingeschlossenen oder sie durchtränkenden. Indem die beiden Flüssigkeiten sich nach endosmotischen Gesetzen mit einander ins Gleichgewicht setzen, entstehen Formveränderungen, wobei die Gebilde bald sich verkleinern, einschrumpfen, bald sich vergrößern, anschwellen oder Strömungen, durch welche kleine in den Flüssigkeiten suspendirte Körperchen fortbewegt werden können.

Strömungen und damit Bewegungen kleiner auf dem Objectträger vorhandener, in einer Flüssigkeit schwimmender Gegenstände entstehen ferner sehr häufig durch Verdunstung der an den Rändern des Deckgläschens vorhandenen Flüssigkeit, die allmählich aus dem Objecte wieder ersetzt wird.

Ebenso durch Druck auf das Deckgläschen oder Temperaturunterschiede in der Flüssigkeit. Constante Strömungen der Art lassen sich leicht hervorrufen, wenn man auf die eine Seite neben das Deckgläschen einen Tropfen Wasser bringt, auf die andere ein Stückchen Löschpapier, welches die Flüssigkeit aufsaugt. Es entsteht dann ein lebhafter Strom von dem Tropfen nach dem Papier, der alle beweglichen Gegenstände mit sich fortreißt.

Molecularbewegung nennt man die hin und her schwankende, häufig wimmelnde Bewegung, welche zahlreiche neben einander befindliche kleine Körperchen (Moleküle) unter dem Mikroskop zeigen. Sie kann von allen den genannten Ursachen abhängen, wird aber am häufigsten durch schwache und unregelmäßige Strömungen veranlaßt.

2. Reinigung und Erhaltung des Mikroskopes. Fürsorge für die Augen des Beobachters.

Jedem Besitzer eines Mikroskopes muß natürlich daran gelegen sein, dasselbe in gutem Stande zu erhalten. Er wird daher Alles zu vermeiden suchen, was demselben Schaden zufügen könnte. Dies kann aber nicht blos durch grobe mechanische Beschädigungen geschehen, wie Fallenlassen, Stöße u. dgl., sondern auch auf verschiedene andere Weise. So können namentlich bei mikroskopisch-chemischen Untersuchungen, durch Anwendung scharfer Stoffe, die Metall und Glas angreifen, wie Säuren und deren Dämpfe, Schwefelwasserstoff u. dgl. Theile des Instrumentes Schaden leiden. Von den hierbei anzuwendenden Vorsichtsmaßregeln wird noch später die Rede sein.

Aber auch bei aller Vorsicht lassen sich gewisse Verunreinigungen des Mikroskopes nicht vermeiden, die beseitigt werden müssen, wenn sie nicht die Brauchbarkeit des Instrumentes beeinträchtigen sollen. Hierher gehören vor allen Verunreinigungen der Spiegel und Gläser durch Staub, Schmutz u. dgl. Staub entfernt man am besten durch einen feinen Haarpinsel. Schmutz durch sanftes Abreiben der Gläser ꝛc., mit feiner, weicher schon mehrmals gewaschener Leinwand oder Shirting. Vor jedem solchen Abwischen müssen jedoch die Gläser erst mit dem Pinsel abgestäubt werden, damit nicht harte aufsitzende Staubtheile beim Reiben die Gläser beschädigen. Sitzt Schmutz sehr fest oder sind Verunreinigungen angetrocknet, so behaucht man erst die zu reinigenden Theile, um sie feucht zu machen. Sind die Verunreinigungen fettiger Natur, so daß sie durch Wasser nicht aufgelöst werden, dann befeuchte man den Leinenlappen mit etwas Spiritus.

Von Zeit zu Zeit müssen die verschiedenen Schrauben und Gewinde mit etwas Mandelöl oder feinem Uhrmacheröl befeuchtet werden, um den guten Gang der Schrauben zu erhalten.

In gleicher Weise öle man die Hülse des Mikroskopes ein, wenn sich das Rohr in derselben schwer drehen läßt. Wird im Gegentheile nach längerem Gebrauch das Rohr in der Hülse allzubeweglich, so daß es nicht mehr feststeht, sondern herabsinkt, so drücke man die Hülse nach herausgenommenem Rohre in der Gegend ihres Spaltes etwas zusammen, um sie dadurch enger zu machen. Ebenso müssen natürlich Objectträger und Deckgläschen vor jeder Untersuchung sorgfältig gereinigt werden, weil Verunreinigungen derselben die Schärfe des Bildes trüben und die Beobachtung ungenau machen.

Hat man feuchte Präparate zwischen Objectträger und Deckgläschen eintrocknen lassen, so muß man sie erst durch längeres Einweichen in Wasser wieder aufquellen, weil sonst die angetrockneten Deckgläschen, namentlich wenn sie sehr dünn sind, beim Abnehmen leicht zerbrechen.

Bei allen Schrauben, welche zum Messen dienen, wie Focimeter u. dgl., muß man darauf sehen, daß die Schraube keinen todten Gang annimmt, d. h. sich nicht etwa leer dreht, ohne den von ihr geleiteten Meßapparat in Bewegung zu setzen, weil sonst die mit ihr ausgeführten Messungen falsch werden.

Allen denen, welche viel mit dem Mikroskope arbeiten oder die sehr empfindliche Augen haben, sind ferner gewisse Vorsichtsmaßregeln zur Schonung ihrer Augen zu empfehlen. Sie müssen vor Allem eine zu intensive Beleuchtung — Sonnenlicht oder sehr helles Lampenlicht vermeiden, und bei sehr lange fortgesetzten Beobachtungen öftere Pausen machen, um den Augen Ruhe zu gönnen. Auch ist es wünschenswerth, daß man sich gewöhnt, nicht blos das e i n e sondern abwechselnd b e i d e Augen bei mikroskopischen Beobachtungen zu gebrauchen.

3. Vorbereitung der Gegenstände für die mikroskopische Beobachtung.

Manche Gegenstände sind ohne weitere Vorbereitung zur mikroskopischen Beobachtung geeignet, indem man sie einfach auf einen Objectträger legt, und entweder unmittelbar unter das Mikroskop bringt, oder um sie durchsichtiger zu machen, nach Zusatz eines Tropfen einer Flüssigkeit, und dann, bei Flüssigkeiten oder weichen Gegenständen, die man flach ausbreiten will, nach Auflegung eines Deckgläschens.

In sehr vielen Fällen eignen sich jedoch die Objecte nicht ohne

Weiteres dazu, sie müssen vielmehr erst für eine solche vorbereitet, präparirt werden. Diese Präparation muß je nach der Natur der Gegenstände eine sehr verschiedene sein. Die zweite Abtheilung erläutert durch eine Reihe von Beispielen die meisten hierbei in Anwendung kommenden Verfahrungsweisen und Handgriffe, und wer sich mit diesen Beispielen durch Nachuntersuchung hinreichend vertraut gemacht hat, der wird meist im Stande sein, auch für andere, dort nicht beschriebene Untersuchungen nach einigem Probiren die zur Vorbereitung der Objecte geeigneten Methoden aufzufinden oder sich selbst zu schaffen. Doch sollen hier, um öftere Wiederholungen zu vermeiden, die am häufigsten vorkommenden Präparationsmethoden, Handgriffe und Werkzeuge ein für allemal Erwähnung finden.

Für sehr viele Gegenstände besteht die Vorbereitung zur mikroskopischen Untersuchung darin, daß man sie in möglichst feine Partikelchen zertheilt, welche hinreichend dünn und durchscheinend sind, um auch bei durchfallendem Lichte die Beschaffenheit und Anordnung ihrer kleinsten Theilchen erkennen zu lassen. Man erreicht dies bei weichen und dünneren Gegenständen durch Abschneiden kleiner Theilchen mit einer feinen Scheere (Stickscheere), bei härteren durch Abschaben mit dem Messer, bei verworrenen Geweben durch Auffasern und Auseinanderziehen mittelst zweier Nadeln, die man, um sie bequemer handhaben zu können, in Stiele von Holz einsetzt oder mit großen Knöpfen von Siegellack versieht.

Um bei organisirten Gegenständen nicht blos die Beschaffenheit ihrer kleinsten Theilchen zu erkennen, sondern auch die Art, wie diese miteinander verbunden sind, also ihren Bau und Organisation können verschiedene Methoden dienen. Sind die Gegenstände dünn und häutig, oder sehr weich, so daß sie sich zerquetschen lassen, so bringt man sie einfach auf den Objectträger, setzt einen Tropfen Flüssigkeit zu und bedeckt sie mit einem dicken Deckgläschen, auf welches man mit einem Korkstückchen drückt, um sie möglichst auszubreiten und durch Zusammendrücken dünner, somit durchsichtiger zu machen. Dieses Ausbreiten und Verdünnen durch Druck läßt sich noch stärker, gleichmäßiger und allmählicher dadurch bewirken, daß man den Quetscher (Compressorium S. 69) anwendet. Mit diesem lassen sich auch geschlossene Zellen, kleine Eier u. dgl. während der Beobachtung so zusammenpressen, daß sie bersten und ihren Inhalt austreten lassen, den man nun genauer beobachten kann.

Sind die Gegenstände derber, so daß sie sich nicht durch Druck in einer zu ihrer genauen Beobachtung hinreichenden Weise verdünnen lassen, oder wünscht man die durch einen Druck in ihnen hervorgerufenen Structurveränderungen zu vermeiden, so verfertigt man sich am besten recht dünne Ab- und Durchschnitte derselben. Um diese herzustellen, dient bei etwas harten Gegenständen, die sich aber noch leicht schneiden lassen, am besten ein scharfes Rasirmesser, welches ebendeshalb eines der nothwendigsten Instrumente für die Präparation mikroskopischer Objecte bildet. Den Gegenstand legt man dabei zweckmäßig auf ein Stück trockner Seife, welche die Schneide des Messers am wenigsten abstumpft. Sehr kleine Gegenstände, die sich schwer festhalten lassen, kann man zwischen zwei Stücke Kork fest einklemmen, oder in Stearin einschmelzen. Um feine Querschnitte von Fasern, wie Leinen- oder Baumwollenfasern, Haaren 2c. auf diesem Wege zu erhalten, vereinigt man mehrere derselben in ein dünnes Bündel, das man durch Einschmelzen in Stearin oder Umgeben mit Gummischleim, den man trocknen läßt, in ein festes Stäbchen verwandelt, von dem man leicht dünne Partien abschneiden kann. Auch von porösen Gegenständen, wie Waschschwamm u. dgl. kann man nach dieser Methode feine Durchschnitte erhalten. Ebenso von Fleisch und anderen Weichtheilen, wenn man sie trocknet und die dann erhaltenen feinen Abschnitte in Wasser wieder aufquellen läßt. Um solche Durchschnitte sehr fein und gleichmäßig herzustellen, hat man eigene Apparate — Mikrotome —, die jedoch meist nur zur fabrikmäßigen Herstellung von Präparaten gebraucht werden.

Um größere und möglichst gleichmäßige feine Durchschnitte von etwas weicheren thierischen oder pflanzlichen Theilen zu erhalten, ist das sogenannte **Doppelmesser** sehr geeignet. Fig. 40 zeigt eine der gebräuchlicheren Arten desselben. Es ist ein Messer mit zwei parallelen Klingen, von denen die eine feststeht, während die andere sich um einen Zapfen drehen und dadurch von der ersten entfernen läßt. Nachdem beide Klingen parallel gestellt sind, kann man sie durch einen Schieber einander mehr oder weniger, bis zur Berührung nähern. Stellt man die Klingen so, daß sie einen geringen Zwischenraum zwischen sich lassen und durchschneidet mit ihnen einen Gegenstand, so erhält man zwischen den Klingen einen feinen Durchschnitt desselben, der nach Entfernung der Klingen von einander herausgenommen werden kann. Durch größere oder geringere Entfernung der beiden Klingen läßt sich der Durchschnitt dicker oder dünner erhalten. Auch von sehr weichen Gegenständen, z. B. Gehirnmasse, lassen sich mit dem Doppelmesser feine Durchschnitte machen, wenn man sie vorher auf passende Weise gehärtet hat, z. B. durch längeres Einlegen in eine sehr verdünnte wässerige Lösung von Chromsäure.

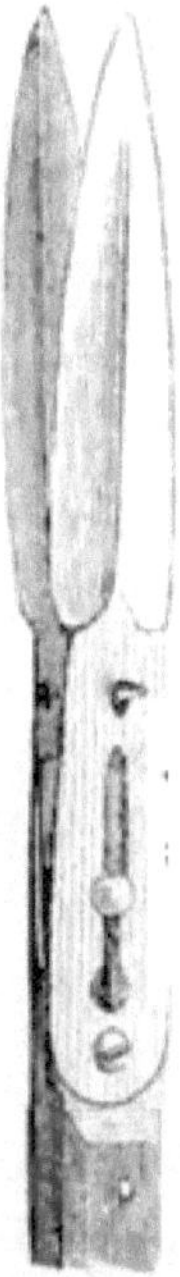

Wenn feine, mit dem Doppelmesser erhaltene Durchschnitte von thierischen oder pflanzlichen Theilen, wie es häufig der Fall ist, aus einem faserigen oder zelligen Grundgewebe bestehen, dessen Zwischenräume und Maschen von kleinen anderweitigen Elementen, wie kleinen Zellen, Stärkekörnern u. dergl. locker ausgefüllt werden, so kann man letztere entfernen und das Grundgewebe anschaulicher machen, wenn man sie **auspinselt**, d. h. auf einem Objectträger oder in einem Uhrgläschen unter Wasser mit einem zarten Pinsel so lange abreibt und auswäscht, bis die Zwischengebilde ganz oder größtentheils entfernt sind.

Will man feine Durchschnitte von härteren Gegenständen, wie Knochen, Elfenbein, Zähne, Mineralien oder Versteinerungen,

Fig. 40. Doppelmesser in halber natürlicher Größe.

Steinkernen von Früchten u. vergl. erhalten, so richtet man sich mit Säge, Meisel und Feile passende Plättchen derselben vor und schleift diese zwischen zwei feinen Schleifsteinen, wie man sie für Federmesser und andere feine Werkzeuge braucht, so lange, bis sie die gewünschte Dünne erlangt haben.

Bei vielen, aus sehr verschiedenen Theilen zusammengesetzten organischen Gebilden, namentlich thierischen, aber auch manchen pflanzlichen, handelt es sich darum, gewisse Theile derselben, die man genauer untersuchen will, von den übrigen, sie bedeckenden und umhüllenden Gebilden zu isoliren, weil erst dadurch ihre mikroskopische Untersuchung möglich wird. Dies geschieht durch eine anatomische Zergliederung, welche aber, wenn sie gelingen soll, meist eine gewisse Uebung und Vertrautheit mit dem zu untersuchenden Gegenstande voraussetzt. Man bedient sich zu solchen Zergliederungen feiner Pincetten zum Fassen, feiner Scheeren und Messer, wohl auch geschärfter Nadeln zum Schneiden und Zerreissen. Sind die zu zergliedernden Gegenstände sehr zart, so befestigt man sie zweckmäßig mit Stecknadeln auf eine Platte von schwarzem Wachse und nimmt die Zergliederung unter Wasser vor, in welchem die frei gelegten Theile flottiren und leichter erkennbar sind. Sehr kleine Gegenstände zergliedert man unter der Loupe, einem einfachen Mikroskope S. 18, oder man präparirt sie unter dem zusammengesetzten Mikroskope, mit Anwendung eines aufrichtenden Oculares S. 77). Die zweite Abtheilung enthält in den Abschnitten, welche die pflanzlichen und thierischen Gewebe vorführen, Beispiele von solchen Zergliederungen, und die dort geschilderten Präparirmethoden können dem noch Ungeübten auch für andere, ähnliche Fälle als Leitfaden dienen

Für alle diese Präparationen, so wie für Anfertigung der oben erwähnten feinen Abschnitte und Durchschnitte müssen die Instrumente, Messer ꝛc. sehr scharf sein. Man muß dieselben daher öfters durch Schleifen auf einem feinen Schleifsteine und durch Abziehen auf einem mit Schmirgel eingeriebenen Streichriemen schärfen. Der käufliche Schmirgel ist jedoch zu diesem Zwecke selten fein und gleichmäßig genug oder fordert wenigstens ein vorgängiges mühsames Schlemmen. Man bereitet sich daher statt desselben besser selbst ein sehr feinzertheiltes Eisenoxyd auf folgende Weise. Eisenvitriol wird in heißem Wasser gelöst. Die Lösung filtrirt, mit einer concentrirten Lösung von Oxalsäure in Wasser versetzt, giebt einen Niederschlag von oxalsaurem Eisenoxydul, den man auf einem Filtrum sammelt, trocknet und in einem eisernen Löffel oder Tiegel stark glüht. Man erhält dadurch ein sehr feines Schmirgelpulver, das mit etwas Oel auf den Streichriemen gerieben, den Messern eine sehr gute Schneide ertheilt.

Wiederholt wurde bereits erwähnt, daß man für Untersuchungen bei durchfallendem Lichte den Gegenständen häufig eine Flüssigkeit zusetzt, um sie durchsichtiger und somit zu einer genauen Beobachtung geeigneter zu machen. Die Wahl dieser Flüssigkeit ist jedoch nicht gleichgültig. Man hat dabei hauptsächlich zwei Puncte zu berücksichtigen:

1. üben manche Flüssigkeiten eine **chemische oder endosmotische** Wirkung aus, wodurch namentlich bei zarten Gegenständen, Veränderungen derselben hervorgerufen werden können.

Durch die chemische Wirkung können gewisse Bestandtheile aufgelöst werden und somit verschwinden. Mehr hierüber s. in dem Abschnitt über mikrochemische Untersuchung.

Eine endosmotische Wirkung entsteht dann, wenn in dem Concentrationsgrade der Flüssigkeit, welche man zusetzt, und derjenigen, welche die Theile des zu untersuchenden Gegenstandes durchtränkt, ein bedeutender Unterschied stattfindet. Es können dadurch namentlich in geschlossenen Räumen des Gegenstandes, Zellen u. s. f. bedeutende Veränderungen herbeigeführt werden. Letztere vergrößern sich, quellen auf, bisweilen bis zum Bersten, wenn die zugesetzte Flüssigkeit dünner ist; sie verkleinern sich, schrumpfen, häufig unter mancherlei Formveränderungen, wenn sie concentrirter ist (vergl. S. 116).

2. Je nach der **lichtbrechenden** Kraft der Zusatzflüssigkeit

ist ihre aufhellende Wirkung eine verschiedene. Je näher dieser Brechungscoefficient der Flüssigkeit mit dem des zu untersuchenden Gegenstandes übereinkommt, um so heller und durchsichtiger erscheint letzterer. Er verschwindet dem Auge vollständig, wenn beide Coefficienten ganz übereinstimmen. Man hat es daher in seiner Macht, durch verschiedene Zusatzflüssigkeiten den Gegenstand mehr oder weniger durchsichtig zu machen, ja bei zusammengesetzten Gegenständen einzelne Bestandtheile ganz für das Auge verschwinden zu lassen. Welche Zusatzflüssigkeiten in dieser Hinsicht am vortheilhaftesten sind, wird für die einzelnen Fälle am besten durch Versuche ermittelt. Die bereits früher (S. 108) mitgetheilte kleine Tabelle der Brechungsexponenten verschiedener Flüssigkeiten kann dabei einigermaaßen als Anhaltepunct dienen.

Die am häufigsten gebrauchten Zusatzflüssigkeiten sind:

reines Wasser — wird als das bequemste Mittel sehr häufig angewandt, hat jedoch einen geringeren Brechungsexponenten als die meisten zu untersuchenden Gegenstände und übt auf viele frische, mit Flüssigkeit durchtränkte thierische und pflanzliche Gebilde überdies chemisch und endosmotisch verändernd. Für genaue Untersuchungen solcher Theile gebraucht man daher statt desselben besser Zuckerwasser, Kochsalz- oder Chlorcalciumlösung und Eiweißlösung (Blutwasser ꝛc.) von verschiedener Concentration.

Glycerin, im reinen Zustande stark lichtbrechend und von kräftiger endosmotischer Wirkung, bildet in mehr oder weniger mit Wasser verdünntem Zustande eine sehr gute Zusatzflüssigkeit für die meisten thierischen und pflanzlichen Gebilde.

Weingeist, von etwas höherem Brechungsexponent als das Wasser, eignet sich sehr gut, um manche trockene Präparate vorübergehend durchsichtiger zu machen, da er diese schnell durchdringt und rasch wieder verdunstet. Für die meisten frischen Thier- und Pflanzengewebe eignet er sich weniger, da er das gelöste Eiweiß derselben gerinnen macht.

Auch reines Terpentinöl, das einen noch höheren Brechungsexponenten besitzt, eignet sich gut zu ähnlicher vorübergehender Aufhellung, löst jedoch fettige Theile auf, und bringt sie zum Verschwinden.

Manche sehr zarte und blasse, daher nur schwer sichtbare Gebilde lassen sich dadurch deutlicher machen, daß man sie **färbt**. Dies kann in manchen Fällen rasch dadurch geschehen, daß man als Zusatzflüssigkeit eine wässerige Lösung von Jod in Jodkalium oder Kochsalz anwendet. Sie färbt stickstoffhaltige Thier- und Pflanzengebilde rothbraun, die in frischen Pflanzengebilden so häufig vorkommenden Stärkekörner dagegen blau. Ebenso macht eine verdünnte wässerige Lösung von Chromsäure die meisten zarten thierischen Gebilde deutlicher, indem sie dieselben gelb färbt. In anderen Fällen erreicht man dies durch Stunden bis mehrere Tage langes Einlegen der Gegenstände in eine Auflösung von Carmin in wässerigem Ammoniak oder in eine Lösung von Anilinfarben in schwachem Weingeist. Dadurch werden die Gegenstände entweder gleichmäßig gefärbt, oder gewisse Theile derselben, z. B. sogenannte Kerngebilde werden intensiver gefärbt als die übrigen und treten deutlicher hervor. Dieses Verfahren Imbibition läßt sich auch in der Weise modificiren, daß man die Gegenstände nach einander in verschiedene Flüssigkeiten einlegt, deren Bestandtheile sich zu gefärbten chemischen Niederschlägen verbinden, welche namentlich Hohlräume, feine Canäle u. dergl. in den Objecten ausfüllen und dadurch deutlicher machen. So erhält man gelbe Niederschläge von chromsaurem Blei, wenn man die Objecte erst in eine wässerige Lösung von essigsaurem Blei einlegt, bis sie damit vollständig imbibirt sind, dann in solche von chromsaurem Kali — blaue von Berlinerblau, wenn man sie erst mit einer Lösung von Kaliumeisencyanür, dann mit einer solchen von Eisenchlorür behandelt — einen anfangs weißen, später durch Einfluß des Lichtes dunkeln, fast schwarzen, wenn man erst eine Lösung von salpetersaurem Silber, dann Kochsalzlösung anwendet.

Um feine, mit einander in Verbindung stehende Canäle deutlicher zu machen, spritzt man in manchen Fällen gefärbte Massen in dieselben ein. Diese Methode (Injection), welche hauptsächlich angewandt wird, um die feinen Blut- und Lymphgefäße ꝛc. in thierischen Geweben anschaulich zu machen, setzt jedoch, wenn sie gelingen soll, eine gewisse Geschicklichkeit, mancherlei Apparate und eine so complicirte Technik voraus, daß wir auf ihre Beschreibung hier verzichten müssen.

Bestehen die zu untersuchenden Gegenstände aus kleinen, in einer Flüssigkeit schwebenden Theilchen, wie z. B. bei Milch, vergl. Fig. 106 und 107, Hefe Fig. 63, Speichel, Eiter, bei der an Infusorien, Diatomeen, Algen ꝛc. reichen schlammigen Flüssigkeit eines Wassertümpels oder Grabens u. dergl., so braucht man nur einen Tropfen der Flüssigkeit auf den Objectträger zu bringen und denselben durch ein aufgelegtes Deckgläschen zu vertheilen.

Sind die zu untersuchenden, in einer Flüssigkeit schwebenden Theilchen nur sparsam vorhanden, so kann man sie meist reichlicher dadurch erhalten, daß man sie durch längeres ruhiges Stehenlassen der Flüssigkeit sich absetzen läßt und dann nach Abgießen der oberen Schichten von dem unteren Bodensatz einen Tropfen auf den Objectträger bringt. Um sehr geringe Mengen solcher in einer Flüssigkeit suspendirter Theilchen möglichst vollständig zu erhalten, bringt man die Flüssigkeit in ein Glasgefäß, das sich nach unten verengt (Champagnerglas); der Niederschlag sammelt sich dann allmählich an der tiefsten Stelle des Bodens. Will man solche kleine Theilchen rascher für die mikroskopische Untersuchung sammeln, als durch Absetzen, das meist längere Zeit erfordert, so filtrirt man die Flüssigkeit durch ein Papierfilter. Die letzte das Filter bedeckende Portion der Flüssigkeit enthält dann alle die körperlichen Theilchen vereinigt.

Kleine, schon mit bloßen Augen sichtbare Thierchen, Infusorien ꝛc. oder Flocken, die in einer Flüssigkeit schwimmen, lassen sich leicht auffischen, wenn sich die Flüssigkeit in einem durchsichtigen Glasgefäße befindet. Als zweckmäßige Fangapparate dienen auf beiden Seiten offene Glasröhren, je nach Bedarf von verschiedener

Länge und Weite (4—8 Zoll lang, 1 bis mehrere Linien weit), die weiteren am besten unten etwas verengt, oder in eine offene Spitze ausgezogen. Nachdem man die obere Oeffnung der mit Daumen und Mittelfinger gefaßten Röhre durch Aufdrücken der Spitze des Zeigefingers luftdicht verschlossen hat, führt man ihr unteres Ende in die Flüssigkeit, in die Nähe der Gegenstände, die man zu fangen wünscht. Dort angekommen öffnet man schnell das obere Ende der Röhre durch Erheben der Fingerspitze, so daß in ihr unteres Ende die umgebende Flüssigkeit mit den zu fangenden Gegenständen einströmt. Ist dies geschehen, so schließt man wieder die obere Oeffnung der Röhre mit dem Finger, hebt dieselbe aus dem Glase und läßt durch Wiederaufheben der Fingerspitze die Flüssigkeit mit den gefangenen Gegenständen auf den Objectträger ausfließen.

Um die Bewegungen kleiner Thiere, Infusorien u. dergl. in möglichst ungehindertem Zustande zu beobachten, kann man verschiedene Vorrichtungen treffen, je nach der Größe der Thierchen. Zur Beobachtung sehr kleiner Thiere, wie mancher Infusorien, Krätzmilben ꝛc., wobei man stärkere Vergrößerungen nöthig hat, legt man ein Stückchen eines feinen maschigen Gewebes (Tüll, Spitzengrund) auf den Objectträger, bringt darauf die Thiere — je nach ihrer Natur mit oder ohne Wasser — und darüber ein Deckgläschen. Die Maschen des Gewebes schützen einestheils die Thiere gegen allzustarken Druck des Deckgläschens, anderntheils bilden sie ein Gehege, welches dieselben zurückhält, so daß sie sich nicht aus dem Gesichtsfelde entfernen können. Um etwas größere Thiere, wie Blattläuse, viele bereits mit unbewaffneten Augen sichtbare Wasserthiere ꝛc. zu beobachten, wobei natürlich nur schwächere Vergrößerungen gebraucht werden können — nimmt man Objectträger, die durch einen aufgekitteten Glasring eine Art Trog bilden, welcher wenn nöthig, mit Wasser gefüllt, und durch ein aufgelegtes Deckgläschen so abgeschlossen werden kann, daß dieses auf die Thiere keinen Druck ausübt. Solche in Tröge verwandelte Objectträger kann man sich leicht selbst herstellen, wenn man einen Theil eines gewöhnlichen Objectträgers mit einem Rande von geschmolzenem Wachs oder Paraffin umgiebt, oder mit einem Rande von irgend einem Firniß, den man trocknen läßt. Dergleichen in Tröge verwandelte Objectträger haben vor kleinen Uhrgläsern, die man zu gleichem Zweck verwenden kann, den Vorzug, daß ihre untere Fläche nicht gewölbt, sondern eben ist.

Diese Methoden lassen sich auch dann mit Vortheil anwenden, wenn man wünscht, daß ein sehr zarter oder weicher Gegenstand durch das aufgelegte Deckgläschen nicht gedrückt und in seiner Form verändert werde. Den letzteren Zweck erreicht man aber noch einfacher dadurch, daß man neben den Gegenstand ein paar schmale Papierstreifchen, Leinen- oder Baumwollenfasern ꝛc. bringt, welche den Druck des Deckgläschens auf den Gegenstand je nach ihrer Dicke entweder ganz aufheben oder wenigstens vermindern.

1. Mikrochemische Untersuchungen.

Man versteht darunter eine Verbindung von chemischer mit mikroskopischer Untersuchung. Dies geschieht entweder in der Art, daß die Producte einer chemischen Untersuchung zu ihrer genaueren Erkennung und Bestimmung noch einer mikroskopischen Untersuchung unterworfen werden, namentlich dann wenn sie so klein oder so sparsam sind, daß ihre genauere Bestimmung durch rein chemische Mittel nicht möglich ist, oder wenn es sich darum handelt, in einem chemischen Producte Gemenge verschiedener Substanzen zu unterscheiden u. dergl. — oder in der Weise, daß man unter dem Mikroskope selbst chemische Operationen vornimmt, die Einwirkung verschiedener Flüssigkeiten auf einander oder die von Reagentien auf mikroskopische Gegenstände u. s. w. beobachtet. Solche mikrochemische Operationen kommen nicht blos bei wissenschaftlichen, sondern auch bei technischen mikroskopischen Untersuchungen häufig vor, daher sie auch hier Berücksichtigung finden müssen. Sie setzen freilich, wenn sie ihren Zweck vollständig erfüllen sollen, einige chemische Kenntnisse und eine gewisse Vertrautheit mit chemischen Operationen voraus und nur wer diese bereits besitzt oder sich auf anderem Wege erwirbt, wird aus der folgenden Anleitung den vollen Nutzen ziehen.

Doch habe ich versucht, durch Mittheilung von zahlreichen, leicht auszuführenden Beispielen, auch Solche, die gar keine chemischen Kenntnisse und keine Uebung in chemischen Operationen besitzen, wenigstens einigermaaßen zur Anstellung von dergleichen mikrochemischen Untersuchungen zu befähigen.

Wir betrachten hier zunächst die mikrochemische Untersuchung von Flüssigkeiten, welche Stoffe gelöst enthalten, dann die von festen Körpern, die wichtigsten dazu nöthigen Reagentien und Geräthe, einige Vorsichtsmaaßregeln zum Schutze des Mikroskopes und schließlich die Eigenschaften und Erkennungsmittel der wichtigsten hierbei in Betracht kommenden Substanzen.

Die mikrochemische Untersuchung von Flüssigkeiten, welche feste Stoffe in Lösung enthalten, kann auf verschiedene Weise vorgenommen werden:

1. Man kann die Flüssigkeit auf einem Objectträger verdunsten lassen, so daß die gelösten Stoffe allein zurückbleiben. Dies giebt zugleich ein Mittel, die Menge der in der Flüssigkeit gelösten festen Theile annähernd abzuschätzen. Dieses Verdunsten kann rasch geschehen, auf einem warmen Ofen, über der Flamme einer Spirituslampe ꝛc., oder langsamer, indem man den Objectträger an einem warmen Orte ruhig hinstellt, bis die Verdunstung erfolgt ist und dabei mit einer Glasglocke u. dergl. bedeckt, um Staub abzuhalten. Die letztere Methode verdient dann den Vorzug, wenn die Flüssigkeit krystallisirbare Bestandtheile enthält, weil sich Krystalle beim langsamen Verdunsten größer und vollständiger ausbilden als beim raschen. Die mikroskopische Untersuchung des Rückstandes, namentlich wenn er Krystalle zeigt, giebt dann häufig Aufschluß über seine Natur und chemische Zusammensetzung. Manche Krystalle lassen sich unter dem Mikroskope an ihrer Form erkennen oder durch Messung ihrer Winkel genauer bestimmen. Genaueres hierüber s. im ersten Abschnitte der zweiten Abtheilung. Um möglichst aus-

gebildete Krystalle zu erhalten, muß man die Untersuchung nicht solange aufschieben, bis die ganze Flüssigkeit verdunstet ist, weil dann die Krystallisation meist eine unregelmäßige wird, vielmehr sie vornehmen, wenn sich die ersten Krystalle am Rande der durch Verdunstung concentrirten Flüssigkeit ausgeschieden haben; diese pflegen die schönsten und ausgebildetsten zu sein. Noch größere Krystalle lassen sich erhalten, wenn man größere Mengen von Flüssigkeit auf einem trogförmigen Objectträger (S. 128, oder in einem Uhrgläschen verdunsten läßt. Bei Flüssigkeiten, die gleichzeitig verschiedene gelöste Bestandtheile enthalten, lassen sich dieselben meist im Verdunstungsrückstande durch das Mikroskop unterscheiden. Will man dieselben getrennt von einander erhalten und untersuchen, so wird dies meist gelingen, wenn man etwas größere Mengen der Flüssigkeit allmählich verdunsten läßt und die gebildeten Krystalle sogleich nach Bildung der einzelnen herausnimmt und der mikroskopischen Untersuchung unterwirft, da in der Regel die verschiedenen Substanzen ein verschiedenes Löslichkeitsverhältniß besitzen und daher nach einander krystallisiren. In diesem Falle kann man die einzelnen Krystalle neben der mikroskopischen noch einer weiteren chemischen oder mikrochemischen Untersuchung unterwerfen, sie mit Reagentien ꝛc. prüfen, wenn man sie vorher, mit etwas Wasser oder Weingeist befeuchtet, zwischen Löschpapier abtrocknet, um die anhängende Flüssigkeit zu entfernen.

In manchen Fällen ist es vortheilhaft, in die verdunstende Flüssigkeit ein Stückchen Faden zu legen. Da sich die gebildeten Krystalle vorzugsweise an diesen festsetzen, so kann man sie leichter mit demselben herausnehmen und unter das Mikroskop bringen.

Ein paar Beispiele, die Jeder leicht nachmachen kann, werden die Anwendung des Gesagten auch Solchen, welche in chemischen Untersuchungen weniger geübt sind, anschaulich machen

Man nehme sehr wenig Salmiak (Chlorammonium) und löse es in einem Theelöffel voll Wasser auf. Von der Lösung bringe man einen Tropfen auf einen Objectträger und lasse denselben auf einem warmen Ofen ꝛc. rasch verdunsten. Als Rückstand bleibt ein weißer krystallinischer Anflug, der wenn er regelmäßig krystallisirt ist, unter dem Mikroskope aus Stäbchen besteht, die, sich kreuzend, eine Art Gitter bilden, oder regelmäßig, wie die Fahne einer Feder, den beiden Seiten einer Mittelrippe angefügt sind. Schon aus dieser Krystallform wird der Geübte vermuthen, daß er mit Salmiak zu thun hat. Bringt man dazu einen Tropfen von einer verdünnten Lösung von salpetersaurem Silber in Wasser, so verschwindet der Krystallanflug und es entsteht an seiner Stelle ein feinkörniger Niederschlag, der sich nicht in zugesetzter Salpetersäure, wohl aber in kaustischem Ammoniak löst, anfangs weiß ist, durch den Einfluß des Lichtes aber sich schwärzt. Man kann aus diesem chemischen Verhalten schließen, daß man es mit einer Chlorverbindung zu thun hat.

Löst man dagegen etwas Kochsalz Chlornatrium in Wasser und läßt einen Tropfen der Lösung auf dem Objectträger verdunsten, so erhält man mikroskopische Krystalle, welche kleine Würfel bilden, seltner hohle, treppenförmige Pyramiden. Durch salpetersaures Silber erhält man auch hier die vorhin beschriebene chemische Reaction des Chlor. Aber die verschiedene Krystallisationsweise läßt Chlorammonium und Chlornatrium leicht unterscheiden, was auch für ein Gemenge der beiden Salze gilt.

2. Eine andere Art der mikrochemischen Untersuchung von Flüssigkeiten besteht darin, daß man dieselben unmittelbar unter dem Mikroskope durch Reagentien prüft und die Veränderungen beobachtet, welche dadurch hervorgebracht werden. Man bringt zu diesem Zwecke einen Tropfen der zu prüfenden Flüssigkeit auf den Objectträger und daneben einen zweiten Tropfen des zur Prüfung dienenden Reagens. Nachdem man den Objectträger unter das Mikroskop gebracht, vereinigt man mit einer Nadel besser einem dünnen Glasstäbchen die beiden Tropfen und beobachtet durch das Mikroskop, ob durch die Vermischung der beiden Flüssigkeiten Veränderungen (Niederschläge) entstehen und welche.

Ist z. B. der eine Tropfen eine Kochsalzlösung, der andere

eine solche von salpetersaurem Silber, so entsteht der oben beschriebene Niederschlag von Chlorsilber.

Mischt man Salmiaklösung und eine solche von Platinchlorid, so entsteht ein aus sehr hübschen gelben mikroskopischen Krystallen bestehender Niederschlag von Ammoniumplatinchlorid.

Etwas langsamer und darum instructiver erfolgt die Mischung und Aufeinanderwirkung der beiden Flüssigkeiten, wenn man in der Fig. 41 abgebildeten Weise verfährt. Man bringt einen Tropfen der zu prüfenden Flüssigkeit (o) auf den Objectträger, nimmt dann einige kurz abgeschnittene Stückchen eines feinen möglichst aufgefaserten Leinen- oder Baumwollenfadens (f) und legt diese so parallel

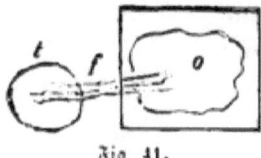

Fig. 41.

nebeneinander, daß ihr eines Ende in die Flüssigkeit eintaucht, das andere aber um etwa ½ Zoll über dieselbe hinausragt. Den Tropfen o und das in demselben tauchende Ende der Fäden bedeckt man mit einem Deckgläschen, am anderen Ende des Fadens aber bringt man einen Tropfen t, des Reagens auf den Objectträger. Durch die Capillarität der Fäden dringt dieses allmählich unter das Deckgläschen und mischt sich mit der Flüssigkeit o, während man die in der letzteren durch diese Mischung hervorgerufenen Veränderungen unter dem Mikroskop Schritt vor Schritt beobachten kann.

In Fällen, in denen durch die angewandten Reagentien Fäden von Baumwolle oder Leinen selbst Veränderungen erleiden würden, z. B. bei Anwendung von Schwefelsäure und Jod, wodurch die aus Cellulose bestehenden Fäden mit blauer Färbung aufgelöst werden, oder von Kupferoxydammoniak verwendet man besser haarfeine Fäden aus Glas, welche man sich durch Ausziehen dünner Glasröhrchen über der Spirituslampe leicht verfertigen kann.

Zur Uebung nehme man einen Tropfen Eiweißlösung und setze als Reagens Weingeist zu. Man wird dann unter dem Deckgläschen einen feinkörnig-flockigen Niederschlag von Eiweiß (Albumin) erfolgen sehen, wie er auch bei ähnlicher Behandlung frischer thierischer und junger Pflanzengewebe meist eintritt.

Ein Tropfen frischer Urin, der durch Verdunsten auf die Hälfte bis ein Viertheil concentrirt ist, giebt mit nicht rauchender Salpetersäure als Reagens tafelförmige Krystalle von salpetersaurem Harnstoff.

Auch bei der mikrochemischen Untersuchung von **festen Gegenständen** oder von solchen Flüssigkeiten, welche **körperliche Theilchen** suspendirt erhalten, kann man nach verschiedenen Methoden verfahren.

a. Man beobachtet den Gegenstand unter dem Mikroskope und merkt sich seine Beschaffenheit. Darauf unterwirft man denselben, entfernt vom Mikroskope, einer chemischen Operation und bringt ihn nach dieser wieder unter das Mikroskop, um zu sehen, welche Veränderungen er erlitten hat.

Die folgenden leicht auszuführenden Beispiele mögen zur Erläuterung und Uebung dienen, wie man hierbei zu verfahren hat.

Man verrühre etwas Mehl oder Stärke mit viel Wasser zu einer dünnen Milch, bringe einen Tropfen derselben auf den Objectträger, setze etwas wässerige Jodlösung zu, bedecke mit einem Deckgläschen und beobachte unter dem Mikroskope bei einer Vergrößerung von 200—400 Dchm. Man sieht nun die Stärkekörner, je nach ihrem Ursprunge von verschiedener Form und Größe (vrgl. Fig. 50, 104, 105) durch das Jod mehr oder weniger intensiv blau gefärbt. Von der milchigen Flüssigkeit koche man etwas so lange, bis ein dünnflüssiger Kleister entsteht, und bringe von diesem wieder einen mit etwas Jodlösung versetzten Tropfen unter das Mikroskop. Die Stärkekörner erscheinen nun verändert, aufgequollen bis zum Zerfließen, zum Theil zerplatzt und in eine immer noch blau gefärbte gallertartige Masse umgewandelt.

Man nehme etwas frisches ungekochtes, fettes Fleisch und schneide davon mit einer feinen Scheere ein kleines Stückchen, etwa von der Größe einer halben Linie ab, welches gleichzeitig rothe

Muskelfasern und weißes Fett enthält. Dieses bringe man auf den Objectträger, setze einen Tropfen Wasser zu und zerfasere es mit Hülfe von zwei Nadeln. Durch ein aufgelegtes Deckgläschen ausgebreitet und etwas zusammengedrückt untersuche man es bei einer Vergrößerung von 150—300 m. Dchm. Man sieht nun in demselben die quergestreiften Muskelfasern des rothen Fleisches (Fig. 86), die kugel-, oder eiförmigen Fettzellen (Fig. 85) und dazwischen in der Regel verworren-faseriges Bindegewebe. Ein ähnliches Stückchen Fleisch bringe man in ein sog. Reagirgläschen mit einem Theelöffel voll Aether, Terpentinöl oder Benzin, welches man durch Eintauchen in warmes Wasser (ja nicht über freiem Feuer!) bis zum leichten Kochen erwärmt. Nach 5—15 Minuten lang fortgesetztem Kochen unterwirft man das wie das erste vorbereitete Fleischstückchen der mikroskopischen Untersuchung. Muskelfasern und Bindegewebe erscheinen wie früher. Das in den Fettzellen eingeschlossene Fett ist jedoch durch das angewandte Reagens aufgelöst und ausgezogen worden, so daß die Fettzellen nun leer und zusammengefallen erscheinen. Man sieht nur die verschrumpfte farblose Haut derselben und in einzelnen einen rundlichen Zellenkern. Ihr fettiger Inhalt ist ausgezogen und in der Flüssigkeit, in welcher das Fleischstückchen gekocht wurde, gelöst worden. Bringt man einen Tropfen dieser Flüssigkeit mit Wasser versetzt unter das Mikroskop, so sieht man das durch den Wasserzusatz ausgeschiedene Fett in Form von Körnchen oder Tropfen (Fettaugen), welche das Licht stark brechen (vgl. S. 110), in der wässerigen Flüssigkeit schwimmen. Läßt man einen Tropfen der Kochflüssigkeit ohne Wasserzusatz auf dem Objectträger verdunsten, so bleibt das gelöste Fett zurück und erscheint ebenfalls in Form von Körnchen und Tropfen, wozu in manchen Fällen noch mehr oder weniger ausgebildete Krystalle kommen — Nadeln und Stäbchen (Margarin) oder Blättchen, welche einer länglichen Raute mit abgerundeten Ecken gleichen (Stearin).

Wenn man Menschenhaare unter das Mikroskop bringt, so erscheinen dieselben ähnlich wie die Fasern der Schafwolle (Fig. 87) als mehr oder weniger vollkommen runde Cylinder, die auf ihrer Oberfläche eine Art Netzwerk zeigen. Setzt man einen Tropfen Schwefelsäure zu, so erkennt man, daß dieses scheinbare Netzwerk aus kleinen Schuppen besteht, welche die Oberfläche des Haarcylinders dachziegelförmig bedecken. Indem die Schwefelsäure den Kitt, welcher sie an die Haarfaser befestigt, erst erweicht, dann auflöst, treten sie deutlicher hervor, richten sich erst auf, wie die Haare einer Bürste und fallen nach längerer Einwirkung der Säure ganz ab.

In ähnlicher Weise zerfällt durch die Einwirkung von Schwefelsäure die menschliche Oberhaut in die einzelnen mikroskopischen Blättchen oder Schüppchen, welche dieselbe zusammensetzen.

b. Man läßt die Reagentien auf den Gegenstand, dessen Veränderungen man studiren will, unter dem Mikroskope selbst während der Beobachtung einwirken und kann so die dadurch eintretenden Veränderungen Schritt vor Schritt verfolgen. Dabei bedient man sich zweckmäßig des S. 132 beschriebenen und durch Fig. 41 erläuterten Verfahrens, wobei das Reagens durch Fäden unter das Deckgläschen geleitet wird. Hierbei ist freilich meist längere Zeit erforderlich bis die Einwirkung vollendet ist, als bei der unter a geschilderten Methode, dafür läßt sich aber das allmähliche Eintreten der Veränderungen viel besser beobachten und man kann leicht denselben Gegenstand unter dem Mikroskop durch alle Phasen seiner Veränderungen verfolgen.

Die folgenden Beispiele werden von mancherlei Anwendungsweisen dieses Verfahrens, das bei mikrochemischen Untersuchungen sehr häufig gebraucht wird, eine Anschauung geben.

Läßt man menschlichen Urin längere Zeit stehen, so daß er zu faulen anfängt, so bilden sich in demselben kleine farblose Krystalle von phosphorsaurer Ammoniak-Magnesia (Tripelphosphat), deren Form im ausgebildeten Zustande unter dem Mikroskope ungefähr einem Sargdeckel gleicht. Bringt man sie in der oben erwähnten Weise unter das Mikroskop und daneben an das Ende des Fadens einen Tropfen Säure (Essigsäure, Salzsäure, Salpetersäure ꝛc.), so sieht man die Krystalle in demselben Maaße als die Säure auf sie einwirkt, allmählich ihre Form verlieren und verschwinden; sie werden durch die Säure aufgelöst. Diese Löslichkeit in Säuren in Verbindung mit ihrer eigenthümlichen Form läßt die Krystalle von phosphorsaurer Ammoniakmagnesia leicht erkennen und von anderen Krystallen unterscheiden, was darum wichtig ist, weil dieselben bei sehr vielen mikroskopischen Untersuchungen von feuchten thierischen Geweben und Flüssigkeiten vorkommen, sobald ein gewisser Grad von Zersetzung und beginnender Fäulniß eingetreten ist.

Man nehme etwas kohlensauren Kalk von einer Mauer, oder Kreide ꝛc., den man pulvert und mit Wasser zu einer Milch verrührt. Betrachtet man ihn unter dem Mikroskope während man wie im vorigen Beispiele einen Tropfen Säure einwirken läßt, so sieht man wie die Fragmente desselben ebenfalls allmählich aufgelöst werden und verschwinden, aber unter Entwicklung von Luftblasen — Kohlensäure — Fig. 38). Dasselbe, für alle kohlensauren Salze charakteristische Verhalten zeigen auch die bei Untersuchung von Pflanzen- und Thier-Geweben nicht selten vorkommenden Ablagerungen von kohlensaurem Kalke, welche dadurch unter dem Mikroskope als solche erkannt werden können.

Man bringe einen Tropfen Zuckerwasser auf den Objectträger und mische damit etwas frisches Menschenblut (eine mohnkorngroße Menge genügt), das sich durch Ritzen der Haut, Beißen in die Lippe ꝛc. leicht erhalten läßt. Nach Auflegen eines Deckgläschens erscheinen unter dem Mikroskope bei Anwendung einer Vergrößerung von 200—400 m. Dchm. (Fig. 84) die rothen Blutkörperchen als schwach gefärbte, einer auf beiden Seiten napfförmig vertieften Münze gleichende Scheiben, zwischen ihnen sparsamere kugelige, farblose, mit kleinen Körnchen besetzte Lymphkörperchen. Läßt man durch den Faden Wasser auf das Object einwirken, so werden die rothen Blutkörperchen allmählich blaß, indem ihr Farbstoff durch das Wasser aufgelöst und ausgezogen wird, ja scheinen völlig zu verschwinden. Läßt man nun einen Tropfen Jodlösung einwirken, so

kommen die meisten derselben wieder zum Vorschein, indem ihre durch
Ausziehen des Farbestoffes blaß und durchsichtig gewordenen Mem=
branen durch das Jod röthlichbraun gefärbt, und damit deutlicher
werden. Nach längerer Einwirkung von Wasser erscheint jedoch der
größte Theil der rothen Blutkörperchen durch starkes Aufquellen zer=
platzt und zerrissen, so daß durch Jod nur unregelmäßige Fetzen und
Fragmente derselben zum Vorschein kommen.

Man nehme etwas fein zertheilte Baumwolle Fig. 56 b) oder
möglichst zerschabte Leinenfaser Fig. 56 a), benetze sie auf dem
Objectträger mit etwas Jodlösung und bedecke mit einem Deckgläs=
chen. Beobachtet man das Object nach Zusatz eines Tropfens
Schwefelsäure, so werden die Fasern blau gefärbt, indem sie zugleich
allmählich ihre Form verlieren, aufquellen und in eine Art Gallerte
umgewandelt werden. Dieser Vorgang — Umwandlung von Cellu=
lose durch Einwirkung von Schwefelsäure in Amyloid, welches die
Eigenschaft hat, wie die Stärke durch das Jod blaugefärbt zu wer=
den — läßt sich bei mikroskopischen Untersuchungen von Pflanzen=
geweben sehr oft beobachten, da die Cellulose einen häufigen Bestand=
theil vieler älterer Pflanzengewebe bildet. Diese chemische Reaction
dient zugleich zur Erkennung der Cellulose. Sie fordert jedoch, wenn
sie deutlich eintreten soll, gewisse Vorsichtsmaaßregeln: die Schwe=
felsäure darf weder allzu concentrirt, noch allzu verdünnt einwirken;
am besten wirkt eine solche, die etwa mit der Hälfte Wasser verdünnt
ist. Bei Anwendung dieser wird Cellulose im trocknen Zustand vor=
ausgesetzt. Ist diese feucht oder von Wasser umgeben, dann muß
man natürlich eine stärkere Säure anwenden.

Die chemischen Reagentien, welche bei solchen mikro=
chemischen Untersuchungen am häufigsten angewandt werden, sind,
außer den bereits früher (S. 124) aufgezählten Zusatzflüssigkeiten
hauptsächlich folgende:

1. Verschiedene Säuren: sie dienen mehr und weniger alle,
um verschiedene Ablagerungen oder Krystalle zu erkennen, die nicht
in neutralen oder alkalischen, wohl aber in sauren Flüssigkeiten löslich

sind. So phosphorsauren Kalk und phosphorsaure Ammoniakmagnesia, kohlensauren Kalk (diesen unter Entwicklung von Luftblasen). Sie wandeln ferner Niederschläge von harnsauren Salzen in Krystalle von Harnsäure um. Dazu gehören:

Essigsäure, die überdies noch viele Gewebe und Zellengebilde, namentlich thierische, wie Muskel-, Bindegewebe, Schleimkörperchen ꝛc. durchsichtiger macht, und deren Kerngebilde deutlicher hervortreten läßt, daher sie bei Untersuchungen thierischer Gewebe häufig gebraucht wird.

Salpetersäure: sie fällt außerdem noch gelöstes Eiweiß als feinkörnigen Niederschlag. Concentrirt angewandt färbt sie Proteinsubstanzen gelb, fällt Harnstoff krystallinisch (nur aus sehr concentrirten Lösungen), verändert die Farbe von Gallenfarbestoffen (namentlich wenn sie salpetrige Säure enthält) und läßt diese dadurch erkennen.

Schwefelsäure — verwandelt außerdem in mehr concentrirtem Zustande Cellulose in Amyloid (vgl. S. 137), und löst die Zwischensubstanz mancher hornartigen Gebilde, wie Haare (vgl. S. 135), Oberhaut ꝛc., so daß deren feiner Bau deutlicher erscheint.

Oxalsäure, die hauptsächlich nur angewandt wird, um gelöste Kalksalze in Form von (meist sehr kleinen) octaedrischen Krystallen zu fällen (dasselbe geschieht auch durch oxalsaures Ammoniak ꝛc.). Concentrirt fällt sie Harnstoff in Krystallen (nur aus sehr gesättigten Lösungen).

2. **Kaustische Alkalien**, wie Kali- oder Natron-Lauge. Sie fällen solche Salze, welche nur in sauren, nicht in alkalischen Flüssigkeiten löslich sind, wie manche Kalksalze, lösen dagegen (bei längerer Einwirkung) geronnene Eiweißsubstanzen. Kaustisches Ammoniak fällt aus vielen thierischen Flüssigkeiten phosphorsaure Ammoniakmagnesia in krystallinischer Form.

3. verschiedene **Salzlösungen**, wie

Chlorbaryum fällt Schwefelsäure und schwefelsaure Salze

aus wässerigen Lösungen als feinkörnigen Niederschlag (schwefelsaurer Baryt).

Salpetersaures Silber — fällt namentlich Chlor und Chlorverbindungen in wässerigen Lösungen als feinkörnigen Niederschlag, der nicht in Salpetersäure, wohl aber in Ammoniak löslich ist, anfangs weiß ist, allmählich aber durch den Einfluß des Lichtes schwarz wird (Chlorsilber).

Blaues Lackmuspapier dient zur Erkennung saurer Flüssigkeiten: es wird dadurch roth gefärbt;

rothes Lackmuspapier im Gegentheil zur Erkennung von alkalischen: es wird dadurch blau.

Neutrale Flüssigkeiten, d. h. solche, die weder sauer noch alkalisch sind, verändern weder die Farbe von blauem, noch die von rothem Lackmuspapier.

Zur bequemeren Ausführung solcher mikrochemischen Untersuchungen dienen überdies noch einige **Geräthschaften und Handgriffe**.

Um die Flüssigkeiten auf den Objectträger zu bringen, benützt man am besten dünne Glasstäbchen. Sie lassen sich am leichtesten reinigen und werden überdies von scharfen Flüssigkeiten, wie Säuren, nicht angegriffen. Oder man braucht dazu dünne Glasröhrchen, welche an einer Seite in eine offene Spitze ausgezogen sind. Man läßt die Flüssigkeiten in dieselben in der S. 127 geschilderten Weise eindringen und auf den Objectträger wieder austreten. Noch bequemer sind dazu solche an einer Seite spitz zulaufende Glasröhren, an deren anderer Seite sich ein kleiner Gummiball befindet. Nachdem man den Ball etwas zusammengedrückt hat, bringt man die Spitze in die Flüssigkeit und läßt durch Nachlassen des Druckes etwas Flüssigkeit in die Röhre eintreten. Durch neues Drücken auf den Ball läßt man dann soviel von der eingedrungenen Flüssigkeit, als man braucht, auf den Objectträger ausfließen.

Auch um Gewebe ꝛc., denen man Säuren zugesetzt hat, für die mikroskopische Untersuchung auszubreiten und auseinander zu zerren, gebraucht man zweckmäßig dünne Glasröhren, welche über der Spiritusflamme in feine Spitzen ausgezogen sind, weil Metallnadeln von Säuren angegriffen werden.

Zur Ausführung der Operationen, welche als Vorbereitung der mikroskopischen Untersuchung dienen, braucht man **Uhrgläser**, zum Kochen und Erhitzen dünne, an einem Ende zugeschmolzene **Glasröhren** Reagirgläser oder kleine **Porzellanschälchen**.

Zum Filtriren dienen kleine **Glastrichter** und **Filtra** von weißem (ungeleimten) Druckpapier.

Um **Filtrationen** unter dem Mikroskope selbst auszuführen oder kleine körperliche Theile von einem Ueberschuß von Flüssigkeit zu befreien verfährt man zweckmäßig in folgender Weise: Man bringt einen leeren Objectträger unter das Mikroskop, und auf diesen einen kleineren Objectträger, oder ein großes Deckgläschen von Fensterglas, auf welches erst das Gemenge gebracht wird. Dann schneidet man ein ganz schmales Streifchen Löschpapier und legt dieses mittelst einer feinen Pincette so, daß sein eines Ende in die Flüssigkeit eintaucht, während das andere Ende so nach abwärts gebogen wird, daß es auf den unteren leeren Objectträger zu liegen kommt. Das Löschpapier saugt durch seine Capillarität die Flüssigkeit ein und diese fließt allmählich, den Gesetzen der Schwere folgend, auf den unteren Objectträger herab, während die körperlichen Theile oben zurückbleiben. Nur dürfen diese nicht allzuklein und leichtbeweglich sein, weil sie sonst von dem Strome der Flüssigkeit mit fortgerissen werden.

Ein ähnliches Verfahren kann auch gebraucht werden, um kleine mikroskopische Präparate **auszuwaschen**. Nachdem man die eben beschriebene Anordnung getroffen hat, bringt man einen oder mehrere Tropfen der zum Auswaschen bestimmten Flüssigkeit neben das Object und verbindet sie durch einen schmalen Canal oder ein kurzes Stückchen Faden Fig. 41) mit letzterem. Die Waschflüssigkeit geht in das Präparat über, wäscht es aus und wird allmählich durch das Streifchen Löschpapier dem unteren Objectträger zugeführt.

Bei solchen mikrochemischen Untersuchungen, bei welchen scharfe

Substanzen, namentlich Säuren, in Anwendung kommen, welche durch Berührung oder durch von ihnen ausgehende Dämpfe die Messingtheile, ja selbst die Objectivlinsen des Mikroskopes angreifen und beschädigen können, thut man wohl, gewisse Vorsichtsmaßregeln zum Schutze des Mikroskopes nicht zu vernachlässigen.

So ist es zweckmäßig, den Objecttisch durch eine aufgelegte Glasplatte zu schützen. Bei größeren Mikroskopen besteht aus diesem Grunde die Oberfläche des Objecttisches häufig aus einer Platte von schwarzem Glase, die von Säuren nicht angegriffen wird und sich leicht reinigen läßt, wenn sie beschmutzt wurde.

Um die Objective, deren Gläser sowohl als Messingfassung möglichst vor der Berührung mit scharfen Flüssigkeiten oder Dämpfen zu bewahren, kann man verschiedene Mittel anwenden. Als solche können dienen: 1) der Gebrauch sehr großer Deckgläschen, die freilich den Uebelstand haben, daß sie bei Anwendung starker Vergrößerungen, wobei sie sehr dünn sein müssen, bei der Reinigung leicht zerbrechen, während sie bei schwachen Vergrößerungen sehr dick, selbst von dünnem Fensterglase sein können. Sie schützen die Objective bei einiger Sorgfalt ziemlich gut gegen eine unmittelbare Beschädigung durch scharfe, auf dem Objectträger befindliche Flüssigkeiten, aber nicht gegen Dämpfe derselben, welche von den Rändern des Präparates aufsteigen.

2) Man schützt die Objective durch einen sogenannten Stiefel, d. h. eine an ihrem unteren Ende durch ein dünnes Planglas geschlossene Messingröhre, die man über das Objectiv schiebt, oder an dasselbe anschraubt und Mikroskopen, welche häufig zu mikrochemischen Untersuchungen gebraucht werden, wird zweckmäßig ein eigens dafür bestimmtes, mit einem solchen Stiefel versehenes Objectiv beigegeben. Wo letzterer fehlt, läßt er sich auch einigermaßen dadurch ersetzen, daß man ein dünnes Deckgläschen mit Klebwachs u. dgl. vorübergehend unter das Objectiv befestigt. Mit einer solchen Vorrichtung kann man auch ohne Deckglas beobachten, ja das mit Stiefel oder angeklebten Deckgläschen versehene Objectiv selbst

in die zu untersuchende Flüssigkeit eintauchen, was in manchen Fällen Vortheile gewährt.

3. Man kann dem ganzen Mikroskope eine solche Einrichtung geben, daß sich die Objectivlinsen nicht über, sondern **unter dem Objecttisch**, der Beleuchtungsspiegel dagegen **über** demselben befinden (vgl. S. 80). Hierbei wird nicht blos jede Verunreinigung der Objective durch Flüssigkeiten oder deren Dämpfe verhindert, sondern auch eine viel größere Freiheit und Bequemlichkeit für chemische Operationen aller Art gewonnen. Nur sind bei dieser Einrichtung für stärkere Vergrößerungen mit geringer Focaldistanz sehr dünne Objectträger erforderlich, weil der Gegenstand durch dieselben hindurch beobachtet werden muß.

Schließlich betrachten wir noch die **Eigenschaften** und **Erkennungsmittel** einiger Substanzen, welche im Pflanzen- und Thierreiche sehr verbreitet, bei mikrochemischen Untersuchungen häufig vorkommen. Die folgenden Bemerkungen sollen auch Solche, die mit chemischen Untersuchungen nicht vertraut und in der organischen Chemie wenig bewandert sind, befähigen, die Gegenwart jener Substanzen mit einem gewissen Grade von Wahrscheinlichkeit zu erkennen. Zum sicheren Nachweis derselben und zur Unterscheidung ihrer verschiedenen Modificationen sind jedoch viel gründlichere chemische Kenntnisse nöthig, die hier mitzutheilen der beschränkte Raum nicht erlaubt.

1. **Proteinsubstanzen** (eiweißartige Stoffe). Man versteht darunter stickstoffhaltige Substanzen, die eine nahezu ähnliche chemische Zusammensetzung zeigen, jedoch in sehr viele Unterarten zerfallen und in organischen Gebilden sehr verbreitet sind, indem sie in den meisten thierischen und sehr vielen, namentlich den jüngeren pflanzlichen Gebilden vorkommen — in den ersteren als Eiweiß, Faserstoff, Käsestoff, in den letzteren als Pflanzen-Albumin, Fibrin, Legumin, Kleber ec.

Sie kommen in doppelter Form vor, in flüssiger und fester.

Flüssig — in Wasser gelöst, finden sie sich häufig in den

Flüssigkeiten, welche thierische und pflanzliche Gewebe durchtränken. In diesem Zustande lassen sie sich daran erkennen, daß sie durch verschiedene Reagentien in Gestalt von feinkörnig-klumpigen Flocken gefällt und dadurch in die feste Form übergeführt werden. So durch die meisten Mineralsäuren, — viele Metallsalze, wie essigsaures Blei, salpetersaures Silber, schwefelsaures Kupfer, Quecksilber-chlorid ꝛc. — durch starken Weingeist. In diesem gefällten Zustande zeigen sie alle die unten angeführten Reactionen der festen Form.

Als Beispiele zur Uebung können dienen: flüssiges Hühner-eiweiß und Blutwasser, welche gelöstes Eiweiß enthalten. Milch oder Buttermilch, die reich ist an gelöstem Käsestoff; der Saft frischer Pflanzenstengel, welcher gelöstes Pflanzenalbumin enthält.

Feste Proteinsubstanzen werden hauptsächlich durch folgende Reactionen erkannt:

Durch starke Salpetersäure werden sie gelb gefärbt, indem sich Xanthoproteinsäure bildet. Durch nachherigen Zusatz von Kali oder Ammoniak, wodurch xanthoproteinsaure Alkalien entstehen, wird diese gelbe Färbung noch dunkler und deutlicher.

Concentrirte Salzsäure färbt dieselben dunkel-violett. Diese Färbung tritt jedoch meist erst allmählich, nach stundenlanger Einwirkung, deutlich hervor und erfordert bisweilen die Anwendung von Wärme.

Eine Lösung von salpetersaurem Quecksilber färbt dieselben roth. Auch diese Reaction wird durch Anwendung von Wärme befördert.

Eine wässerige Jodlösung färbt die meisten Proteinsubstanzen gelblich, bisweilen selbst rothbraun.

Wo man vermuthet, daß neben festen Proteinsubstanzen auch solche im gelösten Zustande vorhanden sind, ist es zweckmäßig, zur Entfernung der letzteren, das Präparat vor Anstellung der Reaction sorgfältig mit Wasser auszuwaschen, weil gelöstes Protein eine ähnliche Reaction zeigt und daher zu Täuschungen Veranlassung geben könnte.

Feste Proteïnsubstanzen lösen sich ferner in Aetzkali und die meisten derselben werden durch Essigsäure blaß und durchsichtig.

2. **Stärke** (Amylum) — eine Substanz, welche in thierischen Geweben nur höchst selten, um so häufiger dagegen in pflanzlichen vorkommt und zwar meist in Form von verschieden gestalteten, aus mehr oder weniger Schichten zusammengesetzten Körnern (vgl. Fig. 50, 104, 105). Sie besitzt die Eigenschaft durch eine wässerige Jodlösung eine sehr intensive blaue Färbung anzunehmen und läßt sich dadurch sehr leicht erkennen. Diese Reaction wird jedoch verhindert, wenn die Flüssigkeit alkalisch ist, was man daran erkennt, daß dieselbe rothes Lackmuspapier blau färbt. Sollte dieses der Fall sein, so setze man etwas Essigsäure zu, worauf die Jodamylumreaction deutlich erscheint.

3. **Cellulose** — ebenfalls ein Hauptbestandtheil vieler Pflanzengewebe. Sie hat die Eigenschaft durch Schwefelsäure in Amyloïd umgewandelt zu werden, welches mit Jod eine ähnliche blaue Verbindung bildet, wie Amylum. Diese Umwandlung von Cellulose in Amyloïd tritt jedoch nur dann sicher ein, wenn die Schwefelsäure einen gewissen Concentrationsgrad besitzt, so daß 2 Theilen concentrirter Säure etwa 1 Theil Wasser beigemischt ist. Man verfährt am besten so, daß man dem auf Cellulose zu prüfenden Objecte erst etwas wässerige Jodlösung zusetzt und dann allmählich concentrirte Schwefelsäure einwirken läßt (vgl. S. 137).

4. **Fettsubstanzen** bilden einen häufigen Bestandtheil thierischer wie pflanzlicher Gebilde und kommen in denselben bald in flüssiger Form vor — als größere oder kleinere Fetttropfen, bald in fester — als Körnchen, seltner als Krystalle. Man erkennt sie an verschiedenen Eigenschaften: durch ihre eigenthümliche lichtbrechende Kraft, wodurch sich namentlich die Fetttropfen von Luftbläschen unterscheiden (vgl. S. 109 ff.) — dadurch, daß sie vermöge ihres geringen specifischen Gewichtes in wässerigen Flüssigkeiten immer oben schwimmen; endlich durch ihre Löslichkeit in Aether oder Benzin, durch deren Einwirkung sie verschwinden, da-

gegen nach Verdunstung des Lösungsmittels wieder in Form von Fetttropfen oder Körnchen, seltner in der von Krystallen zum Vorschein kommen (vgl. S. 134).

5. Anfertigung haltbarer mikroskopischer Präparate und deren Aufbewahrung.

Die meisten der durch die geschilderten Methoden hergestellten mikroskopischen Präparate sind sehr vergänglich und eignen sich daher nur zu einer augenblicklichen Beobachtung, indem sie sich durch Eintrocknen, Zersetzung u. dgl. bald verändern und ihr charakteristisches Aussehen verlieren, ja ganz unkenntlich werden. Will man dieselben länger aufbewahren, so ist dazu meist eine besondere Zubereitung nöthig.

Solche auf eine längere Dauer berechnete mikroskopische Präparate kann man in mehr oder weniger großer Auswahl an vielen Orten käuflich erhalten (vgl. den Schluß der dritten Abtheilung). Doch sind sie nicht billig, so daß die Anschaffung einer größeren Sammlung derselben eine ziemliche Summe erfordert, während man sich dieselben, wenn auch mit einiger Mühe, mit viel geringeren Kosten selbst herstellen kann. Ueberdies hat man oft den Wunsch, ein selbst präparirtes mikroskopisches Object länger aufbewahren zu können, weil dasselbe sich nicht jeden Augenblick wieder erhalten läßt oder als Beweisstück für eine Beobachtung dienen soll u. dgl.

Diesem Bedürfnisse soll die folgende Anleitung abhelfen, die den Leser hoffentlich in den Stand setzen wird, nach einiger Uebung von den meisten mikroskopischen Gegenständen dauerhafte Präparate zu bereiten, welche bei sorgfältiger Behandlung sich jahrelang unverändert erhalten.

Das zur Herstellung solcher Präparate einzuschlagende Verfahren ist einigermaßen verschieden, je nachdem dieselben trocken, in einem flüssigen Medium oder in einem Medium, das anfangs flüssig, später fest wird — aufbewahrt werden sollen.

Am leichtesten lassen sich mikroskopische Präparate von Gegenständen herstellen, die trocken aufbewahrt werden können. Hieher gehören: Krystalle von nicht hygroskopischen Substanzen, — feine Schliffe von Mineralien, Knochen, Zähnen, Korallen ꝛc. — feine Durchschnitte von Hölzern — Haare und viele Pflanzenfasern, — Schmetterlingsschuppen u. s. f. Viele derselben, wie die meisten Genannten lassen sich ohne weitere Vorbereitung lange in unverändertem Zustande aufbewahren. Andere, welche Flüssigkeiten enthalten, die verderben können und daher vor dem Aufbewahren entfernt werden müssen, wie kleine Insecten, Flöhe, Milben, die Klauen von Spinnen, Fliegen u. dgl., zieht man erst mit Wasser, dann mit Weingeist aus und trocknet sie schließlich. Manche kleine körperliche Theile, welche in Flüssigkeiten suspendirt sind, wie Blutkörperchen, Spermatozoiden und ähnliche lassen sich dadurch freilich selten ganz unverändert, aufbewahren, daß man eine dünne Schichte der sie enthaltenden Flüssigkeit auf einem Objectträger auftrocknen läßt. In ähnlicher Weise lassen sich Krystallisationen von manchen Salzen erhalten.

Sollen dergleichen Präparate eine lange Dauer haben, so muß man sie vor mechanischen Verletzungen so wie vor Verunreinigung durch Schmutz und Staub schützen. Dies kann auf verschiedene Weise geschehen.

Eine in früherer Zeit häufig, jetzt seltner angewandte Aufbewahrungsweise solcher mikroskopischen Präparate ist die in Holzstreifen, welche etwa die Länge eines Fingers und ebenso dessen Breite haben. In diese Holzstreifen sind runde an der einen Seite mit einem Falze versehene Oeffnungen eingeschnitten. Auf diesen Falz wird ein passendes rundes Glasplättchen gelegt, auf dieses der Gegenstand gebracht und mit einem zweiten Glasplättchen bedeckt, welches durch einen federnden offenen Ring von Messingdraht festgehalten wird. Diese Aufbewahrungsweise schützt die Präparate besser gegen Verletzung, aber weniger gegen Verunreinigung durch Staub, Schmutz ꝛc., als die folgenden, sie gewährt ferner den Vortheil, daß man dieselben leichter herausnehmen, reinigen oder anderweitig verwenden kann, und daß sie gestattet, mehrere Objecte neben einander auf **einem** Objectträger unterzubringen.

Gewöhnlich bringt man jedoch jedes Object auf einen besonderen Objectträger von Glas, bedeckt es mit einem Deckgläschen und befestigt dieses in einer Weise, wodurch zugleich Staub und andere Verunreinigungen abgehalten werden — entweder durch einen bunten Papierstreifen, aus dessen Mitte man mit einem Locheisen eine runde Oeffnung ausgeschlagen hat, welche das Object frei läßt, und den man mit Kleister, Mundleim, Gummilösung u. dgl. sowohl an die Ränder des Deckgläschens, als an den Objectträger festklebt Fig. 42. Das Klebemittel darf nicht zu reichlich und in nicht zu flüssigem Zustande auf das Papier aufgetragen werden, weil es sonst leicht unter das Deckgläschen eindringt und das Präparat verdirbt, — oder indem man in der später zu beschreibenden Weise die Ränder des Deckgläschens mit Wachs oder Firniß umgiebt, und dadurch zugleich auf dem Objectträger befestigt.

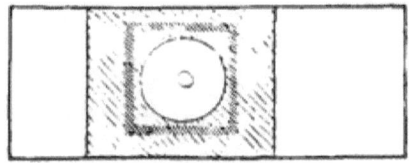

Fig. 42.

Manche trockne mikroskopische Objecte lassen sich dadurch sehr gut aufbewahren, daß man sie mit einem Medium umgiebt, welches, anfangs flüssig, später fest wird und sie dann vollständig gegen äußere Einwirkungen schützt. Man verwendet dazu meist Canadabalsam, ein farbloses Harz von sehr dickflüssiger Consistenz, das durch Erwärmen dünnflüssiger wird und mit der Zeit erhärtet. Derselbe muß vollkommen rein und durchsichtig sein und sorgfältig gegen Staub und sonstige Verunreinigungen geschützt werden. Man bewahrt ihn am besten in einem Porzellanbüchschen, wie sie in den Apotheken zu Salben 2c. verwandt werden. Beim Gebrauche er-

Fig. 42. Trocknes mikroskopisches Präparat mit Papierverschluß. O Object, in der Mitte des hellen Kreises, der durch das ausgeschlagene Loch im Papierstreifen gebildet wird. Das Schraffirte zeigt den vom aufgeklebten Papierstreifen bedeckten Theil des Objectträgers, der kleinere dunklere Rahmen innerhalb desselben die Ränder des Deckgläschens.

wärmt man den Balsam, bringt mit einer Nadel ꝛc. einen Tropfen davon auf den Objectträger, dann das vorher wohl getrocknete Object in denselben. Man läßt dasselbe an einem warmen Ort, an einem Ofen u. dgl. so lange stehen, bis es vollständig vom Balsam durchdrungen und alle Luftblasen aus demselben verschwunden sind — die oft sehr hartnäckigen letzten Spuren derselben entferne man mit einer Nadelspitze — legt dann ein sorgfältig gereinigtes Deckgläschen, das man an einer Ecke mit einer Pincette faßt, vorsichtig auf, so daß keine Luftblasen mit eingeschlossen werden und drückt dasselbe mit einem Korkstückchen fest an. Einen etwaigen Ueberschuß des Balsam, der über die Ränder des Deckgläschens hervorgedrungen ist, kann man nach dem Hartwerden mit einem Messerchen abkratzen; etwaige Verunreinigungen der Oberfläche des Deckgläschens lassen sich nachträglich mit etwas Terpentinöl erweichen und wegwischen.

Der Canadabalsam schützt nicht blos die Präparate, er macht dieselben wegen seines großen Brechungsvermögens (vgl. S. 108) auch sehr durchsichtig, was für viele Gegenstände ein Vortheil ist, auf andere freilich nicht günstig wirkt. Diese Aufbewahrungsweise eignet sich für die Kieselpanzer vieler Diatomeen, für feine Durchschnitte von Knochen, Zähnen, Horn ꝛc. für hornige Theile von Thieren, Spinnen, Bienen, Fliegen — für ganze kleine Injecten u. dgl., manche Krystalle. Man kann statt des Canadabalsames auch einen farblosen Trockenfirniß anwenden, namentlich bei Theilen, die keine starke Erwärmung vertragen. Doch werden die damit hergestellten Präparate meist weniger schön, da sich aus solchen Firnissen beim Trocknen leicht krystallinische Theile ausscheiden.

Auch Farrants Flüssigkeit eine Mischung von dickem Gummischleim, Glycerin und arseniger Säure, läßt sich zur Herstellung solcher Präparate verwenden. Dieselbe anfangs dickflüssig, wird später, wenigstens an den Rändern des Präparates, hart. Bei ihrem Gebrauche ist Vorsicht nöthig, da sie stark giftig wirkt.

Schwieriger ist die Herstellung dauerhafter Präparate bei solchen Objecten, die in einem Medium aufbewahrt werden sollen, welches flüssig bleibt. Sie erfordert neben einer gewissen Geschicklichkeit, die durch Uebung erworben werden muß, viele Sorgfalt und Geduld. Da hierbei das Gelingen oder Mißlingen oft von scheinbar unbedeutenden Kleinigkeiten abhängt, auch nicht alle Präparate auf dieselbe Weise hergestellt werden können, erscheint es nothwendig, bei der folgenden Schilderung etwas ausführlicher zu sein.

Wir betrachten zunächst die Flüssigkeit, in welche das Präparat eingeschlossen werden soll, dann die Arten des Verschlusses der Präparate, ihre Vollendung, die Art und Weise, wie man die fertig gemachten am besten schützt und die zweckmäßigste Art ihrer Aufbewahrung.

Bei der Wahl der Flüssigkeit kommen hauptsächlich zwei Puncte in Betracht: 1) ihre größere oder geringere Neigung zu verdunsten und 2) ihre Eigenschaft, das Präparat möglichst wenig zu verändern und es zu conserviren.

Je größer die Neigung einer Flüssigkeit ist zu verdunsten, um so schwieriger lassen sich mit ihr haltbare Präparate herstellen. Auch der beste Verschluß bekommt mit der Zeit leicht kleine Risse und Spalten, durch welche die verdunstende Flüssigkeit einen Ausweg findet, so daß ihr flüssiger Theil allmählich verschwindet und durch Luft ersetzt wird, wodurch das Präparat meist verdirbt. Daher lassen sich Wasser, Weingeist, Terpentinöl, Aether und andere Flüssigkeiten, die bei gewöhnlicher Temperatur verdunsten, nicht wohl oder nur unter ganz besondern Vorsichtsmaßregeln zur Herstellung haltbarer Präparate verwenden, und man muß statt ihrer solche Flüssigkeiten wählen, welche keine Neigung zur Verdunstung besitzen. Als solche dienen am besten fette Oele, Chlorcalciumlösung, namentlich aber Glycerin, für sich oder in Verbindung mit anderen Substanzen.

Von fetten Oelen habe ich eine Mischung von Ricinusöl und Copaivbalsam in verschiedenen Verhältnissen, jedoch meist mit einem großen Ueberschuß des ersteren als Aufbewahrungsmittel für viele Präparate sehr passend gefunden. Sie conservirt viele Objecte sehr gut, hat jedoch eine stark lichtbrechende Kraft und macht daher die Präparate sehr durchsichtig, was für manche Fälle ein großer Vortheil, für andere freilich ein Nachtheil ist.

Eine wässerige Lösung von **Chlorcalcium** wurde früher häufiger gebraucht, ist aber durch das Glycerin jetzt ziemlich überflüssig geworden.

Die am häufigsten gebrauchte und für die meisten Fälle ausreichende Aufbewahrungsflüssigkeit bildet **Glycerin**. Dasselbe hat in concentrirtem Zustande gar keine Neigung zu verdunsten und conservirt die meisten Objecte sehr gut. Es hat jedoch die Eigenschaft mit großer Begierde Wasser anzuziehen und wirkt daher auf manche sehr zarte, mit viel Wasser getränkte Gegenstände durch Endosmose in der Weise ein, daß sie zusammenschrumpfen und ihre Form verändern (vergl. S. 123). Wo dies nicht zu fürchten ist, kann man dem Objecte sogleich concentrirtes Glycerin zusetzen und dann unmittelbar zum Verschlusse des Präparates schreiten. Bei sehr zarten Gegenständen jedoch, bei welchen reines Glycerin durch Endosmose eine Veränderung hervorbringen würde, muß man ein etwas umständlicheres Verfahren anwenden. Man bereitet sich ein verdünntes Glycerin (1 Theil mit 2 Theilen destillirten Wassers) oder eine Mischung von gleichen Theilen Glycerin, Wasser und Weingeist. Von dieser Flüssigkeit setzt man dem Objecte etwas zu, und läßt es, wohl geschützt gegen Staub, längere Zeit, je nach der herrschenden Temperatur und Luftfeuchtigkeit mehrere Stunden bis einen Tag stehen. Während dieser Zeit verdunstet ein Theil der Flüssigkeit. Man setzt nun einen neuen Tropfen der Mischung zu und wiederholt dieses so lange, bis keine sichtbare Abnahme der Flüssigkeit durch Verdunstung mehr stattfindet. Dann erst, nach 2 bis 4 Tagen, schreitet man zum Verschlusse des Präparates. Bei diesem Verfahren wird die das Object umgebende Flüssigkeit durch Verdunstung nur sehr **allmählich** concentrirter und die endosmotische Einwirkung derselben auf die Gegenstände ist eine so unmerkliche, daß auch sehr zarte Gegenstände dadurch meist nur wenig oder gar nicht in ihrer Form verändert werden.

Bei mikroskopischen Objecten, welche durch Glycerin auch bei diesem Verfahren in ihrer Form verändert werden — es sind dies nach meinen Erfahrungen nur wenige — kann man mit einer oder der andern von den folgenden Conservationsflüssigkeiten einen Versuch machen.

Eine Mischung von Glycerin, Gummischleim und etwas arseniger Säure;

Kochsalz 2 Theile, Alaun 1 Theil, in mehr oder weniger Wasser gelöst, mit Zusatz von einer sehr kleinen Menge Quecksilberchlorid;

Kochsalzlösung, Glycerin und etwas Weingeist.

Ist der Gegenstand auf dem Objectträger mit der zu seiner Aufbewahrung passenden Flüssigkeit versehen, so schreitet man zum Verschlusse des Präparates. Auch dieser kann auf verschiedene Weise geschehen, und kann entweder ein **vorläufiger**, nur kurz dauernder sein, der sich aber rasch, ja augenblicklich fertig machen läßt — oder ein **definitiver**, bleibender, der aber zu seiner Herstellung meist längere Zeit erfordert.

Als vorläufiger Verschluß eignet sich namentlich der **Wachsverschluß**. Er läßt sich so rasch herstellen, daß das damit versehene Präparat wenige Minuten nach seiner Vollendung gebraucht werden kann, gewährt die Annehmlichkeit, daß er sich leicht wieder lösen läßt, so daß das Object später anderweitig gebraucht werden kann, und läßt sich überdies durch Ueberziehen mit Lack noch nachträglich in einen bleibenden verwandeln.

Bei seiner Herstellung verfährt man in folgender Weise. Zuerst wird auf das mit der conservirenden Flüssigkeit bedeckte Object ein Deckgläschen vorsichtig aufgelegt. Dies geschieht am besten so, daß man dasselbe mit einer selbstschließenden Pincette an einem Rande faßt, dann unter einem spitzen Winkel geneigt so auf den Objectträger aufsetzt, daß der dem gefaßten entgegengesetzte Rand zuerst an der geeigneten Stelle die Unterlage berührt. Darauf neigt man das Gläschen mehr und mehr, wobei zunächst seine Mitte mit der Flüssigkeit in Berührung kommt, bis es allmählich, die Flüssigkeit vor sich hertreibend, horizontal auf dem Objecte liegt. Man muß dabei darauf achten, daß sich keine Luftblasen zwischen Deckgläschen und Objectträger in der Flüssigkeit bilden, und sollte dies trotz aller angewandten Sorgfalt der Fall sein, dieselben entfernen durch leichtes Drücken auf das Deckgläschen, Heben und Senken seiner Ränder u. dergl. War die Menge der angewandten Flüssigkeit so groß, daß etwas davon nach aufgelegtem Deckgläschen an den Rändern desselben hervortritt und dieses oder unbedeckte Stellen des Objectträgers benetzt, so muß man diese überflüssige Flüssigkeit sorgfältig entfernen, weil Wachs an feuchtem Glase nicht haftet. Man erreicht dies durch Aufsaugen der überflüssigen Flüssigkeit mittelst Löschpapier und sanftes Abreiben des Glases mit einem zusammengedrehten Röllchen des Papieres. Schließlich kann man die feucht gewesenen Stellen der Gläser, an welchen der Wachsverschluß festsitzen soll, noch mit der Spitze eines Haarpinsels überfahren, die man schwach mit Terpentinöl befeuchtet hat: dadurch wird bewirkt,

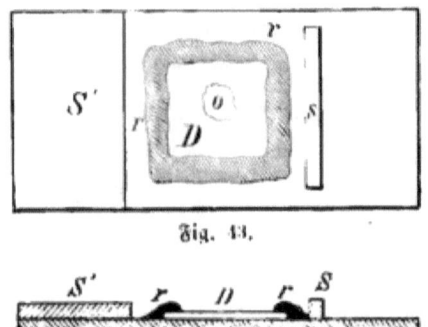

Fig. 43.

Fig. 44.

daß sich das geschmolzene Wachs besser mit dem Glase verbindet. Zur Herstellung des Wachsverschlusses selbst braucht man Stückchen eines sehr dünnen Wachsstockes, etwa von der Dicke einer Rabenfeder. Das Ende eines solchen wird an der Flamme einer Kerze erwärmt, bis das Wachs vollkommen flüssig ist,

Fig. 43. Fertiges Präparat mit Wachs- oder Firnißverschluß und Schutzleisten verschiedener Art von oben, Fig. 44 dasselbe von der Seite gesehen. Die Buchstaben bedeuten in beiden Figuren dasselbe. o Object, D Deckgläschen, rr Rand von Wachs oder Firniß. s schmale Schutzleiste, die in der Nähe des Objectes aufgekittet, den äußeren Theil des Objectträgers zum Aufkleben einer Etiquette frei läßt. s' breite Schutzleiste, auf welche man eine Etiquette aufkleben kann.

so daß der Docht desselben einen mit Wachs getränkten Pinsel bildet. Mit dem erwärmten Ende bestreicht man, wie mit einem Pinsel die Ränder des Deckgläschens und die denselben benachbarten Stellen des Objectträgers, bis beide durch eine Schicht von geschmolzenem Wachs verbunden sind, welche das Object mit seiner Flüssigkeit vollkommen abschließt (vergl. Fig. 43 und 44 r). Natürlich muß man das Erwärmen des Wachskerzchens an der Lichtflamme öfter wiederholen, auch den Docht desselben, wenn er durch Abschmelzen des Wachses zu lang vorsteht, von Zeit zu Zeit mit einer Scheere abschneiden.

Wer viele solche Wachsverschlüsse herzustellen hat, kann ein anderes Verfahren anwenden, wobei das lästige öftere Abschneiden des Dochtes wegfällt. Eine etwa $1/2$ Zoll weite Röhre von dünnem Glase, am besten ein Reagircylinder, wird am einen Ende in eine dünne mit einer feinen Oeffnung versehene Spitze ausgezogen. Durch die weite Oeffnung der Röhre bringt man etwas Wachs in ihr dünnes Ende und erhitzt letzteres über einer Spiritusflamme bis das Wachs flüssig geworden ist. Indem man das obere Ende der Röhre wie eine Schreibfeder faßt, führt man das untere leise über die Ränder des Deckgläschens, wobei das flüssige Wachs ausfließt und den gewünschten Rand bildet. Mit einiger Uebung lernt man es bald nach einer oder der anderen Methode einen zweckentsprechenden Wachsverschluß herzustellen.

Zur Anfertigung dauerhafterer Präparate wendet man als Verschlußmittel Lacke oder Firnisse an. Sie trocknen jedoch nur langsam, weshalb zur Herstellung solcher Präparate längere Zeit erforderlich ist, um so mehr als es räthlich ist, wenn sie gut werden sollen, nachdem die erste Lackschicht getrocknet ist, noch eine zweite, ja eine dritte und vierte darüber anzubringen. Als solchen Lack zum Verschluß der Präparate wendet man gewöhnlich den fast überall käuflichen schwarzen Asphaltlack (Eisenlack) an. Doch leisten nach meinen Erfahrungen auch manche andere Lacke und Firnisse, wie Bernsteinlack, Kopallack ꝛc. dieselben Dienste.

Hat man in der oben beschriebenen Weise ein Präparat mit provisorischem Wachsverschluß hergestellt, so braucht man nur nachträglich die Ränder dieses Verschlusses mit Lack zu überziehen, um das Präparat in ein haltbares zu verwandeln. Ist der erste Lacküberzug getrocknet, so überziehe man denselben mit einem zweiten, selbst dritten und vierten. Je öfter und sorgfältiger dies geschieht, um so besser und haltbarer wird das Präparat. Als letzten Ueberzug bringt man zweckmäßig eine Oelfarbe an, die nach dem Trocknen geschmeidiger bleibt und weniger leicht springt als die meisten Lacke. Die zum Auftragen des Lackes gebrauchten Pinsel reinigt man nach dem Gebrauche am besten mit Terpentinöl oder Benzin, oder stellt sie, wenn man sie bald wieder gebrauchen will, in ein mit Terpentinöl gefülltes Gläschen. Läßt man ohne diese Vorsichtsmaaßregel den Lack zwischen ihren Haaren festtrocknen, so werden sie bald unbrauchbar.

Noch haltbarere Präparate erhält man, wenn man dieselben ohne vorherige Anwendung von Wachs sogleich mit Lack verschließt, ihre Anfertigung erfordert jedoch etwas mehr Sorgfalt. Man kann dabei das Deckgläschen auflegen, wie es beim Wachsverschluß beschrieben wurde und kann die Ränder desselben mittelst eines Pinsels mit Lack bestreichen, in der Fig. 13 und 14 r r dargestellten Weise. Ist der Lackrand so weit getrocknet, daß er nicht mehr klebt, so überzieht man ihn mit einer zweiten Lackschicht u. s. f. Es ist zweckmäßig, nur so viel Zusatzflüssigkeit anzuwenden, daß nach Auflegen des Deckgläschens der äußerste Rand desselben nicht von ihr berührt wird, einmal weil es immer mühsam ist, einen ausgetretenen Ueberschuß der Flüssigkeit in der eben geschilderten Weise so vollständig zu entfernen, daß der Lack an den befeuchtet gewesenen Stellen des Glases gut haftet, und dann weil der Verschluß fester wird, wenn etwas von dem Lacke unter die Ränder des Deckgläschens eindringt. Auf der anderen Seite muß man vermeiden, daß nicht zu viel von dem Lacke unter das Deckgläschen tritt, die Zusatzflüssigkeit verdrängt und dadurch das Präparat verdirbt. Dies wird am besten dadurch vermieden, daß man, wenigstens zum ersten Verschluß, einen Lack anwendet, der durch längeres Aufbewahren oder durch anhaltendes Erwärmen oder Einkochen sehr dickflüssig geworden ist. Man muß diesen jedoch bei seiner Anwendung erwärmen, wodurch er wieder dünnflüssiger wird, aber beim Erkalten rasch erstarrt.

Man kann dieses Verfahren auch so abändern, daß man das, am besten an einer Ecke, mit einer selbstschließenden Pincette gefaßte Deckgläschen noch vor dem Auflegen an den Rändern mit Lack bestreicht, mit Ausnahme der gefaßten Ecke nur dann sorgfältig auflegt. Ein etwaiger Ueberschuß von Flüssigkeit tritt an der nicht bestrichenen Ecke von selbst oder auf leichten Druck mittelst eines Kortstückchens aus und die übrigen Theile des Deckgläschens und Objectträgers werden nicht verunreinigt. Indem man wartet, bis der Lackrand einigermaaßen fest geworden, kann man die freigebliebene Ecke viel leichter reinigen und nachträglich zulacken.

Die beschriebenen Methoden eignen sich nur für sehr kleine oder dünne Objecte. Bei etwas dickeren kann man das folgende Verfahren einschlagen. Man schneide sich vier schmale, etwa 1 Mm. breite Papierstreifchen, von denen jedes etwas kürzer ist, als einer der Ränder des anzuwendenden Deckgläschens. Letzteres lege man unter den Objectträger in der Stellung, welche es erhalten soll, so daß es durch denselben hindurch sichtbar ist. Die vier Papierstreifchen, auf beiden Seiten mit Firniß bestrichen, legt man so auf den Objectträger, daß sie den Rändern des durchscheinenden Deckgläschen entsprechen, während an zwei gegenüberstehenden Ecken des durch sie gebildeten Rahmens eine kleine Oeffnung bleibt. In die Mitte dieses Rahmens bringt man das Object mit der Zusatzflüssigkeit und legt das Deckgläschen vorsichtig so auf, daß seine Ränder auf die Papierstreifchen zu liegen kommen. Durch die beiden offengebliebenen Ecken kann man einen etwaigen Ueberschuß der Zusatzflüssigkeit, so wie vorhandene Luftblasen austreten, oder auch, wenn mehr Zusatzflüssigkeit nöthig sein sollte, diese eintreten lassen. Ist das

Präparat in der gewünschten Weise hergestellt, so verschließt man dasselbe vollends durch Auftragen weiterer Lackschichten.

Zur Aufbewahrung von mikroskopischen Gegenständen, deren Dicke die des Papieres überschreitet, stellt man sich auf dem Objectträger kleine Tröge her (S. 39. 128), indem man durch Firniß, den man trocknen läßt, oder durch schmale Glasstreifen, die man mit Firniß aufkittet, einen Rahmen herstellt, in welchen man das Object mit der Flüssigkeit bringt und schließlich die Ränder des Deckgläschens auf den Rahmen aufkittet.

Für manche Objecte, die nur bei schwachen Vergrößerungen betrachtet werden sollen, wählt man zweckmäßig statt der dünnen Deckgläschen dickere aus dem dünnsten Fensterglase, weil diese billiger und weniger zerbrechlich sind. Um diese dauerhaft auf dem Objectträger zu befestigen, wählt man zum ersten Verschluß statt des Wachses zweckmäßig eine Mischung von Wachs und Harz (Canadabalsam), die man erwärmt, mit einem heißen Draht oder Nagel aufträgt und hinterher mit einem heißen Eisenstäbchen glättet, dann aber auf gewöhnliche Weise mit Lack und Oelfarbe überzieht.

Hat man die Präparate so weit fertig gemacht, so ist es für ihre Erhaltung vortheilhaft, sie noch mit sog. Schutzleisten von Glas zu versehen, die man mit Firniß auf den Objectträger aufkittet, wie es Fig. 43 und 44 anschaulich macht. Man wählt dazu entweder schmalere Glasstreifen (s) die man nahe den beiden Seitenrändern des Präparates festkittet, so daß außerhalb derselben noch Raum für Etiquetten bleibt, oder breitere (s'), welche die beiden vom Präparate freigelassenen Enden des Objectträgers vollständig bedecken und zur Aufnahme der Etiquetten dienen können.

• Schließlich werden auf dem Präparate noch eine oder mehrere Etiquetten von weißem oder buntem Papiere angebracht, die man mit Kleister, Gummi, Mundleim ꝛc. festklebt, und auf welche man die nöthigen Notizen schreibt.

Soll das Präparat mit Indicator versehen werden (Fig. 28 S. 63), so klebt man noch an die Ränder desselben einige Papierstreichen, auf welche die zum leichteren Wiederauffinden bestimmter Objecte dienenden Zeichen angebracht werden.

Es dürfte nicht überflüssig sein, über das Format der zur Herstellung der Präparate dienenden Objectträger einige Worte zu sagen. Im Allgemeinen ist es natürlich ziemlich gleichgültig, welche Form und Größe die Objectträger haben, wenn sie nur gestatten, alle Theile des auf ihnen befindlichen Objectes unter das Objectiv zu bringen, daher sie für Mikroskope mit schmalem Objecttisch eine gewisse Breite nicht überschreiten dürfen. Auch wird Jemand, der sehr viele mikroskopische Präparate von sehr verschiedenen Gegenständen anfertigt, kaum vermeiden können, dazu verschiedene Formate zu wählen, da manche Gegenstände, wie feine mit dem Doppelmesser verfertigte Durchschnitte ganzer Organe, der Leber, Nieren ꝛc. ein Format fordern, welches das der gewöhnlich gebrauchten Objectträger weit überschreitet, während andere Präparate von kleineren Gegenständen viel zweckmäßiger in kleinerem Formate hergestellt werden. Für größere Sammlungen ist es jedoch der bequemeren Aufbewahrung wegen wünschenswerth, wenn alle Präparate, oder wenigstens der größte Theil derselben ein gleiches Format besitzen. Man wählt daher zweckmäßig ein Format, welches einem der gebräuchlichen entspricht, weil dann Präparate, die man durch Tausch oder Kauf von Anderen erwirbt, besser zu denen der eigenen Sammlung passen, oder umgekehrt Präparate, die man selbst verfertigt hat, anderen Sammlern willkommner sind.

Die am meisten gebräuchlichen Formate sind:

Das sog. Gießner Format, mit Objectträgern von 48 Mm. Länge und 28 Mm. Breite und

Das sog. Englische Format, wo die Objectträger eine Länge von 72 Mm. und eine Breite von 24 Mm. besitzen.

Schließlich noch einiges über gute Erhaltung und zweckmäßige Aufbewahrung mikroskopischer Präparate.

Um dieselben möglichst lange unversehrt zu erhalten, muß man sie nicht blos vor mechanischen Verletzungen, Zerbrechen ꝛc., sondern auch vor Staub und Schmutz möglichst schützen. Da dies bei aller Sorgfalt nicht vollkommen möglich ist, so muß ersterer von Zeit zu Zeit mit einem weichen, trocknen Pinsel entfernt werden. Schmutz entferne man nach vorausgegangenem Abstäuben durch Reiben mit einem feuchten Pinsel, nöthigenfalls mit Anwendung von etwas Weingeist und nachheriges sorgfältiges Abtrocknen mit feinem weichen Leinen- oder Baumwollenzeug.

Besondere Sorgfalt erfordert die Erhaltung feuchter Präparate. Dieselben müssen bisweilen, wenigstens einmal jährlich, an ihren Rändern auf's Neue mit Lack überstrichen werden, da mit der Zeit auch der beste Lack feine Risse bekommt, durch welche die Flüssigkeit austreten und dadurch das Präparat verderben könnte. Sie dürfen ferner nicht auf die schmale Kante gestellt, sondern müssen horizontal liegend aufbewahrt werden — etwa in flachen Pappkästen, die man durch Einschließen in einer Commode oder einem Schranke möglichst vor Staub schützt.

Für größere Sammlungen kann ich folgende Aufbewahrungsweise empfehlen, die Billigkeit und Zweckmäßigkeit mit Eleganz vereinigt. Eine Tafel dünner Pappe, deren Format und Größe sich nach dem Format und der Zahl der aufzunehmenden Präparate richtet (Fig. 45) wird auf der einen Fläche mit weißem Papier überzogen. Auf diese wird eine Längsleiste von dickerer Pappe (l, l) so festgeleimt, daß die Tafel in zwei Hälften zerfällt, deren Breite der Länge der aufzunehmenden Präparate entspricht. Eine Anzahl Querleisten von dicker Pappe (q, q, q, q) werden so aufgeleimt, daß sie reichlich so weit von einander entfernt sind, als die Breite der Präparate beträgt, und mit der mittleren Längsleiste rechte Winkel bilden. Dadurch entstehen Abtheilungen, welche durch die Leisten auf je 3 Seiten geschlossen, an der vierten jedoch offen sind, und von denen jede ein Präparat aufzunehmen bestimmt ist. Damit die Präparate in diesen Abtheilungen ganz fest liegen, leimt man auf die Querstreifen q noch etwas breitere Streifchen einer ganz dünnen biegsamen Pappe x, x, x, Fig. 46) so daß dieselben auf beiden

Seiten etwas über die Leisten q vorstehen und eine Art Falz bilden, in den man die Präparate von außen her einschiebt und welcher dieselben fest hält. Dadurch, daß man die oberen Flächen der Leisten l und x mit buntem Papier überzieht, erhält das Ganze ein hübsches Aussehen. Um das Herausfallen der Präparate auch an den offenen Seiten unmöglich zu machen, klebt man unten an die Papptafel auf beiden offenen Seiten noch einen breiten Papierstreifen (Fig. 45 P), der nach oben umgeklappt, so daß er die Präparate bedeckt, dieselben zugleich vor Staub schützt und überdies dienen kann, ausführlichere Beschreibungen ihres Inhaltes, zu denen die Etiquetten keinen Raum bieten, aufzunehmen. Solche flache Pappetuis lassen sich ohne Beschädigung

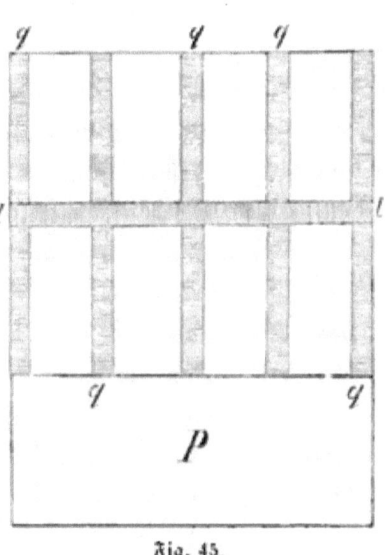

Fig. 45.

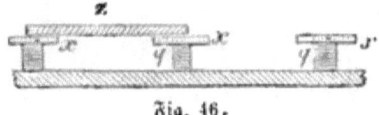

Fig. 46.

der Präparate auf einander schichten, und so viele, selbst mehrere Tausend Präparate in der flachen Schieblade einer Commode ꝛc. bequem aufbewahren. Ihr Format hängt natürlich vom Belieben ab. Doch rathe ich, dasselbe nicht zu groß zu wählen. Ich finde

Fig. 45. Pappetuis zur Aufbewahrung, so wie zum Transport mikroskopischer Präparate, von oben gesehen, mehrfach verkleinert. l l Längsleiste, welche die Papptafel in 2 gleiche Hälften trennt. q q q q Querleisten, die mit der Längsleiste rechte Winkel bilden. P Papierstreifen, der mit seinem breiten Rande an der Unterseite der Papptafel so angeklebt wird, daß er umgeklappt und über die Präparate herübergeschlagen bis zur Längsleiste reicht.

Fig. 46. Dasselbe von der Seite gesehen, in fast natürlicher Größe. q q q Querleisten, x x x Streifchen dünner Pappe, welche auf diese aufgeklebt sind, so daß sie an den Rändern etwas vorstehen und dadurch die Präparate von oben festhalten. z Papptäfelchen, welches man beim Transport der Präparate zu noch besserem Schutze derselben über sie decken kann.

solche am bequemsten, die auf jeder Seite der Längsleiste 10, also im Ganzen jedes 20 Präparate aufnehmen können.

In etwas kleinerem Formate, so daß sie nur 3—4 Objectträger in einfacher Reihe aufnehmen, eignen sie sich auch sehr, um Präparate zu verschicken oder in der Tasche bei sich zu tragen, indem man so viele dieser Etuis in einem passenden Pappkästchen, wie sie in den Apotheken zur Dispensation von Pulvern vorräthig sind, aufeinander schichtet, daß sie das Kästchen fest ausfüllen. Man kann in diesem Falle die einzelnen Präparate dadurch noch besser schützen, daß man auf die Schutzleisten derselben ein passendes Stückchen dünner Pappe auflegt (Fig. 16 z'), welches die Deckgläschen gegen jeden äußeren Druck vollkommen verwahrt. Diese Transportweise mikroskopischer Präparate ist viel besser als eine andere, gegenwärtig häufig angewandte, bei welcher man Kästchen von Holz oder Pappe gebraucht, welche auf zwei gegenüberstehenden Seiten Holzleisten mit Falzen tragen, in die die Ränder der Präparate eingeschoben und dadurch festgehalten werden. Die Präparate sitzen hierbei nie ganz fest, daher sie beim Schütteln der Kästchen immer klappern, und stehen auf der schmalen Kante, was bei Objecten, die in Flüssigkeiten aufbewahrt werden immer mißlich ist. Auch lassen sie sich aus den Falzen viel schwerer herausnehmen und da man ihre Etiquetten nicht sehen kann, macht es viel mehr Mühe ein gesuchtes Präparat aus einer größeren Anzahl herauszufinden.

Zweite Abtheilung.

Einige häufig vorkommende Aufgaben der mikroskopischen Untersuchung, durch eine Reihe von Beispielen erläutert.

Bei allen praktischen Dingen ist zwar, wenn die höchsten möglichen Leistungen erreicht werden sollen, eine gewisse t h e o r e t i s c h e Kenntniß der zur Verwendung kommenden Werkzeuge und Verfahrungsweisen unerläßlich, aber diese allein reicht nicht aus. Es muß zu ihr noch eine p r a k t i s c h e Geschicklichkeit hinzukommen, die nur durch Uebung erworben werden kann. So verhält es sich auch bei mikroskopischen Untersuchungen. Daher folgt der in der ersten Abtheilung gegebenen Beschreibung der Mikroskope und ihrer Hülfsapparate, und der mehr allgemein gehaltenen Anweisung zu ihrem Gebrauche in dieser zweiten Abtheilung eine mehr praktische Anleitung zur mikroskopischen Untersuchung sehr verschiedener Gegenstände, durch eine Reihe von Beispielen erläutert, deren Nachuntersuchung dem Anfänger zur Uebung dienen mag. Es sind dabei vorzugsweise solche Gegenstände ausgewählt, die sich Jedermann leicht verschaffen kann, oder solche, die für gewisse Berufskreise eine praktische Wichtigkeit haben, und daher für sie besonders häufig den Gegenstand mikroskopischer Untersuchungen bilden. Wenn auch der sparsam zugemessene Raum in der Auswahl dieser Beispiele gewisse Grenzen steckt, so dürften doch die hier mitgetheilten genügen, selbst einen Anfänger zu befähigen, nachdem er sich durch deren Nachuntersuchung geübt hat, auch die meisten anderen hier nicht erwähnten mikroskopischen Untersuchungen selbständig auf befriedigende Weise auszuführen. Zugleich hofft Verfasser, daß das Mitgetheilte einen oder den andern Liebhaber anregen werde, etwas tiefer in das Gebiet der mikroskopischen Naturbetrachtung einzudringen, welches so viele Belehrung und so hohen Genuß zu gewähren vermag, und hat aus diesem Grunde an verschiedenen Stellen die Titel von Schriften mitgetheilt, aus denen über gewisse Gegenstände weitere Belehrung geschöpft werden kann.

1. Die mikroskopische Untersuchung der kleinsten Theile nichtorganisirter Naturkörper.

Wenn auch die organisirten Naturkörper durch die Schönheit und Mannigfaltigkeit ihrer Formen den mikroskopischen Beobachter vorzugsweise interessiren, so giebt es doch auch unter den nicht organisirten manche, deren Untersuchung unter dem Mikroskope nicht blos in wissenschaftlicher Hinsicht, sondern auch für manche praktische Zwecke in Betracht kommt. Wir wollen deshalb auch die am häufigsten vorkommenden Untersuchungen der Art besprechen und durch Beispiele erläutern.

Es handelt sich hierbei hauptsächlich um Erkennung theils von Form- oder Größenverhältnissen, theils von Mischungen verschiedener Substanzen.

So gewährt das Mikroskop eine durch nichts anderes zu ersetzende Hülfe, wenn es sich darum handelt, die Form von Krystallen zu bestimmen, welche so klein sind, daß das unbewaffnete Auge dazu nicht ausreicht, und wird dadurch dem Mineralogen, dem Chemiker ꝛc. in vielen Fällen sehr wichtig, ganz unentbehrlich aber, wenn eine Untersuchung sehr kleiner Mengen gefordert wird, die zu einer Prüfung auf anderen Wegen nicht ausreichen, wie z. B. bei Vergiftungen durch kleine Dosen organischer Alkaloide, die krystallisirende Verbindungen bilden u. dergl. Hierbei reicht bald eine einfache mikroskopische Untersuchung aus, bald muß diese, um sichere Resultate zu geben, mit einer mikrochemischen verbunden werden. Wegen letzterer verweisen wir auf den betreffenden Abschnitt (S. 128 ff.) und wollen nur die erstere hier etwas genauer ins Auge fassen.

Manche Krystalle oder Krystallisationen lassen sich, wenigstens für den Geübten, schon aus ihrem Habitus mit ziemlicher Sicherheit erkennen und von anderen unterscheiden; höchstens sind noch ein paar einfache chemische Reactionen nöthig, um vollständige Gewißheit zu geben. Als Beispiele mögen einige bereits früher betrachtete Substanzen dienen: Salmiak (S. 130), Kochsalz (S. 131), phosphorsaure Ammoniakmagnesia (S. 135). Wer daher viele solche Untersuchungen zu machen hat, thut gut, wenn er sich mit den mikroskopischen Krystallformen der dabei am häufigsten vorkommenden Substanzen vertraut macht — entweder dadurch, daß er sich dieselben in der früher S. 129 geschilderten Weise selbst darstellt, — oder indem er die seltner vorkommenden und schwerer rein darzustellenden aus guten Abbildungen kennen lernt. Zu letzterem Zwecke ist namentlich der „Atlas der physiologischen Chemie von O. Funke, Leipzig, W. Engelmann", zu empfehlen.

Bei anderen ist es jedoch nöthig, wenn man sicher gehen will, sie genau krystallographisch zu bestimmen, und dazu muß man ihre Winkel messen. Freilich lassen sich solche Winkelmessungen mikroskopischer Krystalle nur von denen vollständig verwerthen, die wenigstens mit den Grundlehren der „Krystallographie" hinreichend vertraut sind, und rathen wir daher Jedem, der tiefer in diesen Gegenstand eindringen will, sich, etwa durch Studium eines der zahlreichen Lehrbücher dieser Wissenschaft die nöthigen Kenntnisse zu erwerben. Aber bisweilen genügt auch schon die Messung eines oder einiger charakteristischer Winkel, um ohne weitere krystallographische Vorkenntnisse eine Substanz an ihrer Krystallform zu erkennen. Wir wollen deshalb hier erläutern, wie man bei Winkelmessungen mikroskopischer Krystalle zu verfahren hat, um so mehr, da auch sonst geübte Krystallographen bei der Ausführung von solchen Messungen unter dem Mikroskope ohne specielle Anleitung auf Schwierigkeiten stoßen dürften.

Die Krystallwinkel, welche man unter dem Mikroskope zu messen hat, sind theils **Flächenwinkel**, d. h. solche, unter welchen gerade Linien zusammenstoßen, welche eine und dieselbe Krystallfläche begrenzen, theils **Neigungswinkel** von verschiedenen **Flächen oder Kanten** gegeneinander. Für die eine und andere Art dieser Winkel muß meist ein verschiedener Weg der Messung eingeschlagen werden.

Wenn man **Flächen**winkel genau messen will, muß sich die betreffende Fläche in einer Ebene befinden, welche mit derjenigen des Meßapparates genau parallel ist und mit der Achse des Mikroskoprohres einen rechten Winkel bildet, weil bei einer anderen Stellung, in welcher die Krystallflächen gegen die erstere mehr oder weniger geneigt sind, der zu messende Winkel in Folge der Perspective nicht in seiner richtigen Größe, sondern verkürzt, verschoben ꝛc. erscheint und daher seine Messung nicht ganz genau ausfällt. In der Regel wird dies dadurch erreicht, daß die zu messende Fläche mit der Oberfläche des Objectträgers parallel steht vorausgesetzt, daß diese selbst dem Objecttisch parallel, und letzterer rechtwinklig auf der Achse des Mikroskoprohres steht, also nicht etwa durch eine feine Einstellung (wie bei x Fig. 17) seitlich gehoben und dadurch schräg geneigt ist. Daher eignen sich diejenigen Krystalle am besten zu solchen Messungen, welche sehr dünne Blättchen oder Tafeln bilden; sie nehmen meist von selbst die zum Messen geeignete Lage auf dem Objectträger ein. Daß eine Krystallfläche diese Lage hat erkennt man leicht daran, wenn alle Theile derselben auch bei Anwendung starker Vergrößerungen gleich deutlich erscheinen, ohne daß man die feine Einstellung zu ändern braucht, wie dies bei Prüfung der Ebenheit des Gesichtsfeldes (S. 92) angegeben wurde. Ist dies nicht der Fall, muß man vielmehr die feine Einstellung verändern, um alle Theile der Krystallfläche gleich deutlich zu sehen, so muß die Lage der Krystallfläche vor der Messung geändert und in die richtige Stellung gebracht werden. Man erreicht dies bei kleineren Krystallen durch Anwendung des um seine Horizontalachse drehbaren Objecttisches (S. 65); bei etwas größeren, die sich isoliren lassen, durch den Pincettennadelapparat (S. 68), indem man den Krystall mit etwas schwarzem Klebwachs Asphaltlack ꝛc. so auf ein kleines Stückchen Pappe oder Holz befestigt, daß die zu messende Fläche ungefähr nach oben kommt, dann die Pappe in die Pincette einklemmt und der Krystallfläche unter dem Mikroskope durch Drehen des Apparates die nöthige Stellung giebt. Die letztere, manchmal schwierige Operation wird dadurch meist sehr erleichtert, daß man ein aufrichtendes Ocular (S. 77) zu Hülfe nimmt. Auch das Compressorium von Wasserlein kann zu diesem Zwecke gebraucht werden. Wenn man den inneren Metallring desselben, welcher die Compression ausübt, so um seine Achse dreht, daß seine untere Fläche nach oben kommt, und darauf ein kleines Stückchen Pappe ꝛc., welches den Krystall trägt, mit Klebwachs befestigt, so kann man diesem jede beliebige Neigung geben.

Sind diese Vorbedingungen erfüllt, so kann man zur Messung schreiten. Sie wird bei tafelförmigen Krystallen bei **durchfallendem** Lichte vorgenommen (Fig. 19, S. 28), bei anderen, namentlich wenn sie größer sind, bei **auffallendem** (Fig. 20, S. 28). In letzterem Falle kann man zur Verstärkung der Beleuchtung nöthigenfalls eine Beleuchtungslinse anwenden (vergl. S. 33). Die Messung selbst kann auf verschiedene Weise vorgenommen werden:

1. **mit dem Goniometer** (S. 60). Wendet man dabei den gewöhnlichen Goniometer an, so stellt man den zu messenden Winkel so ein, am besten mit Hülfe eines horizontal fein verschiebbaren Objecttisches, daß sich seine Spitze genau an dem Puncte befindet, in welchem sich die beiden Ocularfäden, welche ein Kreuz bilden, schneiden. (Beim Doppelbildmikrometer hat man dies nicht nöthig.) Dann dreht man das Ocular so, daß der **eine** der Fäden den einen Schenkel des zu messenden Winkels deckt und notirt den Stand der

Scala. Dreht man dann das Ocular so, daß derselbe Ocularfaden den anderen Schenkel des Winkels deckt und beobachtet nun wieder den Stand der Scala, so ergiebt die Differenz der beiden Beobachtungen unmittelbar die gesuchte Größe des Winkels. Hat man sich durch Prüfung des Goniometers überzeugt, daß die beiden sich kreuzenden Ocularfäden einen vollkommenen rechten Winkel bilden, so kann man den Versuch auch so abändern, daß man bei der zweiten Einstellung den zweiten Schenkel des Winkels nicht mit dem erstgebrauchten Faden, sondern mit dem rechtwinklig daraufstehenden deckt: man erhält aber dann nicht den gesuchten Winkel, sondern die Ergänzung desselben zu 90°, muß also, wenn er ein stumpfer, die gefundene Größe zu 90° hinzurechnen, wenn er ein spitzer, von 90° abziehen, um die wirkliche Größe zu erhalten. Ich bemerke dies ausdrücklich, damit man nicht Irrthümer begeht, indem man zur Deckung statt desselben Fadens, erst den einen, dann den anderen verwendet. Um dergleichen zu vermeiden, müssen sich die beiden Fäden des Kreuzes leicht von einander unterscheiden z. B. dadurch, daß der eine einfach, der andere doppelt ist.

Beim Doppelbildgoniometer sieht man zwei Bilder des Krystalles, die in verschiedenen Stellungen des Instrumentes in verschiedener Weise übereinander liegen. Will man damit messen, so stellt man erst so ein, daß sich in den beiden Bildern der eine Schenkel des Winkels deckt, notirt den Stand der Scala, und dreht dann so, daß sich in den Bildern der andere Schenkel deckt. Die Differenz in der Scala giebt die gesuchte Größe des Winkels.

2. Durch Hülfe eines der früher beschriebenen Apparate zum **Nachzeichnen** (S. 46), zur Noth auch ohne Apparat, durch **Doppeltsehen** (S. 44). Man zeichnet das Bild des Winkels auf Papier und mißt dann denselben mit einem Transporteur. Indem man starke Vergrößerungen anwendet, oder das Zeichenpapier sehr weit vom Ocular entfernt, kann man auch von sehr kleinen Krystallen sehr große Bilder erhalten. Doch erfordern solche Winkelmessungen, wenn sie genau werden sollen, Uebung und Sorgfalt.

3. unter Anwendung des Ocularmikrometers, indem man mit demselben die Länge der zwei Schenkel des Winkels mißt und noch die einer dritten Linie, welche deren Endpuncte verbindet, und mit ihnen ein Dreieck einschließt. Aus der Länge der Seiten dieses Dreieckes lassen sich nach bekannten trigonometrischen Formeln die Winkel berechnen. Die Betrachtung der Fig. 17 A wird dies deutlich machen. Gesetzt man habe die Länge der Schenkel a b, und a c, und ebenso die der Linie b c gemessen, welche die Enden beider zu dem Dreieck a b c verbindet, so findet man daraus die Größe des Winkels a nach folgenden Formeln.

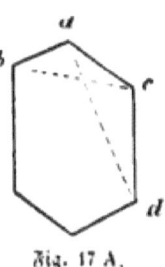

Fig. 17 A.

Setzt man $\frac{ab + ac + bc}{2} = s$, so ist

$$\sin. \tfrac{1}{2} a = \sqrt{\frac{s - ac \cdot s - ab}{ac \cdot ab}} \text{ oder } \cos. \tfrac{1}{2} a = \sqrt{\frac{s \cdot s - bc}{ac \cdot ab}}$$

Nach denselben Formeln läßt sich die Größe des Winkels a c d berechnen, wenn man die Länge der Linien a c, c d und a d gemessen hat und so jeder andere Winkel unserer Krystallfläche. Die Ausführung der Rechnung hat für Jeden, der auch nur die gewöhnlichsten trigonometrischen Grundbegriffe besitzt und mit Logarithmentafeln umzugehen versteht, keine Schwierigkeit.

Mag man nun die eine oder andere dieser Methoden, die Winkel von Krystallflächen zu messen einschlagen, so ist es immer räthlich, ehe man zur Bestimmung noch unbekannter Krystalle schreitet, sich erst an bekannten zu üben, und dadurch zugleich zu ermitteln, welchen Grad von Genauigkeit die angestellten Messungen beanspruchen können.

Als solche Uebungsbeispiele mögen folgende dienen:

Man verschaffe sich Cholesterin (aus menschlichen Gallensteinen) und löse etwas davon durch Kochen in Weingeist. Nach dem Erkalten der Lösung und durch allmähliches Verdunsten derselben bilden sich Krystalle, welche dünne, glänzende Blättchen bilden. Sie erscheinen unter dem Mikroskope als rhombische Tafeln, deren spitze Winkel 79° 30′, die stumpfen 100° 30′ betragen. Setzt man ihnen Schwefelsäure zu, so entstehen sehr schöne Farbenreactionen. Die Tafeln werden von den Rändern aus rothbraun, purpurroth, violett, wobei sie bei Anwendung starker Säure allmählich zerfließen. Noch schöner werden die Farben, wenn man neben der Schwefelsäure noch Jod zusetzt. Es treten dann auch karminrothe, gelbliche, saftgrüne und blaue Farbennuancen auf.

Die unter dem Namen Frauen- oder Marienglas bekannten durchsichtigen Gypskrystalle lassen sich leicht in dünne Plättchen spalten, welche der krystallographischen Fläche (∞ P ∞) parallel sind. Bringt man diese unter das Mikroskop, so sieht man sie fast immer von regelmäßigen Streifen durchzogen, die sich unter bestimmten Winkel kreuzen. Entsprechen diese Streifen der Begrenzung derjenigen Hälfte des klinodiagonalen Hauptschnittes, welcher durch die Flächen ∞ P′ und $+$ P′ geschlossen wird, so betragen ihre Winkel 65° 36′ und 114° 24′ — entsprechen sie der anderen, von den Flächen ∞ P′ und $-$ P′ begrenzten Hälfte dieses Durchschnittes so messen die Winkel, unter denen sich die Streifen kreuzen 52° 57′ und 127° 3′.

Zur Uebung in der Bestimmung der Flächenwinkel **kleinerer** vollständiger mikroskopischer Krystalle eignet sich ebenfalls der Gyps und zwar diejenigen Krystalle desselben, welche man erhält, wenn man einige Tropfen einer gesättigten und um fremde körperliche Theile auszuschließen, filtrirten, wässerigen Gypslösung auf dem Objectträger langsam verdunsten läßt, wobei man gut thut, diejenigen Krystalle zu untersuchen, welche sich gebildet haben, ehe noch die Flüssigkeit vollständig verdunstet ist. Man erhält hierbei meist verschiedene Krystallformen, von denen jedoch die zur Messung geeigneten, tafelförmig ausgebildeten sich meist auf den klinodiagonalen Hauptschnitt zurückführen lassen, der die Fläche (∞ P ∞) begrenzt. Diesen zeigt vollständig ausgebildet die Fig. 47 A. In derselben entspricht die Linie a b der Fläche $+$ P′, a c der Fläche $-$ P′, c d der Fläche ∞P. — Der Winkel bei a mißt 118° 33′, der bei c 127° 3′, die bei b und d 114° 24′. Andere tafelförmige Krystalle repräsentiren nur die Hälfte des klinodiagonalen Hauptschnittes, und zwar bald die eine, bald die andere dieser Hälften, so daß sie wie die oben erwähnten Streifensysteme in größeren Gypskrystallen entweder von den Flächen ∞P und —P, oder von denen ∞P und +P begrenzt werden. In beiden Fällen bilden sie rhombische Tafeln oder Theile derselben, deren Winkel, ganz wie oben, im ersteren Falle, wenn —P zugegen, 127° 3′ und 52° 57′ — im letzteren, wenn +P vorhanden, 114° 24′ und 65° 36′ messen. Nicht selten erscheinen auch tafelförmige **Zwillingskrystalle**, welche zwischen zwei vorspringenden spitzen Winkeln von je 52° 57′ schwalbenschwanzähnlich einen einspringenden Winkel von 105° 54′ zeigen. Die beiden Schenkel des einspringenden Winkels entsprechen den Flächen —P, die tafelförmige Fläche, auf der sie liegen ist ∞P∞.

Auch die **Neigungswinkel** von Krystallflächen oder die von Kanten lassen sich bisweilen nach einer der erwähnten Methoden messen, wenn sich der Krystall so stellen läßt, daß die Schenkel des zu messenden Winkels genau in einer Ebene zu liegen kommen, welche auf der Achse des Mikroskopes senkrecht steht. Doch ist dies häufig nicht möglich. In solchen Fällen läßt sich, freilich auch nicht immer, ein anderes Verfahren einschlagen, das aber mancherlei Einrichtungen und große Sorgfalt fordert, wenn es gelingen soll. Deshalb müssen wir uns hier begnügen, das Princip, auf welchem dasselbe beruht, zu erläutern und einige Fälle zu beschreiben, in denen seine Anwendung verhältnißmäßig die wenigsten Schwierigkeiten bietet. Man bedient sich dazu des **Focimeters** S. 55, in Verbindung mit einem Ocularmikrometer. Fig. 47 B erläutert das Princip. Gesetzt man wünsche die Größe des Winkels c a b zu wissen. Diese läßt sich aber leicht berechnen, wenn man die Größe zweier Winkel (hier c a e und b a d) kennt, welche zwischen seinen

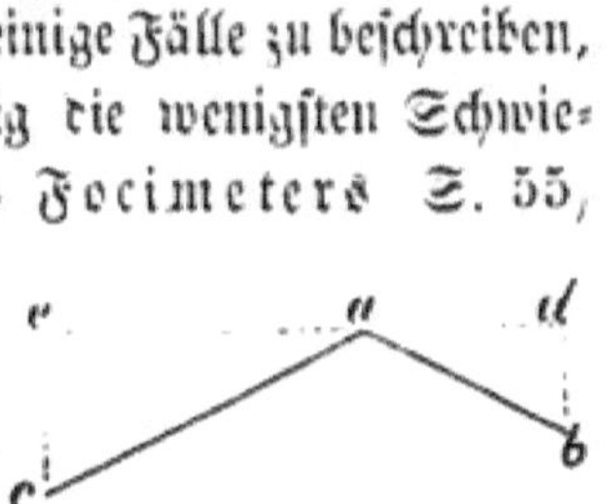

Fig. 47 B.

beiden Schenkeln c a und b a) und einer seine Spitze berührenden
geraden Linie (d e liegen; denn die drei Winkel zusammen sind
gleich 2 rechten, also $\angle$ c a b $= 180°-\angle$ c a e $+\angle$ b a d.
Die beiden Nebenwinkel findet man aber durch Rechnung, wenn
man die Länge der beiden Katheten des rechtwinkligen Dreieckes
kennt, zu welchem sie gehören, nach bekannten trigonometrischen
Formeln, denn

$\qquad$ Tang. b a d $=\dfrac{d\,b}{a\,d}$ oder Cotg. b a d $=\dfrac{a\,d}{d\,b}$ und ebenso

$\qquad$ Tang. c a e $=\dfrac{c\,e}{a\,e}$ oder Cotg. c a e $=\dfrac{a\,e}{c\,e}$.

Die Länge dieser Katheten läßt sich aber in vielen Fällen theils mit
dem Ocularmikrometer, theils mit dem Focimeter messen. Die
größere oder geringere Genauigkeit solcher Messungen hängt jedoch
davon ab, ob sich die folgenden Bedingungen mehr oder weniger
vollständig erfüllen lassen. Zum besseren Verständniß derselben
rathen wir Krystallmodelle zur Hand zu nehmen.

Alle Linien, welche mit dem **Ocularmikrometer** gemessen
werden sollen, müssen

1. in einer Ebene liegen, welche der des Mikrometers parallel ist,

2. sie müssen, je nach dem Falle, noch nach einer zweiten Richtung möglichst genau orientirt sein: (a) bei Neigungswinkeln zweier
Flächen, die in einer K a n t e zusammenstoßen, muß die zu messende
Linie mit dieser Kante einen rechten Winkel bilden — bei Messung
der Neigungswinkel von (b) Kanten oder (c) Flächen, die in einer
E c k e zusammenstoßen, muß die zu messende Linie bei (b) mit einer
Verticalebene zusammenfallen, welche man sich durch die betreffenden
Kanten gelegt denkt — bei (c) mit einer Verticalebene, welche die
beiden den Neigungswinkel bildenden Flächen genau halbirt.

Die Bedingung 1. läßt sich in vielen Fällen nur dann vollständig erfüllen, wenn man eine Vorrichtung besitzt, welche gestattet,
einer beliebigen Krystallfläche jede mögliche Neigung gegen den
Horizont zu geben. Auf dem gewöhnlichen Objecttisch kann man
ihr vollständig fast nur bei solchen Krystallen genügen, die stark

ausgebildete parallele Flächen besitzen, wie tafelförmige Krystalle aller Art, deren schmale Flächen mit den breiten schiefe Winkel bilden, hexagonale oder schiefrhombische Prismen, u. drgl. Indem die eine der breiten Seiten auf dem Objectträger ruht, stellt sich die parallele andere, deren Neigungswinkel zu einer dritten gemessen werden soll von selbst in die gewünschte Ebene des Gesichtsfeldes.

Den unter 2) erwähnten Bedingungen läßt sich meist viel leichter genügen, indem man dem Mikrometer durch Drehen des Oculares um seine Achse die gewünschte Stellung giebt. Bei (a) stellt man ihn so, daß einer seiner Theilstriche die Kante deckt u. s. f.

Alle mit dem **Focimeter** zu messenden Linien müssen mit der Achse des Mikroskopes zusammenfallen, d. h. bei gewöhnlicher Stellung des Mikroskopes senkrecht sein. Man muß ferner alle die früher (S. 56 ff.) angegebenen Vorsichtsmaaßregeln bei Anwendung dieses Meßinstrumentes beobachten: der Krystall sei von Luft, nicht von Flüssigkeit umgeben, man brauche kein Deckglas und wende starke Vergrößerungen an, um den von wechselnder Accommodation herrührenden Fehler (S. 57) zu vermeiden, der hierbei jedoch schon dadurch ein geringerer wird, daß man gleichzeitig einen Ocularmikrometer anwendet, dessen Betrachtung bewirkt, daß die Accommodation während der Messung dieselbe bleibt.

Die Ausführung der Messung kann in den einfacheren Fällen, die wir allein hier betrachten wollen, in folgender Weise geschehen.

Man nehme einen kleinen Krystall, der sich eben noch mit bloßem Auge erkennen läßt (z. B. phosphorsaure Ammoniak-Magnesia aus faulendem Urin, Krystalle von Kupfervitriol, Candiszucker 2c.) und befestige ihn mit Klebwachs auf ein Korkstückchen 2c., so daß ein Paar gegen einander geneigte Krystallflächen nach Oben zu stehen kommen. Das Korkstückchen mit dem Krystall klebe man durch ein größeres Stück Klebwachs auf ein Brettchen 2c., das man auf den Objecttisch bringt. Nun beobachte man den Krystall unter dem Mikroskope zunächst bei einer schwachen Vergrößerung, und gebe ihm durch Drehen und Neigen des Korkstückchens eine solche

Stellung, daß eine Fläche desselben (Fig. 47 B. a e), welche gegen eine andere (a b) unter einem stumpfen Winkel (e a b) geneigt ist, möglichst horizontal steht, was man daran erkennt, daß alle Theile derselben auch bei stärkerer Vergrößerung gleich deutlich erscheinen, ohne daß man die Einstellung zu verändern braucht. Ist dies erreicht, so stelle man den Mikrometer durch Drehen des Oculares so, daß einer seiner Theilstriche mit der Kante bei a möglichst parallel zu stehen kommt. Gesetzt die Fläche a b werde bei b durch eine Kante begrenzt, welche mit der bei a parallel läuft. Man stelle so ein, daß man Kante a und b gleichzeitig sieht, wenn auch nicht ganz scharf und messe die Entfernung von der Kante a bis nach d, d. h. bis dahin, wo die Kante b den Mikrometer schneidet. Lassen sich beide Kanten nicht bei derselben Einstellung erkennen, so stelle man erst für die eine ein, merke sich die Theilung des Mikrometers, welche derselben entspricht, verändere bei unverrückter Stellung des Auges die Einstellung bis die andere Kante erscheint und führe dann die Messung aus. Hat man so die Länge von a d gefunden, so stelle man auf den Punct a ein, notire den Stand des Focimeters und beobachte denselben wieder, nachdem man auf den Punct b eingestellt hat. Aus den Längen von a d und b d berechnet man nach einer der obigen Formeln den Winkel b a d. Zieht man diesen von 180^0 ab, so erhält man den gesuchten Neigungswinkel e a b.

Ist der zu messende Neigungswinkel weniger stumpf, wie z. B. c a b der Fig. 47 B., so ist es zweckmäßiger, 2 Messungen auszuführen. Indem man den Krystall so stellt, daß beide Flächen, deren Neigungswinkel gemessen werden sollen, gegen den Horizont geneigt sind, ihre gemeinschaftliche Kante a jedoch horizontal steht, mißt man erst a d und d b, dann a e und e c in der geschilderten Weise, berechnet daraus die Winkel d a b und e a c und erhält die Größe des Winkels c a b, indem man die Summe jener beiden Winkel von 180^0 abzieht.

Auch die Polarisationserscheinungen können zur Unterscheidung von mikroskopischen Krystallen und selbst zur Bestimmung ihrer

Achsenverhältnisse gebraucht werden. Doch sind die dabei auftretenden Erscheinungen so complicirt, daß wir hier auf ihre Darstellung verzichten müssen.

Aber nicht blos die schwierige Bestimmung kleiner Krystalle bildet die Aufgabe der mikroskopischen Untersuchung von nicht organisirten Naturgegenständen. Auch in vielen anderen Fällen kommt sie in Betracht und kann nicht selten mit geringer Mühe erhebliche praktische Vortheile gewähren. So bei der Prüfung von Handelswaaren oder anderen Dingen, welche zu technischen Zwecken dienen und deren Brauchbarkeit für gewisse Zwecke, somit auch ihr Werth hauptsächlich von der Größe, Form oder Gleichmäßigkeit ihrer kleinsten Theilchen abhängen.

Wir begnügen uns hier mit einigen Beispielen, welche Jedermann in den Stand setzen werden, dergleichen Untersuchungen auszuführen. Die Anwendung auf Prüfungen anderer ähnlicher Gegenstände wird sich für Jeden, der ein Interesse daran hat, leicht von selbst ergeben.

Der Werth vieler Farben ist zum Theile abhängig von der Feinheit und Gleichmäßigkeit der Theilchen, in welche ihr Material zerkleinert worden ist. Um diese Verhältnisse zu prüfen bringe man etwas davon auf einen Objectträger, setze einen Tropfen Wasser — oder wenn die Farbe bereits mit Oel angerieben ist, Oel — zu, mische mit einer Nadel 2c. Farbe und Flüssigkeit sorgfältig, zertheile noch weiter durch ein aufgelegtes Deckgläschen und beobachte unter dem Mikroskop. Bei Anwendung einer passenden Vergrößerung wird man leicht die größere oder geringere Gleichmäßigkeit der Theilchen, und wenn man die Stärke der angewandten Vergrößerung in Betracht zieht, auch ihre Feinheit beurtheilen können. Noch genauere Resultate und positive Anhaltspuncte zur Vergleichung verschiedener Sorten erhält man, wenn man die Größe der Theilchen mit dem Mikrometer mißt.

In ähnlicher Weise lassen sich auch manche andere feine Pulver prüfen, wie Putzpulver, Polirmittel, Schmirgel 2c. Bei manchen derselben kommt aber nicht bloß die Größe, auch die Form der Theilchen in Betracht. Sie greifen schärfer an, wenn sie spitze Ecken und scharfe Kanten haben; wirken mehr polirend, kleine Unebenheiten ausgleichend, wenn ihre Form eine mehr abgerundete ist.

Ebenso läßt es sich durch das Mikroskop erkennen, wenn theuere Substanzen der Art, z. B. Karmin mit anderen billigeren, wie Stärke versetzt und verfälscht sind. Man erkennt in letzterem Falle die Stärkekörner an ihrer eigenthümlichen Form vgl. Fig. 50, 104) so wie daran, daß sie durch Jodlösung blau gefärbt werden.

Auch für Untersuchung von Bodenarten kann das Mikroskop vielfach ein theils die Arbeit abkürzendes Unterstützungsmittel einer chemischen Untersuchung, theils ein für Erforschung gewisser Verhältnisse geradezu unentbehrliches Hülfsmittel werden. Man verfährt dabei am einfachsten in folgender Weise. Zuerst rührt man eine Probe der zu untersuchenden Erde ꝛc. mit viel Wasser an. Dadurch sondern sich die größeren schon mit unbewaffnetem Auge leicht erkennbaren Theile derselben von den feineren. Durch eine Art Schlemmen lassen sie sich in der Weise von einander trennen, daß man selbst die relative Menge der einen und anderen leicht abschätzen kann. Indem man die feineren mit Wasser auf einem Objectträger unter das Mikroskop bringt, unterscheidet man leicht

Quarzsand, der kleine farblose, mehr oder weniger durchsichtige Theilchen bildet. Sie zeigen bei einer gewissen Stellung ihrer Krystallachsen unter dem Polarisationsmikroskop Regenbogenfarben.

Kohlensauren Kalk, daran kenntlich, daß er sich bei Zusatz einer Säure unter Entwicklung von Luftblasen auflöst.

Organische Substanzen; sie erscheinen theils vollkommen zersetzt, als braune feinkörnige Partikeln (Humussäure u. dgl.) — theils als mehr oder weniger erhaltene Reste von pflanzlichen oder thierischen Gebilden, deren Abstammung sich meist noch an ihrer Form erkennen läßt. Selbst noch lebende mikroskopische Pflanzen und Thiere (Algen, Infusorien ꝛc.) sind nicht selten beigemengt.

Namentlich der Schlamm von Pfützen, Gräben, Teichen 2c. ist auch an solchen organischen Gebilden verschiedener Art reich, und der größere oder geringere Reichthum daran bildet in gewissem Sinne einen Maaßstab für die Fruchtbarkeit einer Ackererde.

Gewöhnlich finden sich in solchen Bodenarten auch die Kieselpanzer abgestorbener Diatomeen und in manchen Erden Infusorienerden, Bergmehl 2c. genannt sind diese so reichlich enthalten, daß dieselben interessante mikroskopische Objecte bilden, wie das Bergmehl von Ebstorf bei Lüneburg, die sog. Kieselguhr von Franzensbad u. a. Andere derartige kleine fossile Gebilde, welche jedoch nicht aus Kieselerde, sondern aus kohlensaurem Kalke bestehen, finden sich in manchen aus Meeresablagerungen stammenden Gebirgsarten, z. B. Kreide, Mergelfelsen. Diese Gebilde sind so mannichfaltig und die Anzahl ihrer Arten so groß, daß ihr Studium eine eigene Wissenschaft — eine Abtheilung der Geologie, die **Mikrogeologie** — bildet. Wer Gelegenheit hat, das freilich durch seinen hohen Preis nur Wenigen zugängliche Werk: „Die Mikrogeologie von Ehrenberg, Leipzig, Voß 1855" zu benutzen, findet darin eine große Anzahl von solchen kleinen fossilen Gebilden organischen Ursprunges abgebildet und beschrieben.

2. Die mikroskopische Untersuchung organisirter Naturkörper.

Die hieher gehörigen Gegenstände bilden vorzugsweise die Objecte mikroskopischer Untersuchung. Sie können durch die Mannichfaltigkeit und Schönheit ihrer Formen eine angenehme und belehrende Unterhaltung gewähren. Ihre Untersuchung kann aber auch interessante wissenschaftliche Aufgaben lösen und selbst für das praktische Leben sehr wichtig werden, wie einige der später mitgetheilten Beispiele zeigen. Das Gebiet dieser Untersuchungen ist ein so ausgedehntes, daß auch das längste Menschenleben nicht ausreichen würde, alle hieher gehörigen Formen kennen zu lernen, und daß die Beschreibung derselben eine ganze Bibliothek von vielen Bänden erforderte. Wir müssen uns deshalb damit begnügen, diejenigen Gegenstände, welche am häufigsten Gegenstand der mikroskopischen Beobachtung werden, übersichtlich vorzuführen und uns nur mit einigen, die eine besondere Wichtigkeit haben, etwas genauer zu beschäftigen. Das große Reich der organischen Naturgegenstände zerfällt in zwei große Abtheilungen — pflanzliche und thierische Gebilde, die wir nach einander betrachten wollen.

A. Pflanzliche Gebilde.

Wir betrachten zunächst die wichtigsten Formelemente und Gewebe der Pflanzen, welche Jeder bis zu einem gewissen Grade kennen muß, der auf diesem Felde Untersuchungen anstellen will, und reihen daran die Schilderung einiger der kleinsten selbständigen Pflanzengebilde, die ein gewisses Interesse oder eine besondere praktische Wichtigkeit darbieten.

Die mikroskopischen Formelemente und Gewebe der Pflanzen.

Unendlich mannichfaltig sind die Gestalten, unter welchen die verschiedenen Gebilde des Pflanzenreiches, die Tausende von Arten der Bäume, Sträucher, krautartigen Pflanzen, Moose, Flechten, Pilze ꝛc. mit ihren Wurzeln, Stämmen, Stengeln, Zweigen, Blättern, Blüthen, Früchten u. s. f. dem unbewaffneten Auge sich darstellen. Untersucht man jedoch den feineren Bau dieser so verschiedenen Pflanzengebilde unter dem Mikroskop, so zeigt sich, daß ihre inneren Theile sich auf eine verhältnißmäßig kleine Anzahl von Grundformen zurückführen lassen, die — allerdings mit mancherlei Modificationen — überall wiederkehren. Von diesen Elementarformen der Pflanzengewebe wollen wir bei unserer Betrachtung ausgehen.

Die Grundform der meisten Pflanzengewebe und zugleich das einfachste Element derselben bildet die Zelle, ein mit mehr oder weniger flüssigem Inhalte erfülltes kleines Bläschen. Eine solche Pflanzenzelle kann von vorne herein unter verschiedenen Umständen eine verschiedene Beschaffenheit zeigen, überdies aber in ihrer Weiterentwicklung manche Veränderungen erleiden, und besteht selbst wieder aus verschiedenen Theilen, welchen man eigene Namen gegeben hat, und deren Kenntniß für das Verständniß mancher später beschriebenen Untersuchungen unerläßlich ist. Man unterscheidet an jeder Pflanzenzelle vgl. Fig. 18:

a. Die Zellenwand, ein meist dünnes Häutchen, welches ein überall geschlossenes Bläschen bildet und den Zelleninhalt einschließt. Die Zellenwand, wiewohl überall geschlossen, ist dennoch durchgängig für Flüssigkeiten, so daß jede Zelle durch Endosmose vgl. S. 123 sowohl gelöste Stoffe von außen her aufnehmen, als auch umgekehrt durch Exosmose solche aus ihrem Inhalte nach außen abgeben kann. Die ausgebildeten Zellenwände bestehen meist aus Cellulose, welche die Eigenschaft besitzt, durch gleichzeitige Einwirkung von Jod und Schwefelsäure blau gefärbt zu werden vgl. S. 141 und sich daran erkennen läßt.

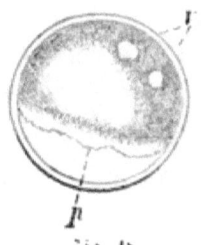

Fig. 18.

b. Den Zelleninhalt, welcher, von der Zellenwand umschlossen, nur durch diese hindurch mit der Umgebung in endosmotische Wechselwirkung treten kann.

Bei allen jüngeren, namentlich aber bei den zur Vermehrung und zum Wachsthum dienenden Zellen besteht der Inhalt aus Protoplasma, einer dickflüssigen, schleimig-körnigen Substanz, die immer Stickstoff, häufig Eiweiß enthält und durch Jod gelb gefärbt wird. Das Protoplasma erfüllt bald die ganze Zelle, bald liegt es

Fig. 18. Junge Pflanzenzelle, stark vergrößert. Die beiden äußeren Kreise begrenzen die hier im optischen Durchschnitt erscheinende Zellenwand. Die feinkörnige Ablagerung im Innern derselben, welche sich nach dem Mittelpunkte hin allmählich verliert, ist das Protoplasma. Bei p hat sich dasselbe von der Zellenwand zurückgezogen und erscheint deutlich begrenzt, als Primordialschlauch. Die beiden hellen u. scharf umgrenzten Stellen im Protoplasma bei v sind Vacuolen.

nur der inneren Zellenwand an, als eine mehr oder weniger dicke Schicht, die sich nach innen zu verliert. Durch reichlichen Eintritt von Wasser in die mit Protoplasma erfüllte Zelle in Folge von Endosmose können sich im Protoplasma helle, mit klarer Flüssigkeit gefüllte Stellen bilden Vacuolen — v Fig. 48.

In manchen Fällen — künstlich, wenn man dem Präparate Weingeist, gesättigte Chlorcalciumlösung, Säuren ꝛc. zusetzt — von selbst, bei manchen Entwicklungsvorgängen der Zellen — zieht sich das Protoplasma von der inneren Zellenwand zurück und seine äussere Oberfläche bildet dann eine scheinbare Haut Membran, die man Primordialschlauch genannt hat p Fig. 48.

Das Protoplasma spielt eine Hauptrolle bei der Bildung neuer Zellen und dadurch bei der Vermehrung und dem Wachsthume der Pflanzen. Solche neue Zellen können im Innern einer bereits vorhandenen Zelle entstehen vgl. Fig. 49, wenn sich das Protoplasma derselben in 2 oder mehrere Gruppen sondert. In dem Inneren dieser Gruppen entstehen dann neue kleinere Bläschen Zellenkerne, Cytoblasten, von denen

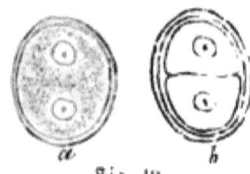

Fig. 49.

meist jedes eines oder mehrere Körnchen Kernkörperchen einschliesst. Indem jeder dieser Zellenkerne sich mit einer neuen Zellenwand umgiebt, entstehen in der alten Zelle Mutterzelle 2 oder mehrere junge Zellen Tochterzellen — Fig. 49 b in deren Inneren wieder neue Zellen entstehen können. Dadurch dass die Wand der Mutterzelle aufgelöst wird und verschwindet, werden die Tochterzellen frei und selbständig.

Bisweilen werden die Kerne jüngerer Zellen durch den Zelleninhalt verdeckt; sie werden dann oft besser sichtbar, wenn man dem Präparate Essigsäure oder verdünnte Salpetersäure zusetzt.

Fig. 49. Bildung von 2 neuen Zellen in einer Pflanzenzelle. a früheres Stadium; das Protoplasma beginnt, sich in 2 Abtheilungen zu sondern, in deren jeder ein Zellenkern mit Kernkörperchen entstanden ist. b. Späteres Stadium; das Protoplasma ist verschwunden und jede der neugebildeten Zellen erscheint bereits mit einer Zellenwand umgeben.

Zelleninhalt. Blattgrün. Stärke. Fett.

In manchen Fällen erfolgt die Bildung neuer Pflanzenzellen nicht im Innern der Mutterzellen, sondern außerhalb derselben. Das Protoplasma tritt aus der irgendwie geöffneten Zelle aus, nachdem es sich meist vorher in mehrere Portionen getheilt hat. Jede dieser Portionen umgiebt sich später mit einer Zellenwand und wird zu einer neuen Zelle. So bei den sog. Schwärmsporen mancher Pilze (s. Fig. 68).

In den weiter entwickelten Pflanzenzellen treten aber neben dem Protoplasma und anstatt desselben noch andere durch das Mikroskop erkennbare Bestandtheile auf. Die wichtigsten derselben sind:

Blattgrün (Chlorophyll), eine feinkörnige, gelbgrün gefärbte Substanz, welche sich in allen grün gefärbten Theilen höher organisirter Pflanzen (Stengeln, Blättern) findet und die unter dem Einflusse des Lichtes eine Hauptrolle bei dem Athmen und der Ernährung der Pflanzen spielt (vgl. Fig. 51 und 58 B bei 11).

Stärke (Amylum), welches Körner von verschiedener Form und Größe bildet (s. Fig. 50, 104 und 105), die sich aber durch verschiedene Eigenschaften leicht erkennen und von ähnlichen Gebilden unterscheiden lassen. Sie zeigen nämlich nicht selten einen eigenthümlich geschichteten Bau, ähnlich wie die Schalen einer Zwiebel, jedoch meist um einen excentrischen Mittelpunct (vgl. Fig. 104). Unter dem Polarisationsmikroskope erscheint in ihnen bei einer gewissen Stellung der beiden Prismen ein dunkles Kreuz und durch Jod werden sie blau gefärbt (vgl. S. 144).

Fig. 50.

Fett- oder **Oel-Tropfen**, namentlich in öligen Samen; kenntlich durch die eigenthümliche Weise, wie sie das Licht brechen

Fig. 50. Stärkekörner (Amylum) aus Weizenmehl, 420 mal vergrößert.

(vgl. Fig. 106 und 108 b) so wie daran, daß sie durch Aether, Terpentinöl und Benzin aufgelöst werden und verschwinden.

Krystalle, bald nadelförmig, bald zu sternförmigen Gruppen vereinigt. Sie bestehen am häufigsten aus oxalsaurem Kalk.

Manche Zellen enthalten nur **Luft**. So namentlich die Zellen des Markes im Innern von Stengeln (Hollunder, Sonnenblumen ꝛc.). Sie sind dann nicht weiter entwickelungsfähig, und erscheinen bei auffallendem Lichte weiß.

Wer sich über die Verhältnisse der Pflanzenzellen genauer unterrichten will, findet das Neueste und Vollständigste darüber in dem Werke von W. Hofmeister: Die Lehre von der Pflanzenzelle. Leipzig. W. Engelmann 1867.

Dadurch daß mehrere Zellen mit einander in Verbindung treten und dabei mancherlei Veränderungen erleiden, wodurch sie von ihrer ursprünglichen Form mehr oder weniger abweichende Bildungen annehmen, entstehen die verschiedenen **Pflanzengewebe**.

Die einfachste Form des Pflanzengewebes ist diejenige, wobei zahlreiche Zellen in ihrer ursprünglichen unveränderten Form, als kugelige Bläschen, neben einander liegen (Fig. 51). Man hat diese Gewebsform, die nur im Innern sehr saftreicher Pflanzentheile vorkommt, **Merenchym** genannt. Da sich hierbei die kugeligen Zellen nur an einzelnen Puncten berühren, so bleiben zwischen den einzelnen zahlreiche durch Flüssigkeit oder anderweitige Ablagerungen ausgefüllte Lücken, die man **Intercellularräume** nennt (i i Fig. 51).

Fig. 51.

In den meisten anderen Pflanzengeweben sind die Zellen so enge an einander angedrückt, daß sie sich überall berühren, häufig selbst miteinander verwachsen sind und daher keine Intercellularräume zwischen sich lassen. Dadurch verlieren sie zugleich auch mehr oder

---

Fig. 51. Merenchymgewebe, aus dem saftreichen Innern eines jungen Blattes vom Hauswurz (Sempervivum tectorum), 30 mal vergrößert. z z rundliche Zellen mit Chlorophyllkörnchen, die sich nur an einzelnen Stellen berühren, und daher Intercellularräume i i zwischen sich lassen.

weniger ihre ursprüngliche Kugelform, platten sich gegenseitig ab und werden eckig, etwa wie die massenhaft sich bildenden Seifenblasen, welche entstehen, wenn man mit einem Röhrchen oder Strohhalm Luft in Seifenwasser einbläst, oder wie die Zellen der Bienenwaben. Sind die durch gegenseitigen Druck veränderten Zellen ungefähr ebenso breit als lang, so daß sie einige Aehnlichkeit mit allseitig abgeplatteten Kugeln oder Seifenblasen haben, so nennt man das dadurch gebildete Gewebe Parenchym Fig. 52. Als Uebungsbeispiel mag dienen: das fleischige Innere der jungen zarten Schote einer Gartenbohne (Vicia faba), wie sie als Gemüse gebraucht werden. Man schneide davon mit einem scharfen Rasirmesser oder dem Doppelmesser Fig. 10 ein recht dünnes Scheibchen ab und bringe es mit etwas Wasser auf den Objectträger.

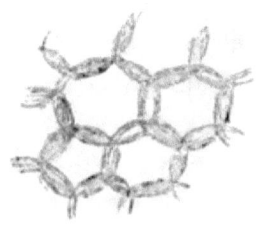

Fig. 52.

Bei einer Vergrößerung von ca. 200 mal Durchmesser untersucht zeigt es ein Gewebe von zartwandigen Zellen, die ursprünglich kugelig durch gegenseitigen Druck vielflächig polyedrisch, geworden sind. Sie enthalten meist kein Blattgrün, wohl aber farblose Körnchen, die durch Zusatz einer wässerigen Jodlösung blau gefärbt werden, also aus Stärke bestehen. Diese Stärkekörnchen sind bisweilen gruppirt um einen Zellenkern, der ein Kernkörperchen einschließt S. 178, Fig. 49, und dadurch deutlicher hervortritt, daß ihn das zugesetzte Jod gelb färbt. Auch andere feinkörnige Ablagerungen innerhalb der Zellen werden durch Jod gelb gefärbt (Eiweißsubstanzen, Kleber :c. S. 142 ff..

In anderen Fällen besteht das Pflanzengewebe aus Zellen, die länger sind als breit und sich an ihren

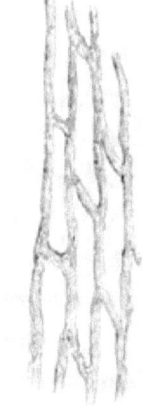

Fig. 53.

Fig. 52. Parenchymzellen, aus dem Marke eines Zweiges des Berberizenstrauches Berberis vulgaris, 200 mal Dchm. vergrößert.

Fig 53. Prosenchymzellen aus dem Blattrande eines Laubmooses Mnium punctatum 300 mal Durchmesser vergrößert.

Längsenden mit schiefen Flächen aneinanderlegen (Fig. 53). Man nennt diese Gewebsform **Prosenchym**. Die Darstellung solcher Prosenchymzellen für die mikroskopische Untersuchung geschieht am leichtesten ohne mühsame Präparation, an den noch grünen Stengeln irgend einer Gras- oder Getraideart, wenn man die Blattscheide, welche den Stengel umgiebt, abzieht und von dem dünnen sehr durchsichtigen Rand derselben ein Stückchen auf den Objectträger bringt.

Um die sehr zahlreichen Modificationen der Parenchym- und Prosenchymzellen zu beobachten, sind die Blätter der meisten Laubmoose sehr geeignet, die nur aus einer einfachen Zellenschicht bestehen und daher ohne weitere Präparation unter dem Mikroskope untersucht werden können.

Die Pflanzenzellen können jedoch indem sie sich weiterentwickeln, mancherlei Veränderungen erleiden und dadurch von den einfachen bis jetzt geschilderten Grundformen mehr oder weniger abweichen. Ihre Wände sind nicht immer glatt, sondern bisweilen warzig, wie die Blattzellen mancher Laubmoose, namentlich der Pottiaceen — auch nicht immer geradlinig, sondern bisweilen mit Zähnen versehen, wie das Blatt einer Säge, oder von unregelmäßigen Wellenlinien begrenzt, wobei entweder die Vorragungen der einen Zelle in entsprechende Vertiefungen anderer benachbarter eingreifen (vgl. Fig. 58 A — oder es berühren sich nur die Vorsprünge verschiedener Zellen, so daß dazwischen Lücken (Intercellularräume) bleiben. Letzteres ist z. B. im hohen Grade der Fall bei den sternförmig verästelten Zellen, welche das weiße, poröse und lufthaltige Mark bilden, das den inneren Raum der Binsenstengel ausfüllt.

Manche Zellen sind **abgeplattet**, so namentlich diejenigen, welche als Oberhaut (Epidermis) die äußere Schicht der meisten grünen Pflanzentheile, der Stengel und Blätter bilden. An dieser sitzen bei vielen Pflanzen **Haare**, welche ebenfalls mancherlei Modificationen der ursprünglichen Zellenform darstellen und die ein durch die Mannichfaltigkeit ihrer Formen interessantes und dabei leicht zugängliches Object der mikroskopischen Untersuchung bilden, da man sie meist auf sehr einfache Weise — durch Abschneiden mit der Scheere oder Abschaben mit dem Messer gewinnen und zur Beobachtung vorbereiten kann. Sie bilden seltner Theile — Verlängerungen und Auswüchse — der Oberhautzellen, meist eigene Zellen, welche mit einer breiten Basis der Oberhaut aufsitzend sich nach außen verlängern und stachelähnlich in eine Spitze endigen vgl. Fig. 58 B). In manchen Fällen ist ihr Bau ein complicirterer: sie sind verästelt oder mehrere sind zu einer sternförmigen Gruppe vereinigt; so z. B. die Haare, welche als bräunlich-silberglänzender Filz die Rinde junger Zweige des in Gärten häufig cultivirten Oleasters Elaeagnus angustifolia überziehen und die ein hübsches mikroskopisches Object bilden. Manche Haare sind aus mehreren Zellen zusammengesetzt und tragen an ihrem Ende Drüsen — so die Haare am Blüthenstiele der Lysimachia vulgaris, die Brennhaare der Brennnessel Urtica dioica, manche Haare an den Blättern der Kartoffeln (Fig. 58 B) ec.

Andere Veränderungen von Pflanzenzellen während ihrer Weiterentwicklung entstehen dadurch, daß sich ihre Wände allmählich verdicken oder daß mehrere Zellen zu einem gemeinsamen Gebilde verwachsen. Die Verdickung der Zellenwände kann gleichmäßig oder ungleichmäßig sein. Bei der gleichmäßigen Verdickung legen sich an die innere Zellenwand neue Schichten an, welche überall gleich dick dieselbe gewissermaaßen verdoppeln, verdreifachen u. s. f. Bisweilen lassen sich die Grenzen dieser verschiedenen Ablagerungen in der verdickten Zellenwand als zarte den ursprünglichen Zellenwänden mehr oder weniger parallele Streifen unterscheiden (Fig. 53); die Zellenwand erscheint dann geschichtet. In anderen Fällen sind nicht blos diese Verdickungsschichten sondern auch die ursprünglichen Wände benachbarter Zellen so fest miteinander verwachsen, daß man ihre Grenzen nicht mehr erkennen kann. Der optische Durchschnitt eines solchen Gewebes gleicht dann einem Siebe: die übriggebliebenen Zellenhöhlen erscheinen als mehr oder weniger regelmäßige Löcher in einer scheinbar gleichartigen Grundsubstanz.

Noch viel mannichfaltiger wird der Anblick, wenn die Verdickung der Zellenwände eine **ungleichmäßige** ist und wir wollen die wichtigsten der dadurch hervorgebrachten optischen Formen etwas genauer betrachten, da sie bei mikroskopischen Untersuchungen von Pflanzengeweben sehr häufig vorkommen. Die Art, wie solche Verdickungen vor sich gehen wird durch Betrachtung der schematischen

Fig. 54.

Zeichnung Fig. 54 c verständlich. Der äußere helle Ring bedeute die ursprüngliche Zellenwand, die damit parallelen 3 inneren ebensoviele allmählich abgelagerte Verdickungsschichten. In diesen Verdickungsschichten bleiben jedoch gewisse Theile — die in der Figur dunkel gehaltenen — unausgefüllt, also hohl. Am Schlusse der Veränderung erscheint im Mittelpuncte der Zelle der Rest der sehr verkleinerten Zellenhöhle; von dieser gehen radienförmig hohle Canäle aus, welche die verschiedenen Verdickungsschichten durchdringend bis an die ursprüngliche Zellenwand vordringen und sich dabei verästeln. Fig. 54 a und b zeigen solche Zellen, wie sie unter dem Mikroskope aussehen. Bei a ist die Einstellung des Mikroskopes so gewählt, daß der Focus dem Mittelpuncte der Zelle entspricht, diese also gewissermaßen im optischen Durchschnitte erscheint. Man sieht in der Mitte der Zelle die übrig gebliebene Höhle; von dieser gehen feine Canäle aus, welche sich verästelnd die Verdickungsschichten durchdringen und an der Innenfläche der ursprünglichen Zellenwand blind enden. Bei b ist der Focus so eingestellt, daß nur die äußere Oberfläche der Zelle deutlich erscheint, während ihre innere Höhle nicht sichtbar ist. Man erblickt hier nur die äußersten Verästelungen der Porencanäle. Dergleichen

Fig. 54. Verdickte Zellen aus dem Fleische einer Birne, 430 mal vergrößert, a. optischer Durchschnitt. b. Oberfläche. c. schematischer Durchschnitt.

Zellen lassen sich leicht aus reifen Birnen erhalten, die in ihrem weichen saftigen Fleische im Innern oder unmittelbar unter der Schale harte, wie sandige Körnchen enthalten, welche eben aus Anhäufungen solcher Zellen bestehen; man braucht nur diese Körnchen mit etwas Wasser versetzt auf einen Objectträger zu bringen und möglichst zu zerdrücken oder zu zerreiben. Aehnliche Zellen bilden die Holzschalen der Haselnüsse, die Steinkerne der Pflaumen x. Besonders hübsch erscheint unter dem Mikroskope eine Art derselben, welche sich aus den reifen Früchten von Johannisbeeren erhalten läßt. Die Samenkerne derselben werden von einem halbdurchsichtigen Häutchen umgeben, welches sich leicht abziehen läßt und unter dem Mikroskope neben einzelnen Zellen wie Fig. 54 a und b zahlreiche solche enthält, in denen eine Reihe stabförmiger Röhren mit verdickten Wänden auf sehr zierliche Weise wie Orgelpfeifen neben einander gestellt sind.

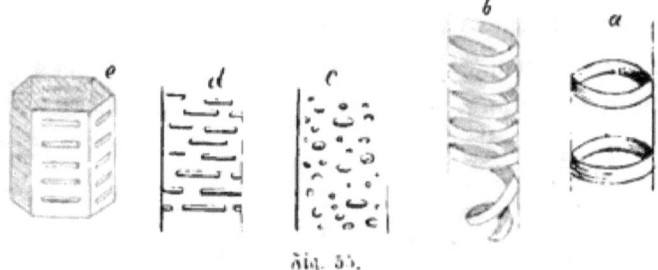

Fig. 55.

Erfolgt die ungleichmäßige Verdickung der Zellenwände in regelmäßiger Weise, so erscheinen sehr charakteristische Formen. So können dadurch Ringe entstehen, welche an der inneren Zellenwand anliegen (Fig. 55 a), oder spiralförmige Bänder, bald weitere bald engere Windungen im Innern der Zelle bilden (Fig. 55 b), auch so angeordnet sein können, daß zwei in entgegengesetzten Richtungen

---

Fig. 55. Unregelmäßige Verdickungen von Zellenwänden, mehr schematisch, stark vergrößert. a. Ringförmige Ablagerungen (Ringgefäß), b. spiralförmige Spiralgefäß, c. punctirtes oder getüpfeltes, d. gestreiftes, e. prismatisches treppen- oder leiterähnliches Gefäß.

verlaufende Spiralbänder sich kreuzen. Ist die Verdickung regelmäßig netzförmig angeordnet, so daß in derselben mehr oder weniger regelmäßige runde Canäle frei bleiben, die durch die äußere Zellenwand als Puncte oder Tüpfel hindurchscheinen, so entstehen punctirte oder getüpfelte Zellen (c). Bilden diese Lücken horizontale Spalten, so entstehen gestreifte Zellen (d). In manchen Fällen sind diese Horizontalspalten sehr regelmäßig angeordnet, so daß sie den Zwischenräumen zwischen den Sprossen einer Leiter oder den Stufen einer Treppe gleichen e.

Verschmelzen mehrere solcher veränderten Zellen mit einander, so entstehen zusammengesetztere Gebilde, von denen namentlich zwei, die Fasern und die Gefäße, hier eine kurze Betrachtung verdienen.

Sind die Zellen eines Pflanzengewebes sehr lang gestreckt und dabei ihre Breite und Dicke verhältnißmäßig gering, so werden sie zu Fasern. Solche Faserzellen können an ihren Längsenden spitz zulaufen und sich an die Enden anderer ähnlicher Fasern anlegen oder zwischen dieselben einteilen, wodurch ein Fasergewebe entsteht. Längere Fasern können aber auch dadurch hervorgebracht werden, daß die Enden aneinander anstoßender Faserzellen mit einander verwachsen und so innig verschmelzen, daß aus mehreren Zellen nur

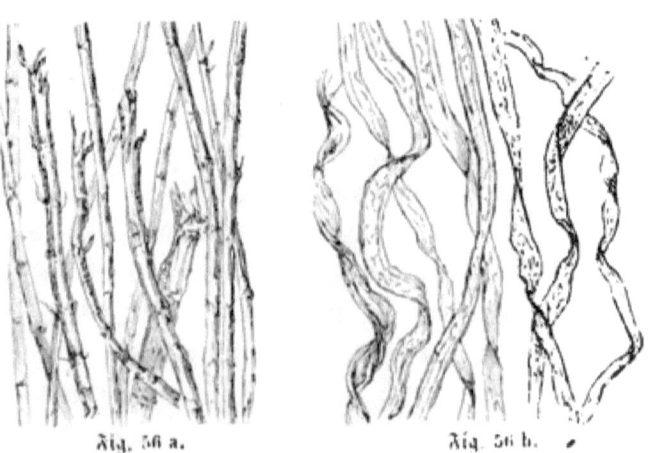

Fig. 56 a.   Fig. 56 b.

Fig. 56 a. Baßfasern vom Flachs (Leinenfasern). 200 m. vergr.
Fig. 56 b. Baumwollenfasern 300 m. vergr.

eine Faser hervorgeht. Die Zellenhöhle solcher Faserzellen kann durch Ablagerungen in ihrem Innern so vollständig ausgefüllt werden, daß sie ganz verschwindet und die Faser einen soliden Strang bildet, der einem dünnen Faden gleicht vergl. Fig. 56 a. Solche Fasern bilden namentlich die sogenannten Bastzellen in den Stengeln vieler Gewächse, von denen manche zu wichtigen technischen Zwecken benützt werden, wie die Fasern des Flachses, Hanfes ꝛc. Andere Fasern gleichen nicht einem runden Cylinder, sondern einem platten Bande, wie die Fasern der Baumwolle Fig. 56 b, welche einen verschiedenen Ursprung haben, indem sie aus weiter entwickelten Haaren hervorgehen. Noch andere Fasern, welche einen complicirteren Bau zeigen, wie die Holzfasern werden uns später beschäftigen.

Durch Vereinigung von Zellen, die im Innern mehr oder weniger offen bleiben und hohle Röhren bilden, entstehen Gefäße, die, meist in Bündel — Gefäßbündel — vereinigt, fast alle Pflanzentheile durchziehen und die wichtige Bestimmung haben, Saft oder häufiger noch Luft aus einem Pflanzentheil in andere zu führen. Man unterscheidet **einfache** Gefäße, die aus einfachen gestreckten (Prosenchym-) Zellen bestehen, deren an den Längsenden sich berührende Wände entweder noch vorhanden oder durch Aufsaugung durchbrochen sind, so daß mehrere sich berührende Zellen mit einander frei communiciren und eine hohle Röhre bilden — **Ringgefäße**, deren Zellenwand stellenweise durch ringförmige Ablagerungen verdickt ist Fig. 55 a — **Spiralgefäße**, die im Innern Spiralbänder enthalten Fig. 55 b, die bisweilen nach Zerreissung der Zellenwand wie eine aufgerollte Spiralfeder frei hervortreten — **punctirte oder getüpfelte Gefäße** Fig. 55 c — **gestreifte Gefäße** (Fig. 55 d — **treppen- oder leiterförmige Gefäße** (Fig. 55 e — **Milchsaftgefäße**, die einen eigenthümlichen milchähnlichen Saft führen, wie beim Schöllkraut (Chelidonium majus) und meist verzweigt sind.

Nachdem wir die wichtigsten Formelemente der Pflanzengewebe kennen gelernt, betrachten wir kurz den

Bau der wichtigsten Theile höher organisirter Pflanzen, ihrer Wurzeln, Stämme und Stengel, Blätter, Blüthen, Früchte und Samen. Bei der großen Mannigfaltigkeit dieser Theile kann nur das hervorgehoben werden, dessen Kenntniß für die Vornahme eigener Untersuchungen unerläßlich ist. Einige Beispiele von Gegenständen, die sich Jeder leicht verschaffen und nachuntersuchen kann, werden das Verständniß erleichtern.

Wir beginnen mit dem Stengel und Stamm, als dem gemeinsamen Mittelpunct, an welchen alle übrigen Theile sich anschließen, und betrachten denselben zuerst bei der großen Gruppe der sogenannten dikotyledonischen Gewächse, bei denen seine verschiedenen Bestandtheile am regelmäßigsten angeordnet sind. Bringt man einen dünnen Querschnitt von dem Stengel einer krautartigen Pflanze oder von einem Zweige eines Baumes oder Strauches unter das Mikroskop, so bemerkt man an jedem derselben eine bestimmte Anordnung der Gewebstheile, die freilich bei verschiedenen Pflanzen manche Verschiedenheiten zeigt, aber doch im Ganzen immer dieselbe bleibt. Man unterscheidet 1. das Mark, welches immer in Form eines Kreises die Mitte des Präparates einnimmt. 2. eine mehr oder weniger breite ringförmige Schicht, welche den Kreis des Markes umgiebt, die Gefäßschicht. Dieser Gefäßring ist jedoch in manchen Fällen an vielen Stellen unterbrochen durch radienähnliche Fortsetzungen, welche das Mark durch ihn hindurch nach außen schickt, etwa wie in Fig. 54 c. Es sind die sogenannten Markstrahlen, die in jungen Pflanzentheilen meist sehr reichlich, in älteren dagegen weniger entwickelt sind. 3. eine äußere ringförmige Schicht, welche die Gefäßschicht umgiebt und das Präparat nach außen begrenzt, die Rinde oder Rindenschicht, die aber selbst wieder aus mehreren dünneren Schichten besteht. Um ihre Bestandtheile genauer zu studiren, muß man außer

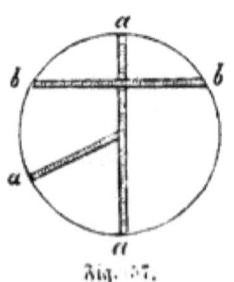

Fig. 57. Radialschnitte a. a. a. Tangentialschnitt b. b.

Querschnitten auch noch feine Längsschnitte des Stengels oder Zweiges anfertigen und diese bei verschiedenen Vergrößerungen untersuchen. Diese Längsschnitte müssen theils Radialschnitte sein, welche vom Mittelpuncte des Stengels oder Stammes wie Radien nach dessen Peripherie gehen, wie a a a Fig. 57, theils Tangentialschnitte, welcher einer die Peripherie des Kreises berührenden Tangente parallel sind, b b Fig. 57 und mit den Radialschnitten rechte Winkel bilden; da der eine dieser Schnitte in vielen Fällen Verhältnisse zur Anschauung bringt, welche der andere nicht deutlich erscheinen läßt. Auch schräge Schnitte, welche in verschiedenem Winkel gegen die Längsachse geneigt sind, können bisweilen weitere Aufschlüsse gewähren.

Betrachten wir nun diese Schichten und deren Modificationen in verschiedenen Fällen etwas näher.

Das Mark besteht immer aus Parenchymzellen Fig. 52, die bald mehr kugelig-rund, bald mehr durch gegenseitigen Druck vielflächig polyedrisch erscheinen. Die Zellen der Mitte sind meist die größten, und die nach außen liegenden werden allmählich kleiner. Sie setzen sich unmittelbar in die Zellen der Markstrahlen fort, welche, von gleicher Beschaffenheit wie die des Markes, gewissermaßen eine Fortsetzung derselben, durch die Gefäßschicht hindurch bis an die Rinde verdringen. In jungen Stengeln sind die Zellen des Markes mit Saft gefüllt, also das Gewebe mit Flüssigkeit getränkt; in älteren verschwindet diese Flüssigkeit und die Zellen enthalten nur Luft, wie das bekannte Hollundermark, das Mark in den Stengeln der Sonnenblumen ɛ. In manchen Fällen verschwindet das Mark später mehr oder weniger vollständig und der Stengel bildet eine hohle Röhre, wie z. B. beim Rhabarber, den meisten Doldengewächsen u. s. f.

Die Gefäßschicht ist in jungen saftigen Stengeln wenig entwickelt und durch breite Fortsetzungen des Markes vielfach unterbrochen, stärker an älteren und holzigen, wo sie einen ziemlich geschlossenen Ring bildet, der nur von schmalen Markstrahlen durchsetzt wird. Sie besteht aus Prosenchymzellen (Fig. 53), Fasern und Gefäßen. Zu innerst, gegen das Mark hin, befindet sich meist eine Schicht luftführender Spiralgefäße (Fig. 55 b) — die sogenannte Markröhre; außerhalb derselben wechseln schmalere Faserzellen, die später durch Ablagerungen im Innern verholzen können, mit breiteren Ringgefäßen (Fig. 55 a), punctirten (Fig 55 c) und gestreiften (Fig. 55 d) Gefäßen.

Nach außen wird die Gefäßschicht von der Rinde durch eine schmale Schicht getrennt, der man den Namen Cambium gegeben hat, weil sie im Laufe ihrer Entwickelung ihre Beschaffenheit bedeutend ändert, indem sie, anfangs gallertartig, später sich in Fasern verschiedener Art umwandelt. Sie ist es, die beim späteren Wachsthum holzartiger Gewächse, der Sträucher und Bäume die Hauptrolle spielt. Darauf folgen die Rindenschichten. Die innerste derselben ist eine Faserschicht (der Bast), dann kommt eine grüne Schicht bis zu welcher sich die Markstrahlen fortsetzen, und zuletzt, bei den holzartigen Gewächsen eine braune Schicht (die eigentliche Rinde — Korkschicht) und ganz nach außen die aus platten Zellen bestehende Oberhaut. Bei den mehrjährigen, holzigen Gewächsen, den Bäumen und Sträuchern geht das weitere Wachsthum von der oben erwähnten zwischen Gefäßschicht und Rinde liegenden Cambiumschicht vor sich; aus dieser entwickelt sich alljährlich eine neue Gefäßschicht, die sich nach außen an die vorjährige alte anlegt und diese verdickt. In jeder auf diese Weise gebildeten Jahresschicht des Gefäß- oder Holzringes sind die inneren, also frühesten Zellen größer als die äußeren oder später gebildeten; dadurch entstehen Ringe, an welchen man den in jedem Jahre neuzugewachsenen Theil des Holzkörpers von den anderen unterscheiden kann — die bekannten Jahresringe. Von den Verschiedenheiten im Bau dieses Holzkörpers bei verschiedenen Holzarten, wodurch man dieselben unter dem Mikroskope von einander unterscheiden und zugleich ihre Eigenschaften, so wie ihre Brauchbarkeit für verschiedene Zwecke ermitteln kann, wird später — im technischen Theile noch weiter die Rede sein.

Durch die jährliche Verdickung des Stammes werden die Rindenschichten ausgedehnt und dadurch verdünnt, überdies können auch ihre äußeren Schichten durch Witterungseinflüsse ꝛc. vielfach beschädigt und zerstört werden, ja manche Bäume und Sträucher stoßen alljährlich oder zeitweise ihre äußerste Rindenschicht von selbst ab, wie manche Weinreben, die Birken, Platanen u. a. Dies wird dadurch ausgeglichen, daß vom Cambium her alljährlich nicht blos eine neue Gefäßschicht nach innen, sondern auch neue Rindenschichten nach außen gebildet werden.

Als Beispiele zum besseren Verständniß des Geschilderten und um zugleich durch eigene Anschauung ein noch klareres Bild zu geben, mögen folgende dienen.

Man nehme einen alten bereits verholzten K o h l strunk. Ein Querschnitt desselben zeigt sehr deutlich die 3 Abtheilungen des Gewebes; ein innerer großer Kreis bildet das Mark, ein mittlerer Ring die Gefäßschicht, ein äußerer Ring die Rindenschichten. Dünne Radial- und Tangentialschnitte lassen den Bau der einzelnen Schichten besser erkennen. Das Mark besteht aus großen Parenchymzellen, die noch einigermaßen safthaltig erscheinen. Radialschnitte der Gefäßschicht ergeben nach innen Spiralgefäße, dann Faserzellen, zum Theil verdickt und verholzt; zwischen ihnen punctirte Gefäße. Tangentialschnitte derselben lassen außerdem noch die Markstrahlen erkennen, deren Durchschnitte linsenförmig erscheinen, etwa wie Fig. 7 und aus Parenchymzellen bestehen. Sie sind umgeben von Faserzellen, zwischen denen punctirte Gefäße verlaufen. Radialschnitte der Rinde lassen zu innerst Faserzellen Bastzellen erkennen, dann mehr parenchymatöse grüne, chlorophyllhaltige Zellen und nach außen platte, farblose Parenchymzellen, welche die Oberhaut bilden. Tangentialschnitte der innersten Rindenschicht zeigen die Faserzellen des Bastes stellenweise durch die hindurchtretenden Markstrahlen auseinandergedrängt, so daß sie eine Art Netz bilden. Jüngere, noch nicht verholzte Kohlstengel zeigen ein saftigeres, daher eßbares Mark, die Gefäßschicht weniger entwickelt, ihre Fasern noch unverholzt.

Manche Stengel sind hohl, wie die der meisten Doldengewächse. Betrachten wir einen solchen, z. B. den zolldicken Stengel des in Gärten als Blattpflanze häufig cultivirten Heracleum sibiricum, wie er im trockenen Zustande, nach Reife der Samen erscheint. Ein Querschnitt zeigt, daß derselbe im Innern eine weite Höhle trägt, die ein Ring zunächst von weißem, lufthaltigem Marke umgiebt, das namentlich nach außen hin von bräunlichen Puncten durchsetzt wird, der Gefäßschicht, die hier keinen ganz geschlossenen Ring bildet. Tangentialschnitte ergeben Fasern, punctirte, gestreifte, ringförmige und aufrollbare Spiralgefäße in Längsreihen geordnet, die mit breiten Streifen von parenchymatösen lufthaltigen Markzellen abwechseln.

Am entwickeltsten sind die Gefäße und meist auch die Rindenschichten in den mehrjährigen Stämmen und Zweigen holzartiger Gewächse, der Bäume und Sträucher. Wählen wir zu ihrem Studium einen mehrjährigen Zweig vom Hollunder (Sambucus nigra), bei welchem die Markschicht verhältnißmäßig stark entwickelt ist. Ein Querschnitt zeigt hier wieder im Innern das weiße, lufthaltige Mark, als mittleren Ring eine Gefäßschicht (Holz), die hier bei oberflächiger Betrachtung einen geschlossenen Ring bildet, und je nach dem Alter aus mehreren Schichten (Jahresringen) besteht. Den äußersten Ring bilden die Rindenschichten. Eine nähere Untersuchung dieser Schichten durch Radial- und Tangentialschnitte ergiebt folgendes. Das Mark besteht aus parenchymatösen, lufthaltigen Zellen. An der Grenze zwischen Mark und Holz erscheinen lufthaltige aufrollbare Spiralgefäße. Das Holz selbst, die Gefäßschicht, besteht aus Faserzellen mit derben, unregelmäßig verdickten Wänden, die dadurch punctirt erscheinen; dazwischen einzelne größere punctirte Gefäße. Es wird radienförmig von dünnen Fortsetzungen des Markes, den Markstrahlen, durchsetzt. Die Cambiumschichte zwischen Holz und Rinde zeigt nach innen, gegen das Holz hin ähnliche Fasern, die jedoch noch weniger verdickt sind — nach außen gegen die Rinde lange, dünne Fasern (Bast), zwischen welchen grüne,

chlorophyllhaltige Parenchymzellen Fortsetzungen der Markstrahlen
eingelagert sind. Darauf folgt nach außen die grüne Rindenschicht
— vielgestaltige, zum Theil unregelmäßige chlorophyllhaltige Zellen.
Den Beschluß nach außen macht die Oberhaut, ein bräunlichweißes
Häutchen, das sich leicht abziehen läßt und aus mehreren Schichten
etwas in die Länge gezogener dickwandiger Zellen besteht. Andere
Bäume und Sträucher, z. B. Akazien, Rosen ꝛc. zeigen im Wesentlichen denselben Bau, im Einzelnen natürlich manche kleine Unterschiede.

Einen etwas verschiedenen Bau zeigen die Stengel und Stämme
monokotyledonischer Pflanzen, wohin unsere Gräser, Getreidearten ꝛc. gehören. Die Verschiedenheit tritt zwar bei diesen genannten und anderen bei uns vorkommenden weniger auffallend hervor,
als bei den monokotyledonischen Bäumen heißer Klimate, z. B. den
Palmen, läßt sich aber bei einiger Aufmerksamkeit auch bei vielen
unserer Monokotyledonen wahrnehmen. Bei dieser Pflanzengruppe
ist nämlich die ringförmige Scheidung von Mark, Holzkörper und
Rinde viel weniger scharf, und namentlich die Gefäßschicht mehr
oder weniger durch die ganze Marksubstanz zerstreut. Untersucht
man z. B. den jungen noch saftigen Stengel einer Maispflanze,
so zeigt ein dünner Querschnitt desselben, nach Entfernung der
Blattscheiden, daß das Mark fast den ganzen Stengel einnimmt,
aber fast überall, am meisten freilich nach außen hin von zahlreichen
Puncten durchsetzt wird, die wie Löcher in einem Siebe erscheinen,
und sich schon mit bloßem Auge erkennen lassen, wenn man den
Objectträger mit dem Präparate gegen das Licht hält. Radiale und
tangentiale Schnitte unter dem Mikroskope betrachtet, ergeben, daß
diese dunkleren Puncte aus Gefäßen, hauptsächlich Spiralgefäßen,
bestehen, die von Fasern umgeben vereinzelt das Mark durchsetzen.
Viel weniger deutlich ist dieser Bau an den Stengeln der Gräser und
Getreidearten. Untersuchen wir z. B. den Stengel einer noch grünen Haferpflanze mit unreifen Samen, so erscheint derselbe im
Inneren hohl. Diese Höhle wird an ihrer Innenwand ausgekleidet

von Reſten des Markes, — aus etwas verlängerten Parenchym=
zellen beſtehend. An dieſe ſchließen ſich nach außen lufthaltige Spi=
ralgefäße mit entrollbaren Faſern. Darauf folgen weiter nach außen
Gruppen von Faſern und Faſerzellen, die größere punctirte Gefäße
umgeben und als weißliche Längsſtreifen ſchon mit bloßem Auge
ſichtbar ſind. Sie wechſeln ab mit Längsſtreifen von grünen chloro=
phyllhaltigen Prosenchymzellen. Die äußerſte Schichte beſteht aus
Längsreihen von dickwandigen etwas in die Länge gezogenen ſehr
hellen und ungefärbten Zellen, welche beſetzt ſind mit regelmäßig ge=
ſtellten Spaltöffnungen (ſ. ſpäter bei den Blättern — Fig. 58 A.
und die abwechſeln mit Längsreihen von ſchmäleren und weniger
durchſichtigen Faſerzellen (Baſtzellen).

Wir wenden uns nun zum Bau der Wurzeln. Die größe=
ren derſelben als unmittelbare Fortſetzungen des Stammes und
Stengels gleichen in ihren Beſtandtheilen meiſt dieſen letzteren, nur
iſt die Anordnung der verſchiedenen Gewebe in ihnen weniger regel=
mäßig. Die Hauptmaſſe bilden Parenchymzellen, welche ziemlich
unregelmäßig von Gefäßen durchzogen und von einer Rinde um=
geben werden. Bisweilen enthalten einzelne Zellen kryſtalliniſche
Ablagerungen oder Stärkemehlkörner. Noch einfacher iſt der Bau
der feinſten Wurzelfaſern (Haarwurzeln), die nur aus Anhäufungen
von Prosenchymzellen, ja ſelbſt aus einfachen verlängerten, den
Pflanzenhaaren (S. 183 ähnlichen Zellen beſtehen. Eine Ausnahme
machen manche dickere, eigenthümlich geſtaltete Wurzeln, wie Zwie=
beln, Knollen ꝛc., von denen wir hier nur den Bau der Kartof=
felknollen als praktiſch wichtig kurz betrachten wollen. Sie be=
ſtehen aus einer Rinde (Schale, die ſich als dünnes Häutchen ab=
ziehen läßt, und aus unregelmäßig geſtalteten dickwandigen Paren=
chymzellen zuſammengeſetzt iſt, welche theils farblos, theils — bei
blauen oder rothen Kartoffeln — mit einem rothen oder violetten
Farbeſtoff gleichmäßig erfüllt ſind, und deren Durchmeſſer zwiſchen
etwa 60 und 150 μ ſchwanken. Das gelbweiße Innere der Knol=
len läßt auf ſeinen Durchſchnitten zunächſt faſt nur ſehr zahlreich

Körner von unbestimmt rundlicher oder ovaler Form und sehr verschiedener Größe (4 bis 50 μ Dchm.) erkennen. Es sind Stärkemehl- oder Amylumkörner, die bei stärkeren Vergrößerungen bisweilen in ihrem Innern eine Schichtung zeigen (Fig. 104) und durch Jod blau gefärbt werden. Erst wenn man diese Stärkekörner durch sorgfältiges Auswaschen oder Auspinseln (vergl. S. 121) größtentheils entfernt hat, erkennt man das Gewebe, in welchem sie abgelagert sind (vergl. Fig. 71 p p) — große Parenchymzellen, mit dünnen farblosen und sehr durchsichtigen Wänden, welche an einzelnen Stellen, da wo eiweißartige Stoffe, Kleber u. dergl. in ihnen abgelagert sind, durch Jodlösung gelb gefärbt werden. Zwischen ihnen verlaufen sparsame Gefäße (entrollbare Spiralgefäße) theils vereinzelt, theils in Gruppen vereinigt, von denen sich die größeren auf Durchschnitten der Knollen als etwas anders gefärbte Streifen und Puncte schon mit bloßem Auge erkennen lassen.

Einen eigenthümlichen Bau zeigen die **Blätter**. Er entspricht der Aufgabe derselben, Luft aus der Atmosphäre aufzunehmen und diese unter dem Einflusse des Lichtes und unter Mitwirkung des in ihnen reichlich vorhandenen Blattgrün (Chlorophyll) so zu zersetzen, daß daraus Nahrungsstoffe für die Pflanze hervorgehen. Sie sind daher viel reicher an grünen chlorophyllhaltigen Zellen als die übrigen Pflanzentheile, besitzen sehr viele luftführende Spiralgefäße, aus denen namentlich die Rippen und Adernetze bestehen, die schon mit bloßem Auge sichtbar alle Blätter durchziehen, und haben überdies eigenthümliche Einrichtungen, welche der Luft gestatten, in das Innere der Blätter einzudringen und sich dort in zahlreichen Intercellularräumen zu verbreiten, welche von chlorophyllhaltigen Zellen umgeben sind. Die Vorrichtungen dazu bilden die sogenannten **Spaltöffnungen**, die sich namentlich an der unteren Blattfläche, meist in sehr großer Anzahl vorfinden. Sie erscheinen von außen betrachtet (Fig. 58 A) als linsenförmige Körper, etwa von der Gestalt einer Kaffebohne, mit einem Spalt in der Mitte, der von zwei halbmondförmigen Wülsten umgeben wird. Dieser Spalt,

196 Bau der Blätter.

der bald eng und fast geschlossen, bald weiter und klaffend erscheint, bildet eine Oeffnung in der Oberhaut des Blattes, welche in eine unter der Oberhaut befindliche Höhle führt — die sogenannte **Athemhöhle**; diese Höhle steht wiederum mit zahlreichen Intercellularräumen in Verbindung, welche sich zwischen chlorophyllhaltigen Zellen und Spiralgefäßen verbreiten.

Der innere Bau der Blätter wird am besten anschaulich aus einem feinen Durchschnitt senkrecht auf die Blattfläche, der jedoch sehr dünn sein muß, weil die chlorophyllhaltigen Zellen im Innern des Blattes fast undurchsichtig sind. Man gewinnt ihn am besten dadurch, daß man ein von Rippen möglichst freies Blattstückchen mit seiner Fläche auf ein ebenes Stück trockner Seife legt, das Doppelmesser (Fig. 10) mit so eng gestellten Klingen, daß sie sich fast

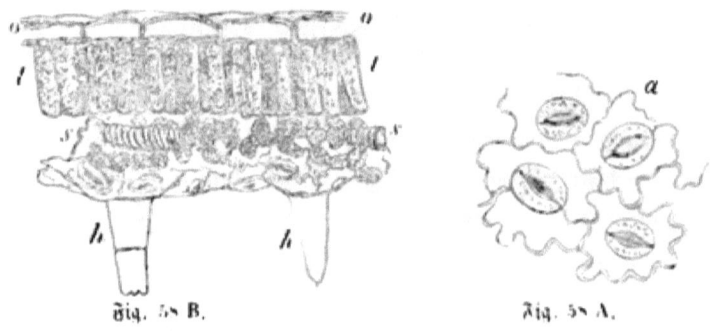

Fig. 58 B.   Fig. 58 A.

berühren mit seiner Schneide aufsetzt, und mit einem raschen Druck das Blatt durchschneidet. Der so gewonnene sehr feine Durchschnitt läßt sich durch lauwarmes destillirtes Wasser leicht von etwa an-

Fig. 58 A. Stückchen Oberhaut von der unteren Blattfläche der Kartoffel, 350 m. vergr. Man sieht 4 Spaltöffnungen und zwischen denselben die unregelmäßig welligen Ränder, mit denen die einzelnen Zellen der Oberhaut in einander greifen (a).
Fig. 58 B. Durchschnitt eines Stückchens Kartoffelblatt, senkrecht auf die Blattfläche, 300 m. vergr. o o Oberhaut der oberen Blattfläche. l l Schicht von länglichen senkrecht gestellten blattgrünhaltigen Zellen. s s horizontal verlaufende Spiralgefäße, umgeben von kleinen unregelmäßigen blattgrünhaltigen Zellen, die zahlreiche Zwischenräume zwischen sich lassen. Darunter die durch lufthaltige Hohlräume aufgetriebene, daher warzig und unregelmäßig erscheinende Oberhaut der unteren Blattfläche mit Andeutung der Spaltöffnungen. h h Haare, die an ihr sitzen.

hängender Seite reinigen. Fig. 58 B zeigt einen solchen Durchschnitt von einem Kartoffelblatte. o o sind die Oberhautzellen der oberen Blattfläche, die hier als farblose, nach oben bisweilen schwach gewölbte Platten erscheinen, während sie von oben gesehen, ähnlich wie die der unteren Blattfläche von unregelmäßig gewundenen Linien begrenzt erscheinen Fig. 58 A zwischen den Spaltöffnungen. Diese Wellenlinien erscheinen bei stärkerer Vergrößerung doppelt, als Ausdruck der Dicke der Zellenwände. Unter der Oberhaut folgt eine Schicht länglicher chlorophyllhaltiger Zellen, die senkrecht zur Blattfläche stehen und ähnlich wie Basaltsäulen angeordnet sind l l. Unter dieser befindet sich ein lockeres, ziemlich unregelmäßiges Gewebe — aufrollbare lufthaltige Spiralgefäße, die im Allgemeinen der Oberfläche des Blattes parallel verlaufen s s, und kleine unbestimmt rundliche sehr zarte mit Blattgrün gefüllte Zellen, die ein unregelmäßiges lockeres Gewebe bilden mit sehr zahlreichen Intercellularräumen. Diese letzteren stehen in Verbindung mit größeren lufterfüllten Räumen, die sich unmittelbar unter der Oberhaut der unteren Blattfläche befinden, und in welche die Spaltöffnungen münden. Die Oberhaut der unteren Blattfläche besteht ebenfalls aus platten, von der unteren Fläche gesehen mit unregelmäßig welligen Rändern in einandergreifenden Zellen, mit zahlreichen Spaltöffnungen Fig. 58 A'. Auf Durchschnitten wie Fig. 58 B. wird dies jedoch weniger deutlich, da die Oberhaut durch die über ihr befindlichen Hohlräume ungleich und warzig hervorgewölbt erscheint. Dagegen sieht man an ihr sehr gut die zahlreichen Haare, h h, die bald kleiner, einzellig, bald größer, aus zwei und mehr Zellen bestehen. Die sehr zahlreichen Spiralgefäße der Blätter setzen sich durch die Blattrippen und Blattstiele in den Stengel fort und communiciren so mit den dort in der Markröhre befindlichen.

Außerordentlich mannichfaltig ist der Bau der **Blüthen**. Wie schon die Betrachtung derselben mit unbewaffnetem Auge durch die Mannigfaltigkeit ihrer Formen und die Pracht ihrer Farben den Blumenfreund entzückt und ihr genaueres Studium eine Hauptaufgabe der Botanik bildet, ebenso, ja in noch höherem Grade, vermag ihre mikroskopische Untersuchung jahrelang täglich neues Vergnügen zu gewähren und tiefe Blicke in die Geheimnisse der Pflanzenwelt zu eröffnen, ja eine Menge zum Theil jetzt noch nicht ganz gelöster wissenschaftlicher Räthsel, wie die über die Befruchtung der Pflanzen ꝛc. lassen sich nur durch solche Untersuchungen beantworten. Aber gerade die Mannichfaltigkeit des Baues, der in Tausenden verschiedener Formen variirt, macht hier eine übersichtliche Darstellung desselben unmöglich, und da wissenschaftliche Untersuchungen auf diesem Gebiete gründlichere botanische Kenntnisse voraussetzen, die sich nicht auf dem beschränkten Raum von wenigen Seiten mittheilen lassen, so müssen wir uns begnügen, denjenigen unserer Leser, welche auf diesem Gebiete durch den Anblick schöner Formen und hübscher Farben eine zugleich belehrende Unterhaltung suchen, einige Winke und Andeutungen zu geben.

Die Blüthen zeigen im Ganzen dieselben Gewebselemente, die wir bereits in den übrigen Pflanzentheilen kennen gelernt haben, Zellen, Gefäße, Fasern, aber bei ihnen sind nicht blos die Einzelnen derselben unendlich vielgestaltiger, auch ihre Zusammenfügung ist eine viel mannichfaltigere; namentlich eine unendliche Menge verschiedener Anhängsel, Haare, Fortsätze, Drüsen u. dgl. bietet einen großen Reichthum von Formen dar. Unter die am leichtesten, ohne weitere Präparation zur mikroskopischen Untersuchung geeigneten Gegenstände der Art gehört der Blüthenstaub Pollen, den man nur fein vertheilt auf den Objectträger zu bringen braucht, um seine bei verschiedenen Pflanzen sehr verschieden gestalteten Körner zu sehen. Auch die Farben vieler Blüthen bilden hübsche mikroskopische Objecte. Die weiße Farbe derselben hängt immer davon ab, daß die betreffenden Zellen mit Luft gefüllt sind und dadurch das ganze auf sie fallende Licht, aber diffus zurückwerfen. Andere Farben, wie gelbe, rothe, blaue ꝛc. entstehen durch Pigmente im Innern der Zellen, die jedoch nicht, wie das Blattgrün, als ein feinkörniger Niederschlag, sondern als homogene flüssige Lösungen dieselben erfüllen.

Manche scheinbar einfache Farben entstehen dadurch, daß Zellen mit
verschieden gefärbtem Inhalt neben einander liegen, die im unbewaffneten Auge, wo sie auf dieselben empfindenden Theilchen der Netzhaut fallen vgl. S. 8, die Mischfarbe hervorrufen. Die Art des
Glanzes dagegen hängt meist von der Beschaffenheit der Oberfläche
ab, welche die mit Flüssigkeit erfüllten Zellen nach außen kehren:
er erscheint matt, sammtartig, wenn diese Oberfläche nicht eben,
sondern stark gewölbt oder warzig ist u. s. f. Der Blumenliebhaber
kann aus solchen mikroskopischen Untersuchungen manche Belehrung
über die eigentliche Beschaffenheit hübsch gefärbter Blumen schöpfen.

Einen verhältnißmäßig viel einfacheren Bau als die Blüthen
zeigen die aus ihnen hervorgehenden S a m e n und F r ü c h t e. Ihre
mikroskopische Untersuchung liefert zwar weniger Unterhaltung durch
Auftreten von schönen Formen und hübschen Farben, gewährt dafür
aber in manchen Fällen praktischen Nutzen, weshalb wir die Zusammensetzung derselben kurz beschreiben und einige derselben etwas
näher betrachten wollen. Die S a m e n sind aus 2 wesentlich verschiedenen Theilen zusammengesetzt: d e m K e i m e, der ersten
Anlage der künftigen Pflanze, welche sich beim Keimen weiter entwickelt; er besteht meist aus Lagen ziemlich einfacher Zellen, die
beim Keimen junge Zellen in ihrem Inneren bilden, in der Fig. 49
anschaulich gemachten Weise und dadurch rasch wachsen. 2, den
S a m e n l a p p e n Kotyledonen, welche in ihren Zellen das für das
erste Wachsthum der künftigen Pflanze nöthige Nahrungsmaterial,
gewissermaaßen die Muttermilch, aufgespeichert enthalten. Diese
ersten Nahrungsstoffe der Pflanzen: Stärke, Fette, eiweißartige
Substanzen Kleber können auch als Nahrungsmittel der Menschen
und vieler Thiere so wie für manche technische Zwecke dienen und
dadurch erhalten viele Pflanzensamen die bekannte praktische Wichtigkeit, die ihren Anbau im Großen veranlaßt. Der Samenlappen
ist einfach, d. h. zu e i n e m Klumpen geformt, bei den monokotyledonischen Pflanzen, während er bei den dikotyledonischen zwei
gesonderte Lappen bildet. Keim und Kotyledonen werden umgeben

von einer Hülle, die bald ein einfaches Häutchen, eine aus wenigen Schichten einfacher Zellen bestehende Oberhaut — bald eine complicirtere Schale bildet. In der Frucht sind die Samen noch von weiteren Hüllen umschlossen, die sehr verschieden sein können, je nachdem die Frucht eine Beere, Kapsel, Schote u. dgl. darstellt.

Als Beispiele, die Jeder leicht nachuntersuchen kann, mögen eine Beerenfrucht und ein Getreidekorn dienen. Die reife Frucht einer weißen Johannisbeere wird nach außen von einem ungefärbten durchsichtigen Häutchen umschlossen. Dies besteht aus platten Zellen, die von außen gesehen unregelmäßig vieleckig sind, so daß jede Zelle mit ihren Wänden 4, 5, ja 6 bis 7 Nachbarzellen berührt. Unter dieser äußeren Haut befindet sich im Innern der durchsichtige Saft, welcher unter dem Mikroskope zahlreiche blasse farblose abgerundete, ganz locker verbundene Zellen (Merenchymzellen — Fig. 51) einschließt, die eine verschiedene Größe haben. Schwache gelbliche Färbungen, die in diesen Zellen und im Safte selbst durch Zusatz einer Jodlösung auftreten, zeigen einen geringen Gehalt von eiweißartigen Substanzen an. Im Innern des durchsichtigen Saftes bemerkt man schon mit bloßem Auge dünne weißliche Fäden: sie bestehen aus Gefäßen, und zwar vorzugsweise aus entrollbaren Spiralgefäßen. Im Safte befinden sich ferner die Kerne. Sie sind nach außen mit einer durchscheinenden Schicht umgeben, die gegen den Saft hin nicht streng abgegrenzt erscheint und unter dem Mikroskope einen sehr eigenthümlichen Bau zeigt. Sie besteht aus Zellen, welche theils durch ihre unregelmäßig verdickten Wände den Fig. 51 a b abgebildeten gleichen, theils die bereits S. 185 beschriebenen sehr zierlichen Formen erscheinen lassen. Die Verdickungsschichten derselben werden durch gleichzeitige Einwirkung von Jod und Schwefelsäure blau, bestehen also aus Cellulose (S. 144). Der eigentliche Kern wird nach Entfernung dieser Umhüllungsschicht zunächst von einem gelblichen Oberhäutchen umschlossen, das aus mehr rundlichen gefärbten kernhaltigen Zellen besteht. Sein den Ketyledonen entsprechendes Innere dagegen wird von einem ziemlich gleichförmigen Gewebe gebildet — zusammengesetzt aus Zellen, deren dicke Wände so enge verbunden, ja verschmolzen sind, daß sich ihre Grenzen nicht mehr erkennen lassen, während die übrigbleibenden Zellenhöhlen von einer bei durchfallendem Lichte dunkel erscheinenden Masse ausgefüllt werden, einem Gemenge von Fetttropfen vgl. Fig. 106 und 108 b, und einer feinkörnigen Substanz, die durch Jod gelb gefärbt wird, also zu den eiweißartigen gehört.

Wir wollen nun im Gegensatz den Bau eines Getreidekornes betrachten und dabei namentlich den Keim berücksichtigen, auch auf dessen Entwicklung beim Keimen einen Blick werfen. Nehmen wir ein reifes Gerstenkorn zur Hand, so erscheint dasselbe äußerlich von zwei sog. Spelzen eingehüllt, von denen die eine, mit einer sog. Granne versehene, an der Seite etwas über die andere übergreift. Nach Entfernung der Spelzen erscheint das Korn, dessen äußere Umhüllung — die Schale — eine fest anliegende Haut bildet, die aus 2 Schichten besteht. Beide sind aus Parenchymzellen zusammengesetzt, die aber in der einen Schicht nach der Länge, in der anderen nach der Quere etwas gestreckt sind. Nach Entfernung der Schale sieht man, daß das Innere des Kornes aus 2 Theilen besteht Fig. 59 A, einem größeren a, einem kleineren k. Der größere a bildet den Samenlappen (auch Eiweiß genannt) und besteht aus Zellen, die sehr viele Stärkekörner und eine geringe Menge eiweißartige Stoffe (Kleber) einschließen; sie bilden, zerkleinert, das Mehl. Der kleinere Theil k bildet den Keim. Er besteht, wie sein senkrechter Durchschnitt Fig. 59 B erkennen läßt, aus mehreren Theilen. Der obere c Kotyledon, auch

Fig. 59 A.

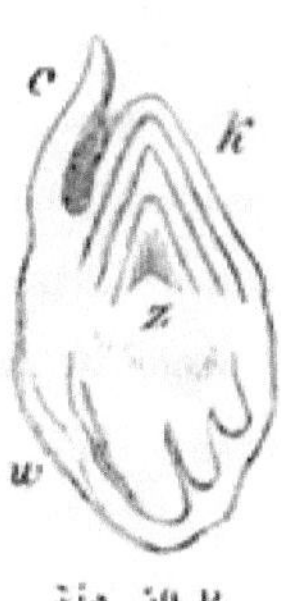

Fig. 59 B.

Fig. 59 A. Samenkorn der Gerste, nach entfernter Schale, 2 mal Durchmesser vergrößert. a. Samenlappen. k. Keim

Fig. 59 B. Der Keim desselben im Durchschnitt 10 mal vergrößert. c. Schildchen k. Knospe. w. Wurzelanlage, nach unten von einer Scheide umhüllt. z. Zwischenschicht zwischen Knospe und Wurzelanlage.

Schildchen — scutellum — genannt liegt dem Samenlappen a eng an, ohne jedoch mit ihm verwachsen zu sein: er vermittelt während des Keimens den Zutritt der verflüssigten Nährsubstanzen aus dem Samenlappen in das junge Pflänzchen, ohne sich bei der Entwicklung desselben weiter zu betheiligen. Neben dem Cotyledon liegt die Knospe k, die aus 4 Blättern besteht, welche zusammengerollt wie Hohlkegel in einander geschoben sind und auf dem Querschnitt offene Ringe bilden. Nach unten, bei w, erkennt man die Anlagen der künftigen Wurzeln, deren 4 bis 5 von ungleicher Größe neben einander stehen (in der Abbildung sind nur 3 sichtbar, die anderen verdeckt). Sie werden von einer gemeinsamen Scheide umschlossen, die beim Keimen zerrissen wird. Zwischen Knospe und Wurzel sieht man bei z eine Zwischenschicht, welche beide verbindet — den Lebensknoten. Beim Keimen wachsen nun durch Bildung neuer Zellen die Knospe nach oben, die Wurzeln nach unten und erscheinen äußerlich am Samenkorne, nachdem sie die Schale desselben gesprengt haben. Darauf entwickeln sich aus den in der Knospe bereits vorgebildeten Hohlkegeln die ersten Blätter, während der unterste Kegel derselben, der sog. Vegetationspunct, durch weiteres Wachsthum später die übrigen oberhalb der Erde erscheinenden Theile der Pflanze, den Stengel mit der Aehre und die weiteren Blätter bildet.

Den Bau weniger vollkommen organisirter Pflanzen, wie der Schachtelhalme, Farrnkräuter, Laub- und Lebermoose, Flechten müssen wir hier aus Mangel an Raum übergeben, wiewohl auch ihre mikroskopische Untersuchung manches Interessante liefert, — so zeigen z. B. die Stengel vieler Farrnkräuter die prismatischen treppen- oder leiterförmigen Gefäße (Fig. 55 e) sehr schön; die Früchte vieler Laubmoose mit ihrem zierlichen Mundbesatz bieten sehr zierliche Objecte u. dgl. — und wenden uns sogleich zur Betrachtung der

kleinsten Pflanzengebilde

die dem bloßen Auge kaum sichtbar, zu ihrem Studium mit Nothwendigkeit mikroskopische Untersuchungen fordern. Ihre außerordentlich zahlreichen Arten gehören fast alle zwei großen Gruppen an, den Algen und Pilzen.

Die Algen liefern sehr viele interessante mikroskopische Objecte, die auch außer ihrem wissenschaftlichen Interesse Unterhaltung und Belehrung gewähren können und von denen man sich überdies die einen oder anderen fast überall leicht verschaffen kann, da die meisten stehenden oder langsam fließenden Gewässer, Pfützen, Gräben, Teiche ꝛc. reich daran sind. Doch müssen wir uns mit einer flüchtigen Betrachtung derselben begnügen, um den nöthigen Raum für die in praktischer Hinsicht viel wichtigeren Pilze zu gewinnen. Sie zerfallen in zahlreiche Abtheilungen, Gattungen und Arten, von denen die meisten in Gewässern die einen in süßen, die andern in salzigen, manche auf feuchter Erde, feuchten Steinen ꝛc. leben. Ihre Formen sind sehr verschieden, eben so ihre Größe; doch sind viele so klein, daß sie vom unbewaffneten Auge kaum erblickt werden. Eine interessante Abtheilung derselben bilden die Diatomeen oder Bacillarien, die früher zu den Thieren Infusorien gerechnet wurden, weil sich manche derselben im Wasser scheinbar willkürlich bewegen. Sie besitzen einen Kieselpanzer, der auch nach dem Absterben der Pflanze seine Form behält und daher auch fossil in Erdarten vorkommen kann vgl. S. 175. Dieser Kieselpanzer ist bei manchen Arten mit außerordentlich feinen Zeichnungen versehen und wird dadurch zu einem Prüfungsmittel der Mikroskope S. 81 ff.. Die Abbildungen Fig. 31—34 stellen solche Kieselpanzer von Diatomeen dar. Die lebenden enthalten außerdem noch verschieden grün, gelb ꝛc.) gefärbte Substanzen. Alle die zahlreichen Arten derselben sind sehr klein, mit unbewaffnetem Auge kaum wahrnehmbar, und viele derselben finden sich sehr häufig in Wassergräben, Pfützen ꝛc., einige frei im Wasser schwimmend, andere größeren Algen oder anderen Wasserpflanzen anhängend. Ihre Kieselpanzer lassen sich sehr leicht aufbewahren und finden sich daher häufig unter den käuflichen mikroskopischen Präparaten. Eine andere Abtheilung der Algen, welche u. a. die sog. Oscillatorien einschließt, bildet meist sehr zarte verschieden organisirte gegliederte Fäden von spangrüner Farbe, von denen einige Arten eine langsame pendelförmige Bewegung zeigen; sie finden sich häufig in feuchter Erde, auf feuchten Steinen ꝛc. Daran schließen sich die Desmidiaceen mit sehr hübschen und mannichfaltigen Formen, die Zygnemaceen, sehr lange, schon mit bloßen Augen sichtbare, aus Zellen bestehende grüne Fäden, die meist massenweise in stehenden Gewässern vorkommen, die Conferven mit zahlreichen Arten u. a. Wer sich auf diesem Gebiete etwas weiter orientiren und die Algenformen, auf welche man bei mikroskopischen Untersuchungen häufig stößt, einigermaaßen deuten will, dem empfehlen wir das Werk von Dr. L. Rabenhorst, Kryptogamenflora von Sachsen ꝛc. 1. Abtheilung. Leipzig, Kummer 1863, das (neben den Moosen) die im mittleren Deutschland vorkommenden Algen beschreibt und durch Abbildungen sämmtlicher Gattungen derselben ihr Studium erleichtert.

Die Pilze — nicht sowohl die größeren als Hut-, Bauchpilze u. s. f. in Wäldern ꝛc. vorkommenden Arten, als die kleineren, unter dem Namen Schimmel bekannten Formen derselben — bieten dem Mikroskopiker zwar nicht so viele Unterhaltung, als die viel formen- und farbenreicheren Algen, wiewohl auch unter ihnen sehr zierliche mikroskopische Objecte vorkommen; aber sie haben eine viel größere praktische Wichtigkeit durch die schädlichen Einwirkungen, welche sie als schmarotzende Gewächse auf andere Pflanzen, Thiere und selbst den Menschen ausüben. Diese von Tag zu Tag mehr erkannte Wichtigkeit veranlaßt uns, dieselben hier etwas genauer zu betrachten.

Die hier in Betracht kommenden Pilzformen erscheinen dem bloßen Auge meist nur als pulverige, sammetartige, oder spinnewebähnliche Massen von sehr verschiedener Färbung — weiß, gelblich, röthlich, grünlich, selbst schwarz, welche vorzugsweise modernde Gegenstände überziehen, namentlich solche die an feuchten, dumpfigen und dunklen Orten aufbewahrt werden, und dadurch deren faulige Zersetzung begünstigen, ja selbst veranlassen. Manche dieser

Schimmelarten entwickeln sich jedoch auch an lebenden Pflanzen und Thieren und können dadurch, daß sie deren Säfte zu ihrer Ernährung verwenden oder sonst störend einwirken, Erkrankungen, ja selbst Absterben ihrer Wirthe veranlassen. Sie sind wesentlich Parasiten und leben nicht wie die meisten anderen Pflanzen von einfachen Elementen, wie Kohlensäure, Wasser, Ammoniak und Mineralstoffen, die sie aus der Luft und Erde an sich ziehen und zum Aufbau ihrer Gewebe verwenden, sondern nähren sich ausschließlich von organischen Stoffen, die sie bereits fertig gebildet vorfinden, und entweder den Säften noch lebender Organismen oder anderen organischen Substanzen entziehen. Unter dem Mikroskope lösen sie sich in verschiedene Formen auf, von bald einfacherem, bald complicirterem Bau, die bei einer und derselben Art sehr verschieden sein können. Manche derselben sind in ihrem äußeren Habitus verkleinerte Abbilder höher organisirter Pflanzen, zeigen wie diese Wurzeln, Stämme, Aeste und Zweige, freilich ohne alle Blätter, ohne Blüthen und ohne das Blattgrün der übrigen sich im Sonnenlichte entwickelnden Pflanzenwelt; dafür aber mit einer ungeheuren Menge von Früchten und Samen, deren große Anzahl und Kleinheit die rasche Verbreitung dieser Schimmelformen begreiflich macht. Andere sind nach einem verschiedenen Typus gebaut. An vielen derselben lassen sich mehrere Theile unterscheiden, die man mit eigenen Namen bezeichnet. Von diesen wollen wir einige kurz betrachten, da eine vorläufige Kenntniß derselben das Verständniß der späteren etwas eingehenderen Schilderungen einzelner Arten erleichtern wird.

Bei vielen Formen derselben bildet die Grundlage das sog. Mycelium, welches, wo es in größeren Massen auftritt, dem Auge als zartwolliges, spinnewebenähnliches Geflecht von zarten Fäden erscheint, meist von weißer Farbe. Unter dem Mikroskope erscheinen diese Fäden als Röhren, bald sehr dünn (m Fig. 60), bald dicker (m Fig. 61), die von einer zarten meist durchsichtigen Haut gebildet werden, und Schläuche darstellen, welche eine meist ungefärbte Flüssigkeit, die häufig feine Körnchen einschließt, enthalten — ein sehr stickstoffreiches Proteoplasma S. 177 . Das Innere dieser Röhren ist bald durch Querscheidewände (Septa) in cylindrische Kammern oder Zellen abgetheilt, bald fehlen diese und der ganze Faden bildet einen einzigen ungetheilten Schlauch. Dieses oft sehr weit verbreitete und vielfach verzweigte Mycelium bildet gewissermaßen die Wurzeln der Pilze, bei denen es vorkommt. Es nimmt aus den Theilen, in welchen es sich verzweigt, seien dies nun faulende Substanzen oder lebende Theile die Stoffe auf, deren der Pilz zu seiner Ernährung und Weiterentwicklung bedarf. Aus diesem Mycelium entwickeln sich weitere Bildungen. Bei einer gewissen, häufig vorkommenden Pilzform, den Fadenpilzen, sind dies Röhren von ähnlichem Baue wie die des Mycelium, die sich aber aufrecht nach oben entwickeln — Hyphen genannt — und gewissermaßen die Stämme und Stengel der Pilzpflanzen darstellen. Sie sind bald einfach und ungetheilt Fig. 62 A , bald mehr oder weniger regelmäßig verzweigt Fig. 62 B und wie die Röhren des Mycelium bald mit Querscheidewänden versehen septirt, bald ohne diese. An den Spitzen dieser Hyphen oder deren Aesten erscheinen die Früchte oder Samen. Die letzteren, Sporen genannt, sind meist sehr einfache Bildungen, kleine runde oder eiförmige Zellen Fig. 60, 61, 62 A und B, 64, 65 , seltner etwas complicirter Fig. 68, 73 . Sie entwickeln sich in manchen Fällen frei an den Enden der Hyphen oder deren Zweige, bald vereinzelt Fig. 64 , bald massenweise wie die Körner einer Aehre Fig. 66 , in traubenförmigen Gruppen Fig. 65 , in kettenförmigen Reihen und auf eigenen Trägern Fig. 60 A u. s. f. In anderen Fällen entwickeln sich complicirtere Früchte: die Sporen entstehen nicht frei, sondern in eigenen Kapseln, Sporangien genannt, die sich später öffnen und die reifen Sporen ausstreuen. Einige solche Formen von Pilzfrüchten, Sporangien mit Sporen oder solche nach Entleerung derselben, zeigen Fig. 61, 62 A und B, einige etwas abweichende werden wir später kennen lernen. Einige der in Sporangien eingeschlossenen Sporen zeigen

Sporangien. Sporen. Keimschlauch ꝛc.

bei ihrem Austritte aus denselben lebhafte, scheinbar selbständige Bewegungen und schwärmen hin und her, daher man sie früher für Infusionsthierchen hielt — Schwärmsporen, Zoosporen. Diese Bewegung, durch Flimmerhaare bedingt, dauert nur kurze Zeit: die Flimmerhaare fallen ab und die zur Ruhe gekommene Schwärmspore schickt sich zum Keimen an (vgl. Fig. 68 und 69). Die meisten Pilz= sporen sind so klein, daß sie vereinzelt für das unbewaffnete Auge ganz unsichtbar sind: in größeren Massen vereinigt, wie in Fig. 60 bei sp erscheinen sie als Häufchen eines feinen Staubes. Sie sind dabei so leicht, daß sie durch Winde meilenweit fortgeführt und so über ganze Landstriche ausgestreut werden können. Dabei ist ihre Anzahl meist außerordentlich groß: eine Gruppe von Schimmel= pflänzchen, welche einen etwa linsengroßen Raum bedeckt, kann inner= halb weniger Tage Millionen von Samen hervorbringen. Diese Sporen vermögen unter günstigen Bedingungen zu keimen und sich häufig in wenigen Tagen zu neuen fruchttragenden Pflanzen zu ent= wickeln. Beim Keimen entwickeln die Sporen einen fadenartigen hohlen Fortsatz — den Keimschlauch (Fig. 69, 77), der weiter wächst und sich zu einem Mycelium ꝛc. entwickelt. Manche Sporen, die sich in Flüssigkeiten weiter entwickeln, wie die Hefe (Fig. 63) bilden jedoch keine Schläuche, sondern neue, der ursprünglichen Spore ähnliche Zellen, die durch weitere Sprossung wieder andere hervorbringen können, so daß Sporenketten entstehen (sog. Torula= formen). In anderen Fällen bilden sich aus dem Mycelium anstatt röhrenförmiger Schläuche eiförmige Zellen, die ebenfalls in ketten= förmigen Reihen auftreten (Oidiumform — Fig. 82). Bei beiden, der Torula= sowohl als der Oidiumform, können die einzelnen Zellen, welche diese Ketten bilden, sich von einander trennen und jede dersel= ben sich unter günstigen Bedingungen zu einer neuen Pilzpflanze entwickeln, so daß sich die Pilze also nicht blos durch Samen, son= dern auch durch Knospen fortzupflanzen vermögen. Ein und derselbe Pilz kann ferner bisweilen verschiedene Arten von Sporen und Sporangien hervorbringen und von vielen Pilzen ist mit Sicherheit bekannt, daß sie in verschiedenen Lebensperioden nicht blos ganz verschiedene Formen zeigen, von denen man früher eine jede für eine besondere Pilzart hielt, sondern daß sie auch in diesen verschiedenen Lebensperioden an ganz verschiedene Wohnorte gebunden sind.

Einige Fälle der Art werden wir später noch genauer betrachten. Während man früher allgemein der Ansicht war, daß die Schimmelarten durch ein sog. Urzeugung entstehen, ist es jetzt ganz unzweifelhaft geworden, daß sie immer von Eltern gleicher Art, d. h. von Sporen oder Knospen abstammen, die fast überall in der Luft herumfliegen und sich entwickeln, wo sie die dazu nöthigen Bedingungen finden. Man kann daher auch überall die häufig so störende und unangenehme Entwicklung von Schimmel verhüten, wenn man von den Gegenständen, die man vor ihrem schädlichen Einfluß zu bewahren wünscht, ihre Keime abhält oder deren Entwicklung verhindert, was freilich meist in der praktischen Ausführung große Schwierigkeiten hat, da sie überall hingelangen, wo auch nur eine Spur von Luft einzudringen vermag. Leider verbietet uns der Raum auf die so wichtigen allgemeinen Verhältnisse der Pilze hier weiter einzugehen und verweisen wir Leser, welche sich speciell hierüber unterrichten wollen auf die Schrift von De Bary, Morphologie und Physiologie der Pilze 2c. Leipzig, W. Engelmann 1866, welche die erste Abtheilung des 2. Bandes von W. Hofmeister's Handbuch der physiologischen Botanik bildet.

Wir betrachten nun einige Arten der Pilze etwas genauer, die entweder durch ihr häufiges Vorkommen oder durch ihre praktische Wichtigkeit ein besonderes Interesse darbieten. Ihre mikroskopische Untersuchung hat meist keine Schwierigkeiten, da sie nur in seltenen Fällen einer besonderen Präparation bedürfen. Die meisten Verhältnisse werden deutlicher bei Wasserzusatz, doch bedarf es meist längerer Zeit bis dieses die Objecte gehörig durchdringt und die mit großer Zähigkeit anhängenden Luftblasen, welche die Beobachtung stören, austreibt. Auch wirkt Wasser vielfach verändernd ein. Man thut daher besser, sowohl trockene als feuchte Präparate von Pilzen zu untersuchen. Ebenso ist es zweckmäßig, wenn man Präparate zum Aufbewahren herstellen will, sowohl trockene, als feuchte, in Glycerin aufbewahrte, anzufertigen.

Eine der verbreitetsten Schimmelformen ist der **Pinselschimmel** (Penicillium glaucum Fig. 60). Er bildet sich an feuchten, dumpfigen Orten fast überall und auf den verschiedenartigsten Substanzen, auf faulenden Früchten, Kleister, Leder, selbst auf Flüssigkeiten wie Tinte ꝛc. und bildet bald einen leichten

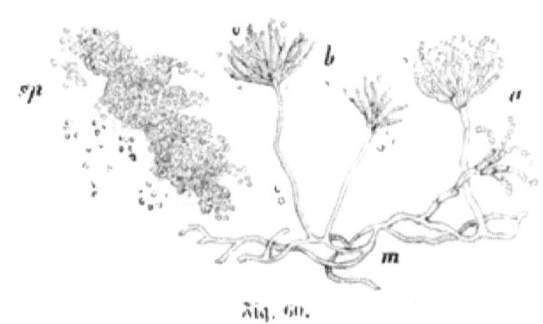

Fig. 60.

Anflug, bald dickere, häutige, krustenähnliche Massen meist von graugrüner, bisweilen aber auch von weißer oder blaßrötlicher Farbe. Unter dem Mikroskope erkennt man an demselben bei etwas sorgfältiger Präparation als Grundlage ein aus feinen Röhren bestehendes Mycelium (m), das jedoch meist einen dicht verwebten Filz bildet. Von diesem gehen aufrechte Hyphen aus, die an ihrer Spitze zahlreiche Aeste tragen, welche von einem Puncte ausgehen und eine Art Pinsel bilden bei b. Auf den Enden dieser pinselförmigen Aeste sitzen Sporenketten bei a, die jedoch nur deutlich erscheinen, wenn sie von Luft umgeben sind, da sie in Berührung mit Wasser sogleich in die einzelnen Sporen zerfallen. Neben diesen erscheinen immer einzelne Sporen als kleine Körnchen, ja ganze Haufen derselben bei sp. Die ungeheure Anzahl so wie die Kleinheit dieser Sporen, wodurch sie mit der Luft durch die kleinsten Spalten eindringen können, in Verbindung mit dem Umstand, daß dieser Pilz in seiner Nahrung nicht sehr wählerisch ist, erklären seine allgemeine Verbreitung.

Fig. 60. Der gewöhnliche grau grüne Schimmel, Penicillium glaucum — 300 mal vergrößert. m. Mycelium. a. Früchte mit Sporenketten. b. dieselben, nachdem die Sporen abgefallen sind, so daß die pinselförmigen Aeste des Fruchtstandes deutlich erscheinen. sp. Haufen von abgefallenen Sporen.

210 Ascophora. Mucor.

Zu den am häufigsten vorkommenden Schimmelarten gehören ferner verschiedene Formen aus der Gruppe der Mucorinen oder Mucorineen, die sich ebenfalls auf sehr verschiedenen organischen Substanzen, die in Verwesung übergehen, Fleisch, frischen Knochen, Kleister, Koth ꝛc. bilden können. Ihre

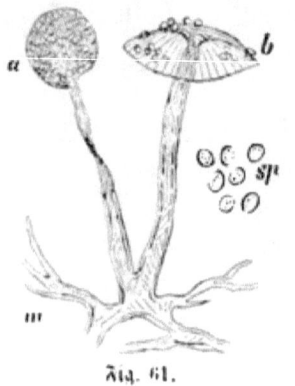

Fig. 61.

Sporen entstehen nicht frei, sondern in Sporangien, deren Haut platzt und die reifen Samen entläßt. Eine Art derselben, Ascophora, zeigt Fig. 61. Sie ist dadurch charakterisirt, daß die Hülle des reifen Sporangium sich nach dem Platzen zurückschlägt und eine Art Hut bildet, wie ein Hutpilz oder ein aufgespannter Sonnenschirm b. Mycelium, Hyphe und Sporangium derselben haben häufig eine dunkle, selbst schwarze Farbe; die Sporen (sp) sind eiförmig. Bei einer ebenfalls häufigen Form, Mucor Mucedo Fig. 62 A sind die Hyphen, welche die Sporan-

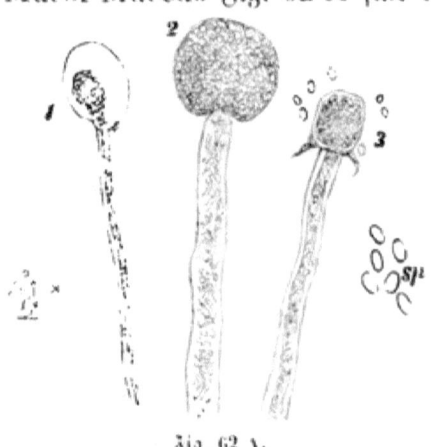

Fig. 62 A.

gien tragen ziemlich groß und lassen sich schon mit bloßem Auge als zarte Fäden mit einem Knöpfchen an der Spitze (bei ×) erkennen. Die Hüllen der Sporangien bilden hier nach dem Zerreißen keinen vollständigen Schirm wie bei Ascophora, ihre Reste erscheinen nur als unregelmäßige Lappen an dem oberen knopfförmig angeschwol-

Fig. 61. Ascophora. 190 mal vergrößert. m. Mycelium. a. Frucht (sporangium) noch unreif. b. dieselbe reif, die Hülle zerrissen und regenschirmförmig zurückgeschlagen. sp. reife Sporen. 400 mal vergrößert.

Fig. 62 A. Mucor mucedo. (natürliche Größe. 1—3 Hyphen mit Sporangien, 190 mal vergrößert. 1. unreif. 2. reif. 3. überreif, die Hülle geplatzt und zurückgeschlagen. sp. Sporen. 320 mal vergrößert.

lenen Ende der Hyphe bei 3. Eine andere hiehergehörige Form
Fig. 62 B bildet einen Stamm mit sehr regelmäßig gabelig ver=
zweigten Aesten, von denen jeder an seiner
Spitze eine Frucht trägt — ein Sporangium
mit je 2 oder 3 Sporen. Diese höchst zier=
liche Form gleicht im Kleinen einem Apfel=
baume mit Früchten, freilich ohne Blätter
und wurde deshalb von
Einigen Melidium genannt
Mele heißt im Griechi=
schen ein Apfelbaum. Nach
neueren Untersuchungen
sind es die Sporen dieser
Mucedineen (vielleicht auch

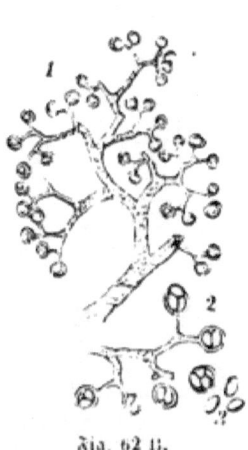

Fig. 63. Fig. 62 B.

noch anderer Pilze), welche die technisch so wichtige Hefe (Fig. 63)
bilden. In gährungsfähige Flüssigkeiten gebracht, entwickeln sie
keinen Keimschlauch, sondern treiben durch Knospung neue Zellen
aus, so daß die früher erwähnte Torula=
form entsteht. Durch ihre Gegenwart
werden die bekannten Gährungserschei=
nungen hervorgerufen, Zucker in Kohlen=
säure und Alkohol umgewandelt u. s. f.

Eine andere häufig vorkommende
Schimmelform ist der Traubenschimmel
(Botrytis — Fig. 64), der sich nament=
lich auf zersetzten, welken oder kranken
Pflanzentheilen entwickelt, z. B. auf
halbverwelkten Rosen, Pelargonien, die

Fig. 64.

Fig. 62 B. Verzweigter Mucor (Melidium). 1. Stamm mit Aesten, regelmäßig
dichotomischen Zweigen und Früchten; Vergrößerung 190 mal. 2. Zweig mit Früchten.
3. einzelne Sporen, stärker vergrößert (320 mal).
Fig. 63. Zellen der Bierhefe, theils vereinzelt, theils durch Sprossung zu Zellen=
reihen entwickelt Torulaform.
Fig. 64. Traubenschimmel (Botrytis). a. Hyphen mit Sporenhaufen, 190 mal
vergrößert. b. abgefallene Sporen, 320 mal vergrößert.

in dumpfigen Kellern überwintert werden ꝛc. Dem bloßen Auge erscheint er als ein zartwelliger Anflug von grauer Farbe. Unter dem Mikroskope zeigt er lange, im trockenen Zustande häufig bandartig platte, den Baumwollenfasern gleichende Hyphen, die bisweilen dunkel, fast schwarz gefärbt sind und an ihren Enden Haufen von Sporen tragen, welche in Form einer Traube gruppirt sind.

Als Beispiel einer von den bisher betrachteten etwas abweichenden Pilzform mag der Fig. 65 abgebildete Stysanus dienen, den man u. A. bisweilen auf Kartoffelknollen beobachtet, die im Keller aufbewahrt werden. Dem unbewaffneten Auge erscheint er in der Form von rehfarbigen Härchen oder zarten Borsten. Unter dem Mikroskope zeigt er ein wenig entwickeltes Mycelium, aus dem als Wurzel ein aufrechter Stamm hervorgeht, der aber nicht eine einfache Hyphe bildet, sondern aus einer Anzahl von Fasern zusammengesetzt ist, die wie in einem Bündel miteinander vereinigt sind. Nach oben treten dieselben auseinander und jede trägt an ihrem Ende eine rundliche oder ovale Spore, so daß eine Art Aehre entsteht.

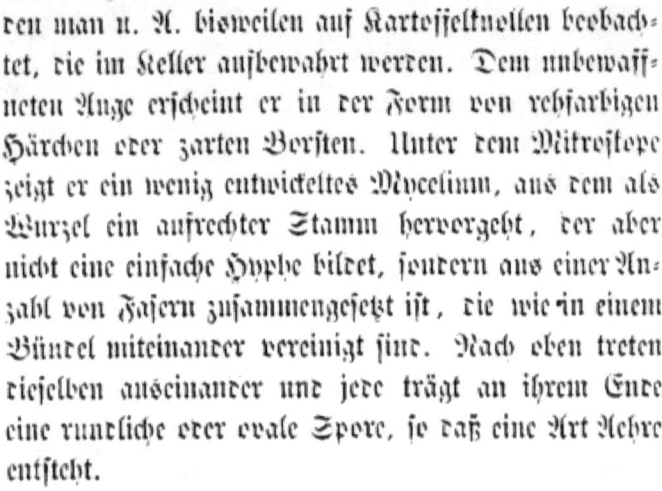

Fig. 65.

Während die bis jetzt betrachteten Schimmelformen — die sog. Saprophyten — nur aus bereits mehr oder weniger zersetzten organischen Substanzen ihre Nahrung ziehen, und durch ihre Gegenwart diese faulige Zersetzung begünstigen und weiterführen, entwickeln sich andere auf und in normalen Theilen von lebenden Pflanzen, bisweilen auch von Thieren, — parasitische Pilze, — indem sie von deren Säften leben und theils durch diese Saftentziehung theils auf andere, mechanische ꝛc. Weise ihren Wirthen mehr oder weniger Schaden zufügen. Zu diesen parasitischen Pilzen gehört eine häufig vorkommende und daher behufs ihrer Untersuchung an den meisten Orten leicht zu erlangende Art, welche sich vielfach auf den Stengeln und

Fig. 65. Stysanus 320 mal vergrößert.

Blättern des gewöhnlichen Hirtentaschenkrautes (Capsella bursa pastoris) entwickelt, diese auftreibt, verkrüppelt, und mit einem weißen Filze überzieht. Unter dem Mikroskope zeigt diese Pilzform eine Peronospora — Fig. 66 dicke Hyphen, die in feine vielfach verzweigte Aeste endigen und an den spitzen Enden derselben große eiförmige Sporangien tragen. Eine andere verwandte Art, die Peronospora infestans, bildet die Ursache der Kartoffelkrankheit, die wir ihrer großen Wichtigkeit wegen genauer in's Auge fassen wollen.

Fig. 66.

Bekanntlich macht sich seit einigen Jahrzehnten eine Krankheit der Kartoffeln bemerklich, welche eine theilweise Verderbniß ihrer Knollen veranlaßt, und die in einzelnen, namentlich in sehr feuchten Jahrgängen so ausgebreitet und so intensiv auftrat, daß sie Mißernten dieses wichtigen Nahrungsmittels zur Folge hatte.

Sie äußert sich in der Weise, daß zuerst das Kraut der Kartoffeln erkrankt. Von Ende Mai oder Mitte Juli an erscheinen auf einzelnen Blättern braune Flecken. Sieht man genauer zu, so erscheinen die Blätter, namentlich an ihrer Unterseite, gleichzeitig von einem zarten weißen Schimmel überzogen. Diese Flecke sind anfangs klein und sparsam, allmählich aber werden sie größer und häufiger, gehen auch auf die Stengel über und können zuletzt das ganze Kraut eines Kartoffelackers befallen, so daß dieses schwarz wird und abstirbt. Bei trocknem Wetter vertrocknet dasselbe allmählich, bei nasser Witterung dagegen fault es zu einer schmierigen Masse unter Entwickelung eines sehr üblen Geruches.

Die Knollen der Kartoffeln nehmen im Anfange an der Erkrankung keinen Antheil, doch wird in der Regel durch die Erkrankung des Krautes ihre Entwicklung mehr oder weniger beeinträchtigt,

Fig. 66. Peronospora auf Hirtentaschenkraut (Capsella bursa pastoris), 300 mal vergrößert.

so daß sie kleiner bleiben und einen geringeren Ertrag geben. Später, zur Zeit der Kartoffelernte, erscheinen jedoch auch die Knollen in der Mehrzahl der Fälle mehr oder weniger erkrankt. Man bemerkt an ihrer Oberfläche bräunliche, etwas eingesunkene Flecken. Schneidet man dieselben an, so erscheint auch ihr Inneres, an den der Oberfläche zunächst gelegenen Stellen braun gefärbt. Diese braune Färbung schreitet allmählich auch in die tieferen Schichten vor und kann zuletzt die ganze Knolle ergreifen. Diese verdirbt, und je nachdem mehr oder weniger Feuchtigkeit zugegen ist, verschrumpft sie entweder **trockene Fäule**, oder zerfließt zu einer stinkenden Jauche **nasse Fäule**.

Man hat versucht, die Entstehung dieser Kartoffelkrankheit auf sehr verschiedene Weise zu erklären, und je nach der Ursache, welcher man sie zuschrieb, sehr verschiedene Mittel vorgeschlagen, sie zu verhüten oder zu beseitigen. Einige hielten die Krankheit für eine Culturkrankheit, indem sie glaubten, daß die Kartoffeln durch den lange fortgesetzten Anbau derselben Sorten allmählich entartet seien, und entweder schon dadurch allein erkrankten, oder wenigstens dadurch so geschwächt seien, daß sie ungünstigen äußeren Einflüssen, wie Feuchtigkeit ꝛc. weniger leicht widerstehen könnten, und daher, wenn diese in ungewöhnlichem Grade einwirkten, wie in besonders nassen Jahren, der Krankheit zum Opfer fielen. Die Vertreter dieser Ansicht schlugen zur Verhütung der Krankheit den Anbau neuer noch nicht so lange cultivirter Kartoffelsorten vor und rathen namentlich statt wie bisher das Gewächs ausschließlich durch das Keimen der Knollen fortzupflanzen, von Zeit zu Zeit Kartoffeln aus Samen zu erziehen und dieselben zum Anbau zu verwenden. Andere suchten die Ursache der Krankheit in verschiedenen äußeren Verhältnissen, welche auf die Kartoffel schädlich einwirkten, wie ungünstige Bodenbeschaffenheit, unzweckmäßige Düngung, übermäßige Feuchtigkeit u. dergl. und schlugen demnach zur Beseitigung des Uebels verschiedene Mittel vor, welche diesen ungünstigen äußeren Verhältnissen abhelfen sollten. Neuere Forschungen tüchtiger Landwirthe und Botaniker machen es jedoch unzweifelhaft, daß keine der bis jetzt erwähnten Ansichten über die Ursachen der Kartoffelkrankheit richtig ist, daß dieselbe vielmehr ausschließlich durch das Auftreten eines parasitischen Pilzes Peronospora infestans bewirkt wird, wenn gleich allerdings dessen Vermehrung, und damit die Verbreitung der Krankheit durch äußere Einflüsse, wie große Nässe, begünstigt werden kann. Der Raum gestattet nicht, alle die Versuche und Erfahrungen, welche dies beweisen, hier ausführlich mitzutheilen. Wir müssen uns damit begnügen, die Eigenthümlichkeiten der Peronospora, ihr Auftreten, so wie ihre Entwicklung und Weiterverbreitung in den verschiedenen Theilen der Kartoffelpflanze so weit zu beschreiben und durch Abbildungen zu erläutern, daß der Leser in den Stand gesetzt wird, die hauptsächlichsten Beobachtungen und Versuche mit Hülfe des Mikroskopes selbst nachzumachen, und wollen ferner die Wirkungen des Pilzes, so wie die Wege, welche man zur Bekämpfung und Verhütung der Kartoffelkrankheit anwenden kann, kurz besprechen. Diejenigen, welche weitere Belehrung suchen, verweisen wir auf ausführlichere Schriften über diesen Gegenstand, namentlich die von Julius Kühn, Die Krankheiten der Culturgewächse, ihre Ursachen und ihre Verhütung. 2. Aufl. Berlin, 1859 und A. De Bary, Die gegenwärtig herrschende Kartoffelkrankheit, ihre Ursache und ihre Verhütung. Leipzig, 1861, dessen lichtvolle Schilderung des Sachverhaltes wir im Folgenden in der Hauptsache wiedergeben.

Bringt man feine Durchschnitte von Kartoffelblättern, die noch grün sind, aber bereits braune Flecken zeigen, unter das Mikroskop, so kann man sich bei sorgfältiger Untersuchung derselben überzeugen, daß zwischen den Parenchymzellen derselben (Fig. 67 p p das Mycelium des Pilzes m m vielfache Verzweigungen bildet, die zarte Röhren von ungefähr 4 μ Dchm. darstellen. Von diesem Mycelium gehen Hyphen aus h h, welche vorzugsweise an der Unterfläche des Blattes durch die Spaltöffnungen nach außen treten, bisweilen jedoch, namentlich bei feuchter Witterung, auch an der oberen Blattfläche zum Vorschein kommen. Sie erscheinen dem unbewaffneten Auge bei genauer Betrachtung als ein zarter weißer Schimmel. Diese Hyphen treiben in einiger Entfernung von der Blattfläche mehrere Seitenäste, welche spitz zulaufen, häufig aber vor ihrem Ende eine oder selbst mehrere kugelige Anschwellungen zeigen. An den Spitzen dieser Aeste bilden sich die Früchte — Samen Sporen, welche in kapselartige Behälter (Sporangien) eingeschlossen sind x x. Diese Sporangien der Peronospora bilden mit einer Spitze versehene Kugeln, etwa von der Form einer Citrone und hängen durch einen kurzen Stiel mit dem Ende des Fruchtastes zusammen, an welchem sie sich entwickelt haben. Nach vollständiger Reife löst sich diese Verbindung mit dem Fruchtaste und sie fallen ab. Wenn man dieselben massenweise sammelt, etwa auf einem Blatte schwarzen Glanzpapieres, erscheinen sie dem unbewaffneten Auge als feiner weißer Staub. Gelangen diese abgefallenen Sporangien in feuchte Erde, auf feuchte Pflanzentheile ꝛc., oder bringt man sie einfach auf einem Objectglase mit Wasser zusammen, so erleiden sie innerhalb weniger Stunden weitere Veränderungen f. Fig. 68. In der Regel ist dabei der Hergang folgender: (die Betrachtung einiger bisweilen vorkommender Ausnahmen würde zu weit führen). Der früher gleichmäßig feinkörnige Inhalt derselben sondert sich in eine Anzahl Portionen a. Nachdem dies geschehen, bildet sich am spitzen Ende des Sporangium ein rundes Loch, durch welches die Theile, in welche sich der Inhalt geschieden hat, einzeln austreten b. Jede dieser Portionen entwickelt sich sogleich nach ihrem Austritte zu einer Schwärmspore c, die, mit zwei fadenförmigen Anhängen (Cilien oder Wimpern) versehen, sich mittelst derselben lebhaft bewegt, herumschwärmt. Nach etwa einer halben Stunde hört die Bewegung der Schwärmsporen auf, nachdem sie allmählich langsamer geworden war, dieselben verlieren ihre Wimpern und werden zu kugeligen Gebilden Fig. 69, 1, die sogleich zu keimen anfangen. Dies geht in der Weise vor sich, daß die Kugel, um welche sich inzwischen eine Wand gebildet hat, und die dadurch zu einem Bläschen geworden ist, einen Keimschlauch austreibt 2, der immer

in den Blättern der Kartoffeln. 217

weiter wächst 3 und 4, sich verzweigt und zum Mycelium der künftigen Pflanze entwickelt. Der Inhalt des Keimbläschens wandert dabei allmählich in den Keimschlauch, so daß in jenem zunächst

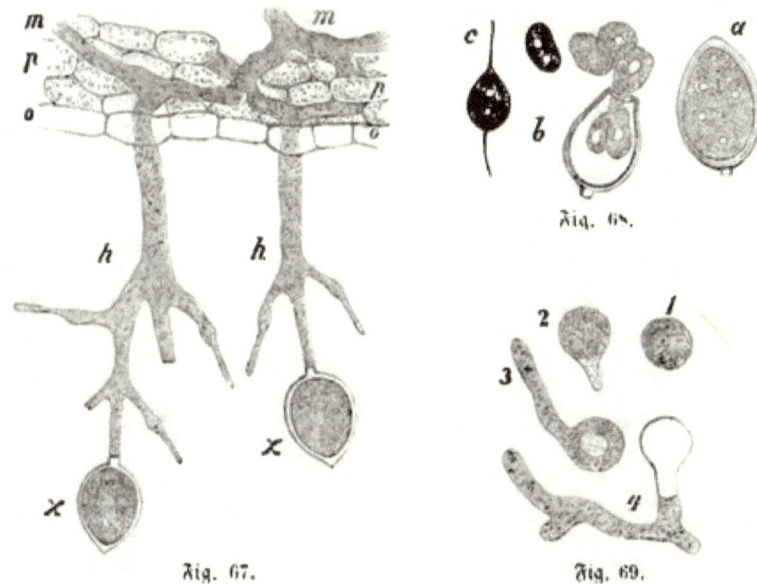

Fig. 67. Fig. 69.

ein Hohlraum entsteht (bei 3). Später wird das Keimbläschen und der ihr benachbarte Theil des Schlauches ganz leer (in 4), fällt

Fig. 67. Durchschnitt eines Kartoffelblattes, welches von Peronospora durchwachsen ist, circa 300 m. vergrößert. o o die Oberhautzellen der unteren Blattfläche p p noch grüne Parenchymzellen, Chlorophyllkörnchen enthaltend. m m Mycelium der Peronospora, welches sich im Parenchym verzweigt und zwei Fruchtzweige h h (Hyphen) nach außen schickt, von denen jeder an seiner Spitze ein reifes Sporangium (x) trägt; außerdem zahlreiche Fruchtstiele, an denen sich später ebenfalls Sporangien entwickeln werden.

Fig. 68. Reife Sporangien von Peronospora, 400 m. vergr. In dem Sporang. a hat sich der Inhalt getheilt und eine Anzahl Zoosporen entwickelt, von denen in der Figur 5 sichtbar sind. Bei b hat sich das Sporangium geöffnet, und die in demselben enthaltenen Zoosporen oder Schwärmsporen sind theils bereits ausgetreten, um ihre schwärmende Bewegung zu beginnen, theils eben im Austreten begriffen. c Schwärmspore, mit 2 fadenförmigen Cilien.

Fig. 69 zeigt Sporen der Peronospora, nach vollendetem Schwärmen zur Ruhe gekommen, und in verschiedenen Stadien der Keimung begriffen. Vergr. 400 m. Dchm. Die Spore 1 zeigt noch keine Keimung, 2 hat bereits einen kurzen Keimschlauch getrieben; bei 3 ist derselbe stärker entwickelt, und mit dem körnigen Inhalt der Spore erfüllt, während letztere in ihrem Innern eine leere Stelle (Vacuole) zeigt. Bei 4 ist der Keimschlauch bereits verzweigt und bildet den Anfang eines Myceliums, die ursprüngliche Spore erscheint leer.

wohl auch etwas zusammen Fig. 70 s. Eine Weiterentwickelung des Keimes zum Mycelium einer neuen Pflanze erfolgt jedoch nur dann, wenn der Keim an Stellen geräth, an welchen er die zu seinem weiteren Wachsthum nothwendigen Nahrungsstoffe findet, d. h. an die Blätter, Stengel oder Knollen von Kartoffeln.

Bringt man reife Sporangien der Peronospora auf feucht gehaltene Stengel oder Blätter von Kartoffeln, so treten sehr bald die oben geschilderten Veränderungen ein. Es entwickeln sich aus ihnen

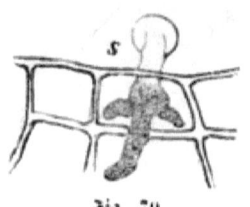
Fig. 70.

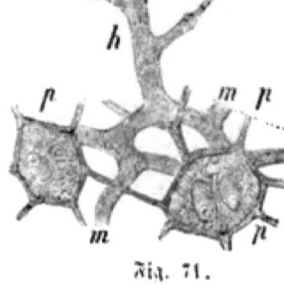
Fig. 71.

Fig. 72.

Schwärmsporen, diese keimen, nachdem sie zur Ruhe gekommen sind, und ihre Keimschläuche dringen in das Innere der Pflanze ein. Dies geschieht nicht blos durch die natürlichen Spaltöffnungen an der Unterfläche der Blätter, sie sind ebenso gut im Stande die Wände der unverletzten Oberhautzellen zu durchdringen s. Fig. 70. Die in das Innere der Blätter, Stengel u. s. f. eingedrungenen Keimschläuche wachsen dort weiter, indem sie sich vorzugsweise in

Fig. 70. Vergr. 350 m. zeigt das Eindringen einer keimenden Spore von Peronospora in das Innere eines Kartoffelstengels. Die bereits leere und etwas zusammengefallene Spore s hat einen Keimschlauch entwickelt, welcher in eine der Oberhautzellen des Stengels eingedrungen ist. Er hat mehrere Zweige getrieben, die zum Theil in benachbarte Zellen eingedrungen sind und sich zum künftigen Mycelium des Pilzes entwickeln.

Fig. 71. Vergr. 200 m. Dchm. Durchschnitt eines Stückchens Kartoffelknollen mit Peronospora. p p Parenchymzellen der Knolle, 2 davon noch mit Stärkekörnern etc. gefüllt, die anderen leer. m m Mycelium des Pilzes, das in und zwischen den Zellen der Knolle wuchert. h Hyphe, die vom Mycelium ausgeht, mit Aesten, welche sich zur Fruchtbildung anschicken.

Fig. 72. Ein Sporangium von Peronospora, 400 m. Dchm. vergrößert, welches nicht wie die in Fig. 68 erst Schwärmsporen bildet, sondern auf einer Kartoffelknolle keimend, unmittelbar einen Keimschlauch austreibt, sich also wie eine Spore verhält.

den Zwischenräumen zwischen den Parenchymzellen verbreiten, und dort ein Mycelium bilden, das einerseits immer weiter wuchert und so neue Gruppen von Parenchymzellen umspinnt, anderntheils Hyphen entwickelt, welche, nachdem sie die Oberhaut der Pflanze durchbrochen haben und ins Freie gelangt sind, dort Fruchtäste treiben und neue Sporangien entwickeln. Ueberall, wo das Mycelium des Pilzes die Zellen des Gewebes der Kartoffelpflanze durchdringt, oder auch nur berührt, nehmen letztere eine braune Färbung an, erkranken und sterben zuletzt ab. Dies erfolgt am raschesten in luftreichen Pflanzentheilen, daher am ersten in der Nähe der Athemhöhlen der Blätter, später im Gewebe der Stengel u. s. f. Die Keimung, so wie die Weiterentwicklung und Fructification des Pilzes erfordert ferner einen gewissen Grad von Feuchtigkeit, — sie erfolgt daher leichter und rascher, wenn man die Pflanzen künstlich feucht hält, oder im Freien bei nasser Witterung.

Aus diesen und ähnlichen Beobachtungen ergiebt sich aber mit Bestimmtheit, daß die Peronospora wirklich die alleinige Ursache der Krankheit des Kartoffelkrautes ist, und nicht etwa, wie viele Fäulnißpilze, erst in F o l g e einer durch andere Ursachen herbeigeführten Erkrankung und Zersetzung des Gewebes der Pflanze sich entwickelt. Ihr Mycelium läßt sich bereits in Theilen der Pflanze nachweisen, welche noch grün und dem äußeren Anscheine nach gesund sind: erst n a c h der Entwickelung des Myceliums in ihnen werden dieselben braun und sterben ab. Mit dem Absterben der Pflanzentheile hört aber auch die Weiterentwicklung des Pilzes auf; derselbe geht dann gleichfalls zu Grunde. Ueberdies kann man künstlich in jedem beliebigen Theile einer gesunden Kartoffelpflanze die Krankheit hervorrufen, wenn man keimfähige Sporangien von Peronospora unter solchen Bedingungen auf denselben bringt, daß diese keimen und daß ihre Keimschläuche in den Theil eindringen.

Mit dieser Erklärung des Erkrankens der Kartoffelpflanze ist aber die praktisch noch viel wichtigere Frage nicht beantwortet, wodurch die Krankheit der Kartoffelk n o l l e n bewirkt wird?

Ueber die Ursache dieser letzteren wurden gleichfalls sehr verschiedene Ansichten aufgestellt. Manche waren der Meinung, daß die Knollenfäule mit der Krankheit des Krautes gar Nichts zu thun habe, nur daß erstere durch Feuchtigkeit, unzweckmäßige Düngung u. s. f. hervorgerufen werde, oder daß sie ihre Entstehung anderen von der Peronospora verschiedenen Pilzen verdanke, welche man häufig auf faulenden Kartoffelknollen findet, namentlich dem Fusisporium Solani und der Spicaria Solani.

Andere geben zu, daß die Erkrankung des Krautes allerdings eine der Ursachen der Knollenfäule sein könne, jedoch nur mittelbar. Durch dieselbe werde nämlich die Entwickelung der Knollen gehemmt und denselben schlechte Säfte zugeführt, wodurch sie äußeren Einflüssen weniger widerstehen könnten und, namentlich bei nasser Witterung, leichter faulen als sonst.

Genauere Beobachtungen und Versuche haben jedoch ergeben, daß die Peronospora die alleinige und directe Ursache, wie der Erkrankung des Krautes, so auch der Fäule der Knollen ist. Wenn man vollkommen gesunde Kartoffelknollen in feuchte Erde eingräbt und auf die Oberfläche der letzteren reife Sporangien der Peronospora in hinreichender Anzahl ausstreut, so erkranken nach etwa 1—2 Wochen die Knollen regelmäßig, und zeigen alle die Erscheinungen der Kartoffelfäule, bekommen an der Oberfläche braune Flecken u. s. w. Ihr Parenchym ist an den erkrankten Stellen von verzweigten mikroskopischen röhrigen Fäden durchzogen, welche alle Eigenschaften des Mycelium der Peronospora an sich tragen. Noch anschaulicher wird die Sache, wenn man Kartoffelknollen oder abgeschnittene Stücke derselben mit Sporangien von Peronospora direct bestäubt und unter eine Glasglocke bringt, deren Inneres immer feucht erhalten wird, durch ein hineingestelltes Schälchen mit Wasser oder auf andere Weise. Man kann dann das Eindringen der aus den Sporangien hervorgehenden Keimschläuche in dieselben direct beobachten. Die so behandelten Kartoffelstücke zeigen nach wenigen Tagen braune Flecken und erkranken auf dieselbe Weise, wie bei der

Knollenfäule. Ihr Parenchym erscheint auf feinen Durchschnitten unter dem Mikroskope von neugebildetem Mycelium der Peronospora durchzogen, und unter günstigen Verhältnissen, — bei Einwirkung von Feuchtigkeit, Wärme und Luft kann dieses Mycelium selbst Hyphen treiben, auf denen sich wiederum Sporangien entwickeln (Fig. 71). Verfolgt man den Entwicklungsproceß der in die Knollen eindringenden Keimschläuche näher, so findet man jedoch, daß nicht alle auf den Knollen keimende Sporangien erst Schwärmsporen bilden, wie dies auf grünen Pflanzentheilen immer geschieht. Manche Sporangien entwickeln vielmehr sogleich einen Keimschlauch, ohne vorher ihren Inhalt als Zoosporen zu entlassen, verhalten sich also nicht wie Sporangien, sondern wie einfache Sporen (s. Fig. 72). Der Grund hiervon ist bis jetzt noch unerklärt.

Aber auch durch eine mikroskopische Untersuchung solcher Knollen, welche von selbst erkrankt sind, kann man sich überzeugen, daß deren Fäule durch das Auftreten von Peronospora bedingt wird. Man kann nämlich in den braunen Stellen derselben fast in allen Fällen, freilich nicht ohne Aufwand von Mühe und Geduld, das Mycelium des Pilzes nachweisen, und sollte über dessen Identität ja noch ein Zweifel obwalten, so läßt sich dieser dadurch heben, daß man Stücke von solchen kranken Knollen an einen warmen Ort unter eine feuchtgehaltene Glasglocke bringt. Sie entwickeln dann nach wenigen Tagen die unverkennbaren Hyphen der Peronospora, welche selbst die charakteristischen Früchte produciren. Nur darf man zu diesem Versuche keine durch und durch erkrankten Knollen anwenden. Denn wenn deren Fäulniß bereits stark vorgeschritten ist, so stirbt auch das in ihnen enthaltene Pilzmycelium ab und kann keine Hyphen und Früchte mehr entwickeln.

Die Krankheit der Kartoffeln, die des Krautes sowohl als die Fäule der Knollen läßt sich also durch die Anwesenheit der Peronospora vollständig erklären. Wie kommt aber der Pilz in die Kartoffelpflanzen? — eine Frage, deren Beantwortung natürlich für die Verhütung der Krankheit eine große Wichtigkeit hat.

Daß er darin nicht etwa von selbst, durch sogenannte Urzeugung entstehen kann, sondern immer mit Nothwendigkeit von einem Pilze gleicher Art abstammen muß, darüber kann nach dem bereits früher S. 208 über die Entstehung der Pilze überhaupt Mitgetheilten kein Zweifel sein. Er muß also in die Kartoffelpflanzen, welche befallen werden, irgend woher von außen gelangen. Es könnte dies möglicherweise dadurch geschehen, daß reife Sporangien der Peronospora, welche im Herbste auf den Boden des künftigen Kartoffelfeldes gefallen sind, dort überwintern, im nächsten Frühlinge oder Sommer aber keimen und in die in ihrer Nähe befindlichen Kartoffelpflanzen eindringend, diese anstecken. Dies scheint jedoch nach zahlreichen von De Bary angestellten Versuchen zu schließen nicht oder nur ganz ausnahmsweise der Fall zu sein. Solche reife Sporangien keimen bei feuchtem Wetter sehr bald, schon nach wenigen Stunden; trocken aufbewahrt verlieren sie ihre Keimfähigkeit nach einigen Wochen. Erde eines Kartoffelfeldes, welche im Herbste sehr zahlreiche Sporangien des Pilzes enthielt, hatte im folgenden Frühlinge nicht mehr die Fähigkeit, in derselben cultivirte Kartoffeln anzustecken.

Man könnte ferner an die Möglichkeit denken, daß Peronospora einem Formenkreise angehöre, der mehrere Entwicklungsstufen durchmache, welche auf verschiedenen Pflanzen wohnen, wie z. B. Puccinia und Aecidium (wovon später), also in einer andern Form auf ganz anderen Pflanzen überwintere und von diesen im Sommer auf Kartoffeln überginge. Aber auch diese Ansicht wird sehr unwahrscheinlich durch das gänzliche Mißlingen aller Versuche, Peronospora infestans auf anderen Pflanzen als Kartoffeln in irgend einer Form zur Entwicklung zu bringen, und umgekehrt aus anderen Pilzformen — namentlich solchen, die häufig auf faulenden Kartoffelknollen vorkommen, Fusisporium und Spicaria — Peronospora zu erziehen.

Es bleibt daher nur die Annahme übrig, daß das Mycelium der Peronospora, welches in den erkrankten Theilen der den Winter hindurch aufbewahrten Kartoffelknollen enthalten ist, nach dem Aussäen dieser Knollen im Frühlinge das Wiederauftreten der Krankheit im Sommer veranlaßt. Für diese Annahme sprechen sehr gewichtige Gründe. Unter den Verhältnissen, unter welchen die Kartoffeln gewöhnlich in Kellern aufbewahrt werden, entwickelt sich das Mycelium des Pilzes während des Winters in ihnen nur wenig weiter. Bringt man jedoch Stücke derselben in eine feuchtwarme Atmosphäre, so bringt dasselbe, wie bereits oben erwähnt, Hyphen und Früchte hervor. Dasselbe geschieht nach der Aussaat solcher Knollen im Frühlinge. Sind die Knollen zerschnitten, oberflächlich gelegt, das Erdreich locker und feucht, so können sie direct Hyphen und Früchte produciren. Doch scheint dies nur selten zu geschehen. Häufiger dringt das Mycelium des Pilzes in die jungen Triebe der Saatkartoffeln ein und wächst mit diesen immer weiter, bis es endlich in die Stengel, Zweige und Blätter gelangt und in diesen erst Hyphen mit Sporangien entwickelt, welche die Krankheit weiter verbreiten. Enthalten daher unter den ausgesäten Kartoffelknollen nur einige wenige Mycelium von Peronospora, so kann durch diese dennoch unter Bedingungen, welche die Verbreitung und Entwicklung der Pilze begünstigen, wie namentlich anhaltend nasse Witterung, allmählich, d. h. im Laufe mehrerer Monate ein ganzer Kartoffelacker, ja eine ganze Flur von der Krankheit angesteckt werden. Denn die Vermehrung der Peronospora erfolgt wie bei den meisten Pilzen in außerordentlich großem Maaßstabe. Ein einziges Kartoffelblatt kann Tausende von Sporangien produciren. Werden diese durch Wind, Insecten u. dergl. auf einen weiteren Umkreis verbreitet und sind die Witterungsverhältnisse ihrer Weiterentwicklung günstig, so können sie hunderte von benachbarten Kartoffelpflanzen anstecken; diese nach einiger Zeit, wenn sie ebenfalls Samen producirt haben, weitere Tausende u. s. f.

Aus dem Mitgetheilten ergiebt sich auch, welche Mittel man anwenden kann, um die Kartoffelkrankheit möglichst zu verhüten oder zu bekämpfen. Sie müssen wesentlich dahin gerichtet sein, den

Pilz von Kartoffeln abzuhalten und dessen Entwicklung in denselben
möglichst zu beschränken. Da die Pilze durch die zur Aussaat ver=
wandten Knollen in die Pflanzen gelangen, so wähle man wo mög=
lich ausschließlich solches Saatgut, welches ganz gesund und pilzfrei
ist. Um die nachtheilige Wirkung der Feuchtigkeit zu paralysiren,
welche die Entwicklung der Krankheit begünstigt, benütze man zur
Kartoffelcultur vorzugsweise trockene und luftige Aecker.

Aber nicht blos die Kartoffelkrankheit, auch manche andere
Krankheiten wichtiger Culturgewächse werden durch Pilze hervor=
gerufen: so der Rost und Brand des Getreides, manche Arten von
Mehlthau, die Traubenkrankheit ꝛc. Einige derselben verdienen theils
wegen eigenthümlicher, dabei stattfindender Verhältnisse, theils wegen
ihrer ökonomischen Bedeutung eine nähere Betrachtung.

Der sogenannte Rost der Getreidearten und mancher anderen
Gräser hängt von Pilzen ab, die sich in ihrer Entwicklungsweise von
den bisher betrachteten wesentlich unterscheiden. Sie zeigen nämlich
einen sogenannten Generationswechsel, d. h. sie stellen in verschie=
denen Lebensperioden ganz verschiedene Formen dar und können
überdies ihren ganzen Entwicklungskreis nicht auf einer Pflanze voll=
enden, sondern brauchen dazu nothwendig zwei Pflanzen, die ganz
verschiedenen Arten angehören. Die am häufigsten vorkommende

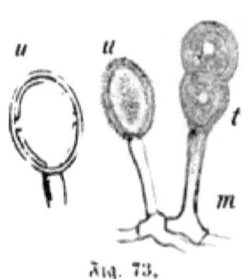

Fig. 73.

Art des Getreiderostes, welche von einer
Puccinia Graminis genannten Pilzart ver=
anlaßt wird, bildet auf den Blättern roth=
gelbe Flecke, die anfangs nur im Innern des
Blattes sitzen, später aber dessen Oberhaut
durchbrechen und als rostfarbiger Staub auf
seiner Oberfläche erscheinen. Untersucht man
einen solchen Rostfleck eines Getreideblattes
sorgfältig unter dem Mikroskop, so findet man Fig. 73 ein aus

Fig. 73. Puccinia Graminis. 300 m. vergr. m Mycelium. t Teleutosp̄ore.
u u Uredosporen. Die eine im Umrisse gezeichnet läßt die Innenhaut mit 2 Keim=
poren erkennen.

röhrigen, hie und da mit Scheidewänden versehenen Fäden bestehendes Pilzmycelium, das sich zwischen den Parenchymzellen der Mutterpflanze verzweigt (m). Von diesem erheben sich kurze Hyphen, welche die Oberhaut durchbrechen und an ihren Enden Sporen von zweierlei Beschaffenheit tragen. Die eine Art derselben — Uredosporen, u, u — ist eiförmig, etwa 40 μ lang und 20 μ breit, und mit einer doppelten Haut umgeben, deren äußere (Episporium) die Spore überall umschließt, während die innere (Endosporium) in ihrem Aequator vier runde Löcher zeigt, die sogenannten Keimporen, aus denen beim Keimen die Keimschläuche hervortreten. Diese Uredosporen können wiederum Rost hervorbringen, entweder auf derselben Pflanze, einer benachbarten derselben Art oder auf einer andern verwandten Grasart, indem sie Keimschläuche austreiben, welche in das Innere eines Blattes eindringen und dort ein Mycelium entwickeln, das wiederum Sporen trägt u. s. f. Wesentlich verschieden von diesen Uredosporen ist die andere Art Sporen, welche der Pilz entwickelt, — die Teleutosporen t. Sie sind etwas größer, bilden eine birnförmige Doppelzelle, und entwickeln sich bald neben Uredosporen aus demselben Mycelium, wie in Fig. 73, bald auf besondern Lagern, die nur Teleutosporen hervorbringen. Diese Teleutosporen keimen ebenfalls, indem sie an ihren Keimschläuchen secundäre Sporidien entwickeln (vergl. Fig. 77), die in Blätter eindringend ein Mycelium erzeugen. Aber diese Weiterentwicklung erfolgt nie auf Getreide oder einer anderen Grasart, sondern immer nur auf den Blättern einer ganz verschiedenen Pflanze, des Berberizenstrauches (Berberis vulgaris) und ihr Mycelium veranlaßt in diesen keinen Rost, sondern ein ganz anderes Gebilde, das man früher für eine selbstständige Pilzart gehalten und Aecidium genannt hat. Wie das Mycelium der Puccinia zweierlei Sporen hervorbringt, so erscheint auch das Aecidium der Berberis unter zwei verschiedenen Formen — Spermogonien und eigentlichen Aecidien. Die Spermogonien bilden zuerst gelbrothe Fleckchen im Innern des Blattes, die sich später nach außen öffnen. Unter dem Mikroskope erscheinen sie (Fig. 74) als krugförmige Höhlen, welche in das Parenchym des Blattes (p p) eingesenkt sind und neben einer vom Mycelium gebildeten Hülle (m m) ausgefüllt wer-

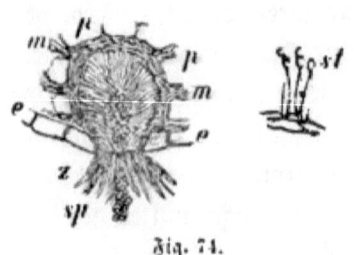

Fig. 74.

den von stabförmigen zugespitzten Körpern Sterigmen (st), welche an ihren Enden kleine rundliche Zellen (Spermatien) entwickeln, die sich all- mählich im Innern der Höhle an- häufen und nachdem später die Ober- haut des Blattes e e durchbrochen worden ist, in eine gallertartige Masse eingehüllt nach außen ent- leert werden (bei sp). Die Mündung der Oeffnung ist mit zahl- reichen pfriemenförmigen Anhängen Paraphysen — z besetzt. Die Bedeutung dieser Spermogonien ist noch nicht festgestellt. Daß die Spermatien keimungsfähige Sporen bilden ist nicht wahrscheinlich. Die andere Form, die eigentlichen Aecidien, welche meist etwas spä- ter erscheinen als die Spermogonien und bald in deren Umgebung bald zwischen ihnen auftreten, dient dagegen entschieden zur Fort- pflanzung des Pilzes. Sie haben in ihrem Aussehen viele Aehnlich- keit mit den Spermogonien und bestehen anfangs aus kleinen An- häufungen von runden oder ovalen Merenchymzellen (Fig. 51,

Fig. 75.

S. 180) im Innern des Blattes, welche von einer aus verflochtenem Mycelium gebildeten Hülle umgeben werden. Im Grunde dieses Parenchymkörpers, d. h. an der Seite des- selben, welche dem Inneren des Blattes zu- gekehrt ist, bildet sich später ein sogenanntes

Fig. 74. Durchschnitt eines Blattes von Berberis mit einem Spermogonium von Puccinia graminis. Vergr. 150 m. e e Zellen der Epidermis (Oberhaut) p p Paren- chym der Nährpflanze. m Mycelium. z Paraphysen. Im Innern Sterigmen mit Spermatien, welche letztere bei sp aus dem geöffneten Aecidium hervortreten. Die Nebenfigur st zeigt junge Sterigmen mit Spermatien 320 m. vergr.

Fig. 75. Durchschnitt eines Blattes von Berberis mit einem geöffneten Becher- chen von Aecidium, 60 m. vergr. e e Zellen der Oberhaut (Epidermis). p p Paren- chymzellen der Berberis. Zwischen ihnen das fadige Mycelium des Pilzes. h Hyme- nium, auf ihm die Basidien mit ihren Sporenketten. z z Hülle oder Pseudoperidie.

Hymenium (Fig. 75 h), d. h. eine kreisförmige Schicht von kurzen säulenförmigen Basidien (Fig. 76 b), die senkrecht auf dem Grunde stehen und von denen jede an ihrem Ende eine lange Reihe von Sporen abschnürt, welche aus Zellen besteht, die durch gegenseitigen Druck eckig geworden sind — Sporenketten (s Fig. 76), und eine rothe Farbe haben. Diese eckigen Sporen keimen auf Blättern von Getreide und entwickeln in denselben ein Mycelium, das nicht Aecidium, sondern wieder Rost hervorbringt, womit der Kreislauf der Entwickelung vollendet ist. Den Winter hindurch wird die Fortpflanzung von Puccinia Graminis nur durch Teleutosporen vermittelt, welche überwintern und im Frühjahre in den Blättern von Berberis Aecidium entwickeln, deren Bildung meist nach der Blüthe der Berberis vollendet ist. Die Sporen dieser Aecidien entwickeln sich auf Roggen, Weizen, Hafer 2c. zu Puccinien, deren Uredosporen wieder neuen Rost bilden können.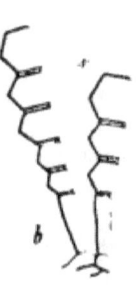

Fig. 76.

Später im Jahre erscheinen dann auch Teleutosporen, die überwindend durch die Luft weiter geführt, wieder Aecidien produciren. Durch diese Thatsachen, welche hauptsächlich durch die schönen Untersuchungen von De Bary festgestellt wurden ist der alte Glaube vieler Landleute bestätigt worden, daß der Rost der Berberizen sich auf das Getreide übertrage und dieses anstecke. Es erscheint daher räthlich, Berberizensträucher in der Nähe von Getreidefeldern nicht zu dulden, wenn man diese Form des Getreiderostes möglichst in Schranken halten will.

Eine andere Art von Rost, der den Getreidearten fast ebenso schädlich ist, wird von einer verwandten Pilzform, der Puccinia Straminis veranlaßt, die einen ähnlichen Entwicklungskreis durchläuft. Ihre Teleutosporen t Fig. 77) sind von denen der Pucc. Graminis etwas verschieden, eckiger und in der Mitte weniger eingeschnürt. Sie keimen in der Weise, daß sie Keimschläuche k aus-

Fig. 76. Zwei Basidien b mit ihren Sporenketten s aus dem Innern des Aecidium Berberidis. 320 m. vergr.

15 *

senden, die sich durch Querwände in 3 bis 5 Zellen abtheilen. Jede von diesen treibt einen kurzen pfriemenförmigen Fortsatz — Sterigma, st. — An diesen Sterigmen bilden sich rundliche oder nierenförmige

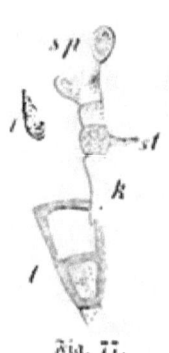

Fig. 77.

Sporidien (sp), die später abfallen (bei t) und indem sie wiederum Keimschläuche austreiben in die Blätter verschiedener Pflanzen eindringen, welche der Familie der Boragineen angehören (Anchusa officinalis, Lycopsis arvensis, Echium vulgare, Nonnea violacea). Sie bilden dort ein Mycelium, welches sich zu einem Aecidium entwickelt, mit orangerothen glatthäutigen Sporen, die je vier zarte Keimporen zeigen — dem sogenannten Aecidium Asperifolii. Die Sporen dieses Aecidium entwickeln sich wiederum auf Getreideblättern oder denen anderer Gräser zu Rost, der Uredosporen und endlich Teleutosporen producirt, womit der Entwicklungskreislauf geschlossen ist. Hieraus ergiebt sich für den Landwirth die Aufgabe, wenn er diese Art des Getreiderostes möglichst verhüten will, jene eben genannten Pflanzen aus der Familie der Boragineen, die so häufig an Feldrändern wachsen, nicht zu dulden, sondern auszurotten.

Einfachere Verhältnisse zeigen die verschiedenen **Brandpilze**, welche den sogenannten Brand des Getreides veranlassen. Wir wollen sie wegen ihrer großen praktischen Wichtigkeit ebenfalls etwas näher betrachten. Beim sogenannten Brand werden bekanntlich die ergriffenen Theile der Getreidepflanze verändert, meist schwarz, wie brandig, verkümmern mehr oder weniger und enthalten eine dunkle schmierige Masse, die trocken einen schwarzen Staub bildet und aus Pilzsporen besteht, welche unter günstigen Bedingungen auf anderen Getreidepflanzen keimen, sich weiterentwickeln und diese ebenfalls brandig machen können. Man unterscheidet verschiedene Arten von Getreidebrand, die durch verschiedene Pilze veranlaßt werden.

Fig. 77. Teleutospore von Puccinia Straminis, keimend, 300 m. vergr. Aus der einen Zelle der Teleutospore t entwickelt sich ein Keimschlauch k. st Sterigma. sp Sporidie, t abgefallene Sporidie, die sich anschickt, einen Keimschlauch zu entwickeln.

Flugbrand (Ustilago carbo).

Die eine, der Flugbrand, kommt namentlich an den Aehren und Samen von Gerste und Hafer vor; macht diese schwarz oder mißfarbig. Diese schwarze Masse besteht aus den Sporen eines Pilzes, den man Ustilago carbo, auch Uredo segetum genannt hat. Sie erscheinen unter dem Mikroskop als Haufen **rundlicher Zellen** von dunkelbrauner Farbe, die 4 bis 6 μ im Dchm haben (Fig. 78 l). Unter günstigen Bedingungen, bei Gegenwart von Feuchtigkeit und Wärme, keimen diese Sporen, indem sie einen Keimschlauch austreiben, der in secundäre **Sporidien zerfällt**, die sich weiter entwickeln können (Fig. 78 s k). Da solche Sporen sich bei ihrer Kleinheit durch Winde, Insecten ꝛc. überallhin verbreiten können, so kann es leicht geschehen, daß sie **ganz** gesunden Getreidekörnern anhängen und mit diesen ausgesät werden. Ihre Keimschläuche dringen dann in das Innere des Getreidekeimes ein und bilden dort **ein Mycelium**, welches in dem sich entwickelnden Getreidestengel weiter wächst (Fig. 79), so in die Anlage des künftigen Fruchtknotens **gelangt**, und in diesem, so wie in den Samenkörnern der

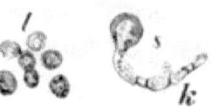

Fig. 78.

Fig. 79.

Aehre entweder zur Zeit der Reife des Getreides oder schon vorher neue Sporen bildet — ob durch einfaches Zerfallen der Endäste des Mycelium in Sporenzellen oder indem diese Endäste **die Sporen** als Früchte aus sich entwickeln, ist noch nicht sicher ermittelt. Aus dieser Verbreitungs- und Entwicklungsweise der Brandpilze ergiebt sich auch, welche Mittel man anwenden muß, um die Entstehung des Brandes im Getreide möglichst zu verhüten. Es handelt sich

Fig. 78. Sporen von Ustilago carbo. l ein Häufchen von Sporen 320 m. vergr. s einzelne Spore keimend, 450 m. vergrößert. s Spore. k Keimschlauch derselben, der durch Quertheilung in kurze cylindrische Glieder (Sporidien) zerfällt.

Fig. 79. Mycelium von Ustilago carbo innerhalb des Stengels einer jungen Gerstenpflanze, 400 m. vergr. z z Parenchymzellen der Gerstenpflanze. m m Verzweigungen des Pilzmycelium innerhalb derselben.

carum, die Pilzsporen, welche den zur Aussaat bestimmten Getreidekörnern anhängen möglichst zu zerstören, respective deren Keimung zu verhüten. Man erreicht dies, indem man das Saatgut mit einer schwachen Lösung von Kupfervitriol behandelt, welche die Keimkraft der den Körnern anhängenden Pilzsporen vernichtet, ohne die der Samen selbst zu beeinträchtigen.

Die anderen Arten des Getreidebrandes zeigen im Ganzen dieselben Entwicklungsverhältnisse, aber wesentlich verschieden gestaltete

Fig. 80.

Sporen, wodurch sie sich leicht unterscheiden lassen. So der an Weizenähren auftretende Weizenbrand. Die Sporen des ihn veranlassenden Pilzes (Uredo sitophila auch Tilletsia Caries genannt) zeigt Fig. 80. Sie sind größer als die Sporen von Ustilago carbo, haben trocken (bei a) 12 bis 15 μ, feucht und dadurch aufgequollen (bei b) 16 bis 18 μ im Dchm., sind eirund und mit kurzen Stacheln besetzt. Sehr eigenthümlich ist die Art, wie sie keimen: ihr Keimschlauch (c — Promycelium) entwickelt an seinem stumpf abgerundeten Ende eine Anzahl Sporidien, die cylindrisch, ziemlich verlängert und zugespitzt sich paarweise durch ein kurzes Querstück vereinigen, so daß sie ein Hförmiges Doppelsporidium bilden. Letzteres fällt ab und entwickelt sich weiter, indem es (d) theils unmittelbar dünne Keimschläuche austreibt (x), theils

Fig. 81.

secundäre Sporidien (z) abschnürt, die Keimschläuche entwickeln, aus denen das Mycelium hervorgeht. Eine dritte Art des Getreidebrandes, der Roggenstengelbrand, welcher nicht an den Aehren, sondern an den Stengeln von Roggenpflanzen auftritt, wird von einer

Fig. 80. Sporen von Tilletsia caries. a trocken, b feucht, aufgequollen. 320 m. vergr. c keimende Spore, 400 m. vergr., deren Keimschlauch (Promycelium) einen Wirtel von 10 Sporidien trägt, von denen sich je zwei durch eine kurze Querbrücke zu einer Hförmigen Doppelsporidie verbinden. d Hförmige Doppelsporidie isolirt, z secundäre Sporidie. x zarter Keimschlauch einer primären Sporidie.

Fig. 81. Sporen von Urocystis occulta. 400 m. vergr.

Pilzform veranlaßt, welche man Urocystis occulta genannt hat. Ihre Sporen (Fig. 81) erscheinen unter dem Mikroskope eigenthümlich zusammengesetzt, haben eine gelbbraune Farbe und 18 bis 20 μ im Dchm. Sie keimen ähnlich, wie die von Tilletsia Caries, doch sind die Sporidien weniger zahlreich, ihre Form weniger regelmäßig und sie verbinden sich nicht wie jene Hförmig miteinander.

Auch die Traubenkrankheit, welche in den letzten Jahrzehnten an vielen Orten in Weingärten und Weinbergen so vielen Schaden verursacht hat, ja selbst in manchen vorzugsweise weinbauenden Gegenden zu einer socialen Calamität geworden ist, wird durch einen Pilz verursacht. Dieser Pilz, Oidium Tuckeri, erscheint zuerst als ein höchst zarter weißer Anflug auf der Oberfläche der jungen Zweige und Beeren des Weinstockes, der später bräunlichen Flecken Platz macht, während die Beeren allmählich verschrumpfen, in ihrer Entwicklung zurückbleiben und verkümmern, ja, namentlich bei nasser Witterung, selbst Risse bekommen und platzen oder faulen. Unter dem Mikroskop erscheint derselbe (Fig. 82) als ein farbloses verzweigtes Mycelium (m m), welches als mehr oder weniger dichtes und verworrenes Geflecht die Oberhaut der jungen Reben oder Beeren überzieht. Dieses Mycelium zeigt an einzelnen Stellen eigenthümliche Auswüchse — Haftorgane h h, welche sich wie Klammern an die von ihnen berührten Oberhautzellen der Beeren z z festsaugen. Dadurch wird die Oberhaut mehr oder weniger verändert, einzelne Zellen oder Zellengruppen derselben nehmen eine braune Färbung an (bei z'); beim Weiterwachsen der Beere wird

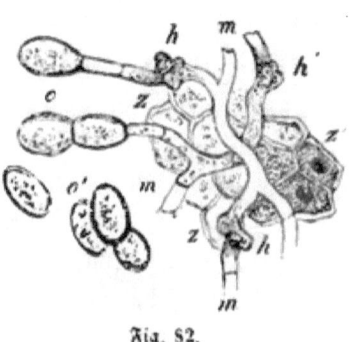

Fig. 82.

Fig. 82. **Oidium des Weinstockes.** 320 m. vergr., von der Oberfläche einer jungen Beere. z Zellen der Oberhaut der Beere noch normal. z' Dieselben bereits braun. m m Mycelium des Pilzes. h Haftorgane an demselben. o Eiförmige Zellenglieder (Oidiumform) o' dieselben abgefallen, einzeln und zu Haufen vereinigt.

die durch das Pilzmycelium mit seinen Haftorganen gewissermaßen zusammengeschnürte Oberhaut der Beere verhindert, sich der Vergrößerung der letzteren entsprechend auszudehnen, sie faltet sich daher, bekommt selbst Risse, während das in das saftige Innere der Beere eindringende Pilzmycelium die faulige Zersetzung derselben begünstigt. Die Weiterverbreitung des Pilzes erfolgt bei uns in der Regel nicht durch Sporen, sondern nur durch eiförmige Sprossen, welche sich an den Enden der Myceliumröhren bilden. Dieselben entwickeln nämlich ovale Köpfchen bei o, die bald einzeln, bald in ganzen Reihen auftreten (Oidiumform der Pilze, vergl. S. 207). Diese eiförmigen Sprossen fallen ab — bei o' —, können durch Wind, Insecten ꝛc. auf andere Beeren, Trauben oder junge Zweige, selbst entferntere Weinstöcke übertragen werden und indem sie dort weiterwachsend, ein neues fruchttragendes Mycelium entwickeln, die Krankheit weiter verbreiten. In heißeren Klimaten kommt zu dieser bei uns vorkommenden Fortpflanzungsweise des Pilzes noch eine andere, indem sich nämlich dort neben den Sprossen auch noch Früchte mit Sporen entwickeln. Die Fortdauer des Pilzes von einem Jahre zum anderen und somit das Wiedererscheinen der Traubenkrankheit im nächsten Jahre scheint bei uns nach meinen Erfahrungen dadurch vermittelt zu werden, daß das Mycelium des Pilzes an der Rinde des neugebildeten Holzes überwintert und im nächsten Jahre neue eiförmige Sprossen treibt, welche die Krankheit weiter fortpflanzen. Ein anderer Pilz von Oidiumform entwickelt sich nicht selten auf den Blättern von Rosen, namentlich Rosa capreolata, ohne diesen jedoch großen Schaden zuzufügen.

Aber nicht blos auf Pflanzen entwickeln sich solche mehr oder weniger schädliche parasitische Pilze, auch Thiere, ja selbst Menschen werden von solchen befallen. So wird z. B. die Krankheit der Seidenraupen, welche unter diesen bisweilen so große Verheerungen anrichtet, durch einen Pilz veranlaßt. Der beschränkte Raum verbietet leider, hier auf diesen interessanten Gegenstand näher einzugehen.

Wir müssen uns begnügen, schließlich noch einen Blick auf einige der allerkleinsten hiehergehörigen Gebilde zu werfen, die das noch streitige Grenzgebiet zwischen Pflanzen und Thieren bilden, und zugleich die äußerste Grenze der durch unsere jetzigen Mikroskope noch sichtbaren belebten Wesen. Es sind kleine Gebilde, welche in allen faulenden Flüssigkeiten auftreten und ohne Zweifel bei den Fäulnißprocessen eine wichtige Rolle spielen, wahrscheinlich dieselben hervorrufen. Auch für Ursachen von Krankheiten, namentlich der Cholera, des Milzbrandes ꝛc. wurden sie in neuerer Zeit vielfach gehalten, — ob mit Recht, müssen künftige Forschungen entscheiden. Sie zeigen auch bei den stärksten, bis jetzt möglichen Vergrößerungen keine deutliche Organisation, wohl aber mehr oder weniger lebhafte Bewegungen und werden darnach, so wie nach ihren äußeren Formen in gewisse Gruppen unterschieden, die man mit eigenen Namen bezeichnet: Monaden, die mehr oder weniger punctförmig oder kugelig (wenn sie sich theilen in Form von 2 verwachsenen Kugeln) — Bacterien (Stabthierchen), die einem einfachen oder knotigen starren Stabe gleichen — Vibrionen, ebenfalls in die Länge gezogen, aber geschlängelt oder spiralig gewunden. Von ihren For-

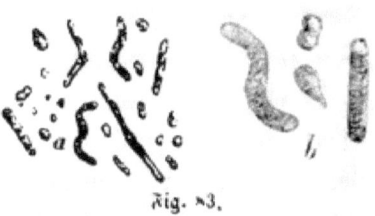

Fig. 83.

men, wie sie unter sehr starken Vergrößerungen erscheinen, wird Fig. 83 eine Vorstellung geben. Um von ihrer Kleinheit einen ungefähren Begriff zu gewinnen, möge sich der Leser vorstellen, daß das Bild eines erwachsenen Menschen ebenso stark vergrößert als Fig. 83 b eine Länge von 10 bis 12 Tausend Fuß haben, also an Höhe etwa der unserer höchsten europäischen Berge gleichkommen würde!

Fig. 83. Monaden, Bacterien und Vibrionen, bei a 1000 mal, bei b 2500 mal Dchm. vergrößert durch ein Immersionssystem mit Correction von H. Schröter.

B. Thierische Gebilde.

Wie die Thiere nicht blos durch eine größere Menge von Arten sondern auch durch eine viel höhere Organisation die Pflanzen übertreffen, so zeigen sie auch bei der mikroskopischen Untersuchung eine noch viel größere Mannichfaltigkeit der Formen als diese. Aber gerade dieser Formenreichthum und dieser viel complicirtere Bau der Thiere veranlaßt uns, sie hier nur kurz zu betrachten, weil eine eingehendere mikroskopische Untersuchung derselben Vorkenntnisse voraussetzt, die hier nicht vorausgeschickt werden können, und die der Naturforscher oder Arzt, welcher derselben bedarf, sich auf anderen Wegen erwerben muß. Wir begnügen uns deshalb, denjenigen, welche diese Vorkenntnisse bereits besitzen, an einer Reihe von Beispielen zu zeigen, wie man bei mikroskopischen Untersuchungen thierischer Gebilde verfährt, wollen ferner auch dem bloßen Liebhaber des Mikroskopes einige Andeutungen geben, wie er ohne weitere Vorkenntnisse durch Beobachtung mancher leicht zu beschaffender und leicht zu präparirender Gegenstände aus diesem Gebiete sich eine belehrende Unterhaltung verschaffen kann, und überdies noch das Verfahren bei der Beobachtung einiger Objecte, welche gegenwärtig eine **praktische** Wichtigkeit erlangt haben, wie die Trichinen, etwas eingehender schildern.

Wie die Gewebe der Pflanzen, so entstehen auch die der Thiere in der Regel aus **Zellen**, an denen man meist Zellenwand, Zelleninhalt und Kern mit Kernkörperchen (vgl. Fig. 48 und 49) unterscheiden kann. Die Kerne der thierischen Zellen und deren Modificationen (Kerngebilde) treten da wo sie ursprünglich wenig oder nicht sichtbar sind, häufig durch Behandlung mit Essigsäure deutlicher hervor. Bei ihrer Weiterentwicklung zu **Geweben** erleiden die thierischen Zellen jedoch meist viel weiter gehende Veränderungen als die Pflanzenzellen, wodurch ihre ursprüngliche Zellenform häufig ganz verwischt wird, wie z. B. in den Muskelfasern (Fig. 86).

Am einfachsten ist die mikroskopische Untersuchung solcher thierischer Zellen, welche in Flüssigkeiten aufgeschwemmt (suspendirt sind und mit diesen eine sog. Emulsion bilden. So z. B. im Blute. Bringt man etwas Menschenblut in der S. 136 geschilderten Weise unter das Mikroskop, so entdeckt man in demselben Fig. 84 zwei verschiedene Arten von Blutkörperchen, rothe a von denen die rothe Farbe des Blutes abhängt, die jedoch bei stärke-

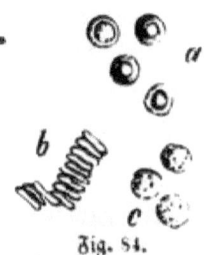

Fig. 84.

ren Vergrößerungen nur schwach gelblich gefärbt erscheinen. Sie bilden, stärker vergrößert, münzenförmige Scheiben, die auf beiden Seiten etwas napfförmig ausgehöhlt sind, wie man namentlich deutlich wahrnimmt, wenn sie sich beim Schwimmen drehen, oder, wenn sie, wie es bisweilen vorkommt, sich in größerer Anzahl zu geldrollenähnlichen Säulen vereinigen b. Ihr mikrochemisches Verhalten wurde bereits S. 136 kurz geschildert. Neben ihnen sieht man, jedoch in viel geringerer Anzahl, die sog. farblosen Blutkörperchen, auch Lymphkörperchen genannt c. Sie sind ungefärbt und bilden kugelähnliche Klumpen, die mehr oder weniger zahlreiche kleine Körnchen einschließen. Durch Behandlung mit Essigsäure werden sie durchsichtig und lassen in ihrem Inneren Kerne erkennen. Bei verschiedenen Thieren zeigen die rothen Blutkörperchen eine verschiedene Form und Größe. Im Froschblute z. B. sind sie groß, oval und zeigen nach Zusatz von Wasser oder Essigsäure deutliche Kerne; im Blute von Vögeln bilden sie kleinere und viel längere Ovale, ähnlich den Gurkenkernen; im Fischblute sind sie ebenfalls oval, aber abgestumpfter; im Blute der meisten Säugethiere gleichen sie denen des Menschen, haben jedoch verschiedene Durchschnittsgrößen u. s. f. So ist es möglich, das Blut verschiedener Thiere durch das Mikroskop zu unterscheiden.

Fig. 84. Menschliche Blutkörperchen, 400 mal vergrößert. a. Rothe Blutkörperchen, ihre breite Fläche zeigend. b. Dieselben, zu Geldrollen ähnlichen Säulen verbunden, auf ihrer schmalen Kante gesehen. c. Farblose Blutkörperchen (Lymphkörperchen, Schleimkörperchen).

Auch viele Häute im Innern des Körpers sind beim Menschen und den meisten Thieren mit Zellenlagen versehen, welche ähnlich der Oberhaut oder Epidermis der Pflanzen, dieselben überziehen und eine schützende Decke bilden. So z. B. die Mundhöhle des Menschen. Bringt man etwas Speichel unter das Mikroskop, so entdeckt man in demselben platte, ziemlich große Zellen mit Kernen, die auf dem Rande stehend wegen ihrer geringen Dicke als Fasern erscheinen, und deutlicher werden, wenn man sie durch wässerige Jodlösung färbt. Sie bilden in mehreren Schichten übereinanderliegend, als sog. geschichtetes Plattenepithelium, den inneren Ueberzug der Mundhöhle. Die obersten Schichten derselben werden beständig abgestoßen und durch neue von unten nachwachsende ersetzt. Zwischen ihnen entdeckt man im Speichel kleine rundliche Zellen (Schleimkörperchen), welche ganz den farblosen Blutkörperchen (Fig. 84 e) gleichen und bei sehr starken Vergrößerungen guter Mikroskope eine lebhafte Molecularbewegung (vgl. S. 116) der in ihrem Innern enthaltenen Körnchen zeigen. Andere Schleimhäute, z. B. die des Darmes, sind mit einer Schichte kegelförmiger Zellen überzogen (Cylinderepithelium). In manchen Fällen tragen diese cylindrischen Epithelzellen an ihrem stumpfen Ende Flimmerhaare, welche frisch untersucht unter dem Mikroskope eine lebhafte Flimmerbewegung (S. 135) zeigen. Man kann sich diesen interessanten Anblick leicht verschaffen, wenn man z. B. von einem lebenden oder eben getödteten Frosche etwas Schleim vom Innern der Mundhöhle abschabt und unter das Mikroskop bringt, oder auch wenn man sich selbst durch eine kleine schmerzlose Operation aus den oberhalb der Nasenlöcher gelegenen inneren Theilen der Nase etwas Schleimhaut abkratzt — am besten mit einem Häkchen, das man sich aus dünnem Drahte biegt. Setzt man dem Flimmerepithel statt Wasser etwas Karmin oder Indigo zu, oder auch nur etwas Tinte, so werden durch die lebhafte Bewegung der in diesen Zusätzen enthaltenen gefärbten Theilchen die Strudel, welche die Flimmerhaare in ihrer Umgebung hervorrufen noch viel deutlicher.

Bei den meisten zusammengesetzten thierischen Geweben erscheint die ursprüngliche Zellenform mehr oder weniger verändert. Nur in einzelnen bleibt sie erhalten, so im **Fettgewebe**, welches das Fett unserer Hausthiere 2c. bildet. Dieses erscheint unter dem Mikroskop als eine Anhäufung von rundlichen Zellen Fig. 55. die mit Fett erfüllt sind, welches durch Ausschmelzen, aber auch durch Behandlung mit Aether, Benzin u. dgl. vgl. S. 134 ausgezogen werden kann. Zwischen den Fettzellen sieht man meist zarte farblose Fäden, theils in Bündel vereinigt, theils unregelmäßig verworren. Es sind dies die Fasern des sog. **Bindegewe-**

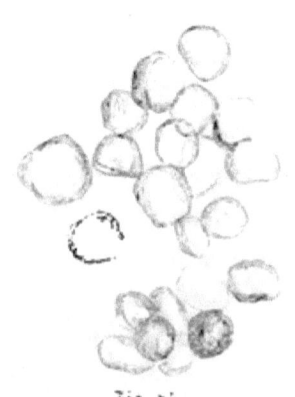

Fig. 55.

bes, einer Gewebsform, welche im Körper aller höheren Thiere sehr verbreitet ist und ihren Namen daher erhalten hat, weil sie die meisten übrigen Gewebe mit einander verbindet. Nur wenige thierische Gewebe gleichen an Einfachheit des Baues denen der Pflanzen. So z. B. das Gewebe der **Knorpel**; dieses zeigt auf höchst dünnen Durchschnitten in einer ziemlich gleichförmigen Grundsubstanz kernhaltige Zellen, welche sich beim Wachsen des Knorpels durch Theilung vermehren, wie Fig. 49 b. Indem sich manche Knorpel junger Thiere im späteren Lebensalter in Knochen umwandeln füllen sich die Zellen derselben durch Ablagerungen mit Verdickungsschichten, welche an einzelnen Stellen Lücken zeigen ähnlich wie Fig. 51 c, so daß Bildungen entstehen, wie Fig. 54 a und b, d. h. kleine Höhlen, von denen nach allen Seiten hin strahlig verzweigte Canälchen ausgehen, die sog. **Knochenkörperchen**. Die meisten höher organisirten thierischen Gewebe, wie Muskeln, Nerven, Gefäße u. dgl. zeigen dagegen im ausgebildeten Zustande nur wenig Spuren davon, daß sie ursprünglich aus Zellen hervorgegangen sind, und man erkennt dies nur, wenn man mit Hülfe des Mikroskopes ihre

Fig. 55. Fettzellen aus rohem Hammeltalg, 190 mal vergrößert.

Entstehungsweise näher verfolgt. Wir wollen als Beispiel hier nur den Bau der sog. quergestreiften Muskelfasern etwas näher betrachten, welche das eigentliche Fleisch der höheren Thiere (und des Menschen bilden und die Bestimmung haben, dadurch daß sie sich unter dem Einfluß der Nerven verkürzen, die verschiedenen willkürlichen Bewegungen dieser Thiere zu vermitteln. Man schneide von rohem Hammel-, Rind- oder Schweinefleisch ꝛc. von dem rothen Theile ein kleines Stückchen, von der Größe einer halben Linse ab, bringe es auf einen Objectträger, setze einen Tropfen Wasser zu und zerfasere es möglichst mittelst zweier Nadeln ꝛc. Unter dem Mikroskope erscheinen weniger zerfaserte Stellen bei schwächerer Vergrößerung von 60—100 mal Durchmesser als unregelmäßige Bündel bandartiger Fasern, die sehr zarte Querstreifen zeigen (Fig. 86 b). Betrachtet man einzelne Fasern dieser Muskelbündel bei stärkerer

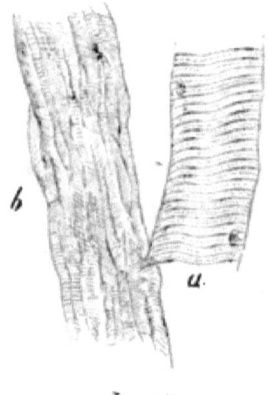

Fig. 86.

Vergrößerung 200 bis 300 mal Durchmesser, so erkennt man bei a) zunächst eine zarte structurlose Hülle (Sarcolemma), welche die Faser äußerlich umgiebt, und namentlich an den abgerissenen Enden sichtbar wird. Im Innern derselben sitzen stellenweise kleine ovale Kerngebilde (unsere Figur zeigt deren 2, welche Reste der ursprünglichen Zellenkerne darstellen. Die große Masse des Innern dagegen besteht aus einer Substanz, die zahlreiche wellige Querstreifen zeigt, wodurch sie gewissermaaßen in eine Anhäufung aufeinandergelagerter Platten zerfällt. Das Ganze bildet ein sog. Primitivbündel quergestreifter Muskeln. Noch zusammengesetztere Organe, wie Leber, Milz, Nieren, Gehirn ꝛc. zeigen einen sehr complicirten Bau. Ihre mikroskopische Untersuchung erfordert meist eine sorgfältige anatomische Präparation und überdies, wenn sie zum Verständnisse

Fig. 86. Quergestreifte Muskelfasern aus rohem Schweinefleisch. a. Eine einzelne 200 mal vergrößert. b. Eine Gruppe derselben, viel schwächer vergrößert.

führen soll, eine vorläufige Kenntniß der Theile, aus welchen diese Organe bestehen, und ihrer Anordnung. Wir müssen daher diejenigen Leser, die sich weiter hierüber unterrichten wollen auf eines der zahlreichen Werke über thierische oder menschliche Histologie (Gewebelehre) verweisen, z. B. auf das Lehrbuch der Histologie des Menschen und der Thiere von Dr. F. Leydig. Frankfurt. Meidinger 1857. Dagegen bietet der Körper vieler Thiere, auch der höher organisirten, mancherlei äußere Anhängsel dar, deren mikroskopische Untersuchung auch ohne schwierige Präparation gelingt und überdies auch ohne eigentliche histologische Vorkenntnisse leicht verständlich ist. Da manche derselben durch Zierlichkeit und Mannichfaltigkeit ihrer Formen sehr hübsche mikroskopische Objecte bilden und daher häufig zu Präparaten verwendet werden, so wollen wir auf einige von ihnen einen kurzen Blick werfen. Es gehören hieher Haare, Federn, Schuppen 2c.

Die Haare des Menschen und der höheren Thiere sind nicht die einfachen Fäden als welche sie dem unbewaffneten Auge erscheinen; sie zeigen vielmehr unter dem Mikroskop einen ziemlich zusammengesetzten Bau. Sie bestehen aus der Haarwurzel, welche in der Haut sitzt, aus verschiedenen Schichten von zelligen Gebilden zusammengesetzt ist und die Ernährung so wie das Wachsthum des Haares vermittelt — und dem Haarschaft, der mehr oder weniger lang über die Haut vorragt, und in der Regel einen cylindrischen Faden bildet, aber doch bei verschiedenen Thieren solche Verschiedenheiten zeigt, daß der Geübte meist im Stande ist, durch die mikroskopische Untersuchung eines einzelnen Haares zu erkennen, welchem Thiere dasselbe angehört.

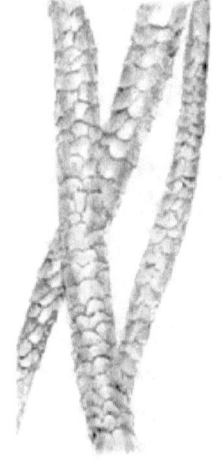

Fig. 87.

Bei fast allen erscheint der Haarschaft an seiner Oberfläche mit einer Lage dünner Schüppchen bedeckt, welche dachziegelförmig übereinanderliegen Fig. 87. Man erkennt dieselben besonders deutlich nach

Fig. 87. Haare der Schafwolle, 400 mal vergrößert.

Zusatz von Schwefelsäure (vgl. S. 135). Abgesehen von dieser Schüppchenlage besteht der Haarschaft in der Regel aus 2 Substanzen, die man namentlich an menschlichen Haaren leicht erkennt, — einer inneren, der Marksubstanz, und einer äußeren, aus Fasern gebildeten Schicht — der Rindensubstanz. Die specielle Anordnung dieser Theile zeigt jedoch bei verschiedenen Thieren sehr mannichfaltige Abänderungen. So bildet z. B. bei den Haaren des Hamsters, der Maus u. a. das Mark keine gleichmäßige Röhre, sondern ist in einzelnen kleinen Partien abgelagert, wodurch eine sehr zierliche Anordnung entsteht, welche einige Aehnlichkeit hat mit den punctirten und gestreiften Fasern der Pflanzen (Fig. 55 c und d); die Haare der Fledermaus zeigen kleine scharfe Vorragungen, ähnlich den Grannen einer Aehre u. s. f. Eine noch viel größere Mannichfaltigkeit der Formen zeigen die Haare, welche an vielen kleineren Thieren, Insecten, Milben etc. vorkommen.

Auch die Flügel vieler Insecten, die zarten Flaumfedern der Vögel etc. bilden durch die Zierlichkeit ihrer Formen sehr hübsche mikroskopische Objecte, und manche derselben zeigen überdies bei auffallendem Lichte ein sehr reiches Farbenspiel. Unter die reizendsten Gegenstände, deren Musterung unter dem Mikroskope viele Unterhaltung gewährt, gehören ferner die Schuppen, welche die Flügel der Schmetterlinge, Motten etc. bedecken, sowohl wenn man sie vereinzelt bei starken Vergrößerungen und durchfallendem Lichte betrachtet (Fig. 29 und 30), als auch wenn man ganze Stücke der Flügel bei auffallendem Lichte mit schwächeren Vergrößerungen der Beobachtung unterwirft (Fig. 37). In letzterem Falle sind es namentlich die sehr bunt gefärbten Schmetterlingsflügel, welche besonders schöne Bilder geben, vor allen die Flügeldecken des Brillantkäfers.

Hat man sich mit den wichtigsten thierischen Geweben durch mikroskopische Untersuchung derselben einigermaaßen vertraut gemacht, so kann man zum Studium ganzer Thiere schreiten, indem man deren verschiedene Organe durch Präpariren isolirt und dann unter das Mikroskop bringt. Wir führen diejenigen unserer Leser, welche ohne Vorkenntnisse in der Zootomie (Zergliederungskunst der Thiere) zu besitzen, einen solchen Versuch machen und sich das Gesehene auch deuten wollen, als Beispiel den Bau der gewöhnlichen **Stubenfliege** in einer kurzen Skizze vor.

Am leichtesten erkennt man den Bau der äußeren Körpertheile, der Flügel und Beine, da man diese nur auszureißen und auf einen Objectträger gelegt unter das Mikroskop zu bringen braucht. Die Flügel zeigen ein hübsch verzweigtes Adernetz von dunkler Farbe, dessen Maschen mit einer durchsichtigen, bei gewisser Beleuchtung irisirenden Grundmembran ausgefüllt sind; auf ihr stehen zahlreiche Haare in regelmäßig geordneten Reihen. Am äußersten Theile des Rahmens sitzen scharfe Stacheln von schwarzer Farbe, die gegen die Wurzel des Flügels hin immer größer werden. Auch die 6 Füße, von denen jeder aus mehreren Gliedern besteht, sind mit dunklen, stachligen Haaren besetzt. Das letzte Glied trägt an seinem Ende 2 spitze gekrümmte Haken oder Klauen und daneben 2 Haftballen, d. h. halbkugelige mit feinen Spitzen besetzte Erhabenheiten, mit deren Hülfe es den Fliegen möglich wird, sich mit ihren Beinen auch an den glättesten Oberflächen, wie Glas ꝛc. festzuhalten. Reißt man einen Fliegenfuß aus, so bemerkt man gewöhnlich an seinem Ende ein weißes Klümpchen, das ihm anhängt und aus dem Körper herausgezogen wurde; es besteht aus quergestreiften Muskelfasern (Fig. 56), welche den Fuß bewegen und zwischen ihnen sieht man sich verzweigende Luftgefäße (Tracheen), die ähnlich den Spiralgefäßen der Pflanzen (Fig. 55 b) aus spiralig gewundenen Fasern bestehen und dazu bestimmt sind, die zum Athmen nöthige Luft von außen durch den ganzen Körper zu führen. Am Kopfe bemerkt man seitlich zwei große Augen, von denen jedes wie bei den zusammengesetzten Augen der Insecten überhaupt aus einer großen Anzahl mehrerer Tausend kleiner Kegel besteht, deren nach außen gerichtete breite Enden neben einander gruppirt als eine sehr regelmäßige Mosaik von 6seitigen Platten erscheinen. Der feinere Bau des inneren Auges ist so schwierig zu erkennen, daß wir ihn hier übergehen müssen. Zwischen den Augen befinden sich 2 keulige mit feinen Haaren besetzte Taster, die vorgestreckt, aber auch eingeschlagen werden können, wie die Klinge eines Taschenmessers. Zu ihrer Aufnahme sind 2 flache Gruben bestimmt. Unter diesen liegt die Mundöffnung, welche von einer oberen und zwei seitlichen Lippen begrenzt wird. Die vierte unterste Lippe bildet der Rüssel, welcher einen sehr complicirten Bau hat, so daß wir auf seine genauere Beschreibung verzichten müssen. Um die inneren Organe zu studiren, stecke man die Fliege mit einer Nadel auf eine Wachstafel, gieße so viel Wasser darauf, daß sie davon bedeckt ist, öffne mit einer feinen Scheere den Leib und ziehe die Eingeweide mit Nadeln vorsichtig heraus. Man erkennt leicht einen etwas dickeren gewundenen weißlichen Faden, den Darmcanal, der aus einer zarten Hülle und einer Zellenschicht im Innern (Epithelium) besteht: eine kleine kugelförmige Anschwellung in dessen Mitte bildet den Magen, in den mehrere, stumpfe Kegel bildende Drüsenapparate von zelligem Bau hineinragen. Andere dünne Fäden und kleine Bläschen, deren genauere Beschreibung uns zu weit führen würde, bilden den Genitalapparat ꝛc. Alle Organe im Innern sind von zahlreichen, baumartig verzweigten Luftröhren Tracheen umgeben, welche wie die Spiralgefäße der Pflanzen Fig. 55 b von spiralig zusammengerollten Fäden gebildet werden und in außerordentlich zarte Röhrchen auslaufen.

Wir reihen hieran schließlich noch die mikroskopische Untersuchung einiger kleinen Thiere, welche durch ihre praktische Bedeutung, ihre hübschen Formen oder sonstige Eigenthümlichkeiten ein gewisses Interesse erregen. Zu den kleinen Thieren, welche für den Menschen durch ihre schädlichen Folgen eine praktische Bedeutung besitzen, gehören namentlich gewisse parasitische Thiere, kleine Entozoen, Milben u. dgl. Einige derselben wollen wir etwas näher in's Auge fassen.

Zunächst die sog. Finnen der Schweine und den gewöhnlichen Bandwurm des Menschen, welche beide zusammengehören, indem sie verschiedene Lebensperioden eines und desselben Thieres

Finnen und Bandwurm.

darstellen. Die Finnen der Schweine sitzen vorzugsweise im Fleische dieser Thiere und bilden weißliche runde Blasen zwischen den rothen Muskelfasern, etwa von der Größe einer Erbse. Oeffnet man eine solche Blase vorsichtig, so erweist sich dieselbe als eine Kapsel, welche mit dem umgebenden Fleische verwachsen ist, während sich in ihrem Inneren eine zweite zarte halbdurchscheinende Blase befindet, die eigentliche Finne. Nimmt man diese vorsichtig heraus und bringt sie in lauwarmes Wasser, so zeigt sie in diesem, wenn sie noch lebt Bewegungen und stülpt allmählich einen Hals, dann einen Kopf heraus, etwa wie eine Schnecke ihre Hörner Fig. 88). Betrachtet man diesen Kopf unter dem Mikroskope, so entdeckt man an demselben Fig. 89, vier halbkugelige, in der Mitte vertiefte Erhabenheiten (Saugnäpfe und zwischen

Fig. 88.

denselben eine Anzahl horniger Haken von zweierlei Form und Größe, die so neben einander gestellt sind, daß sie eine Art Kranz bilden. Der übrige Körper wird von einer sehr gleichförmigen, structurlosen Haut gebildet, welche stellenweise glänzende, rundliche Kugeln oder Körner einschließt. Gelangt eine solche Finne oder auch nur der Kopf derselben noch lebend in den Magen eines Menschen, was

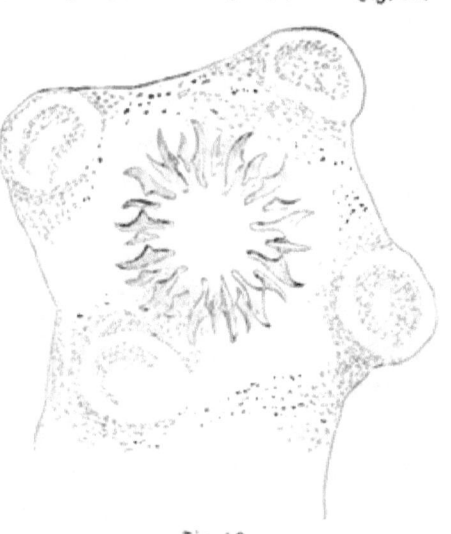

Fig. 89.

beim Verkosten von rohem Fleische rc. leicht geschehen kann, so entwickelt sich aus derselben ein Bandwurm. Der Kopf bleibt unver-

---

Fig. 88. Schweinefinne (Cysticercus cellulosae) in natürlicher Größe mit vorgestrecktem Halse und Kopf.
Fig. 89. Kopf derselben und zugleich des gewöhnlichen menschlichen Bandwurmes 55 mal Durchmesser vergrößert. Man sieht die 4 Saugnäpfe und zwischen denselben den Kranz von hornigen Haken.

ändert, die Blase fällt ab und statt ihrer entwickeln sich allmählich bandförmige Glieder in großer Anzahl. Die ältesten und reifsten derselben werden von selbst abgestoßen. Sie enthalten eine große Anzahl Eier, welche von Schweinen gefressen sich in diesen wieder zu Finnen entwickeln. Eine andere, sehr ähnliche Art Finnen findet sich im Fleische des Rindvieh's und entwickelt sich im Magen und Darm des Menschen ebenfalls zu einem Bandwurme, welchen man erst in neuester Zeit von dem von der Schweinefinne abstammenden unterscheiden gelernt hat.

Ein noch größeres Interesse haben in neuerer Zeit die Trichinen erregt, die wir hier etwas genauer betrachten wollen, da die mikroskopische Untersuchung das einzige sichere Mittel bildet, nicht blos ihre Entstehungs- und Verbreitungsverhältnisse kennen zu lernen, sondern auch den Menschen gegen die gefährlichen, von ihrer Gegenwart abhängigen Folgen — mehr oder weniger schwere Krankheit, selbst Tod — zu schützen. Es sind dies kleine, mit bloßem Auge kaum oder gar nicht sichtbare Würmchen, die zur Abtheilung der Rund- oder Fadenwürmer (Nematoden; Nema = Faden) gehören und einem Stückchen dünnen Haares gleichen, daher auch ihr Name rührt (Trichine = Haarwurm). Sie finden sich als sog. Muskeltrichinen im Fleische des Menschen und mancher Thiere, wo sie gewissermaaßen verpuppt lange Zeit in einem schlafähnlichen Zustande verharren können, bis sie, in der Regel durch Genuß von Fleisch welches dergleichen in noch lebensfähigem Zustande einschließt, in den Magen eines Menschen oder eines zu ihrer Weiterentwicklung geeigneten Thieres gelangen. Dort erwachen sie aus ihrem schlafähnlichen Zustande, gelangen in den Darm (Darmtrichinen), wo sie sich rasch weiterentwickeln, sich begatten und zahlreiche Junge produciren, die aus dem Darme in das Fleisch eindringen und dort sich verpuppend wieder zu Muskeltrichinen werden. Wir wollen diese Entwickelung durch ihre verschiedenen Lebensperioden etwas genauer verfolgen. Gelangt Fleisch, welches noch lebensfähige Trichinen enthält, in den Magen, so wird es dort verdaut; ebenso die

Kapseln, welche die Muskeltrichinen einschließen, und letztere werden
frei. Sie bilden dann Fig. 90 kleine Würmchen mit spitzem
Vorder- und stumpfem Hinterende und
zeigen in ihrem Innern einen Nahrungsschlauch mit Andeutungen von männlichen
oder weiblichen Geschlechtsorganen. In
kurzem entwickeln sie sich weiter, werden
geschlechtsreif und begatten sich. Man
unterscheidet dann deutlich Männchen und
Weibchen. Erstere, Fig. 91 und 92,
bleiben kleiner, namentlich kürzer und

Fig. 90.

zeigen an ihrem hinteren Körperende (bei b) ein eigenthümliches,
aus 2 Zapfen oder Haken bestehendes Organ, woran man sie leicht
von den Weibchen unterscheiden kann, bei denen dieses fehlt. Ihr
Inneres läßt einen Nahrungsschlauch (3), und ein Samenorgan
(Hoden) bei 2 erkennen, welche beide in eine sog. Kloake (bei 1) aus-
münden. Sie sterben bald ab und schon nach wenigen Tagen sieht
man nur noch die leeren Bälge derselben (Fig. 92), die zwar noch
die Haken am Hinterende zeigen, aber von inneren Organen nichts
mehr erkennen lassen. Die Weibchen dagegen leben viel länger —
mehrere Wochen lang. Sie erreichen eine viel beträchtlichere Länge
und zeigen im Innern etwas complicirtere Organe (Fig. 93). Ein
Eierstock am hinteren Leibesende (bei 1) entwickelt Eier, welche
allmählich in den Eileiter (2 und 3) eintreten und in diesem nach
vorne weiter rücken. In dem Maaße, in welchem dies stattfindet,
entwickeln sich in den Eiern Junge, welche zuletzt durch Zerfall der
Eischale frei werden (bei 4) und endlich durch eine Oeffnung am
vorderen Ende des Eileiters (bei 5) den Leib der Mutter verlassen,

Fig. 90. Muskeltrichine (Weibchen) aus ihrer Kapsel entfernt, 300 mal vergrößert. Sie erscheint noch spiralig zusammengerollt, die Windungen sind jedoch um den
inneren Bau deutlicher erscheinen zu lassen, in e i n e Ebene verlegt. a spitzes Körperende.
An demselben beginnt der Nahrungsschlauch, welcher als zelliges Gebilde das Innere
des vorderen Körpertheiles bis × völlig ausfüllt, während er von × an bis an das hintere
stumpfe Körperende b als dünner Schlauch fortläuft, neben dem die Rudimente des noch
wenig entwickelten Eierstockes und Eileiters sichtbar sind.

246 Darmtrichinen.

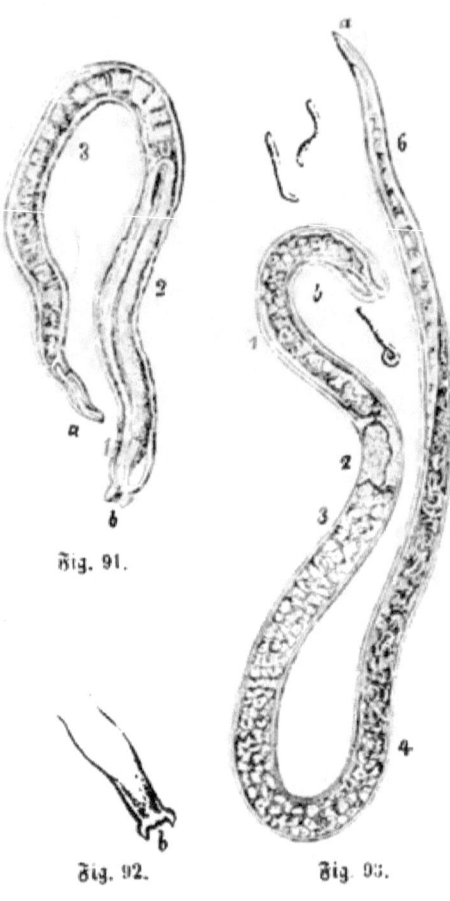

Fig. 91. Fig. 92. Fig. 93.

um in die Darmhöhle des Thieres, welches die Trichine beherbergt, auszutreten. Dort erscheinen sie als höchst kleine, einem Stückchen dünnen Farens gleichende Würmchen, in denen man auch bei Anwendung starker Vergrößerungen keine Organe erkennt. Da eine weibliche Trichine mehrere hundert, ja tausend Junge hervorbringt, so können diese in sehr großer Anzahl auftreten, wenn viele Trichinen in den Magen gelangt sind. Aus dem Darm wandern die Jungen in das Fleisch des Thieres, welches sie beherbergt, indem sie bei ihrer außerordentlichen Kleinheit die meisten Ge-

Fig. 91—94. Darmtrichinen. Fig. 91. 200 mal vergrößert. Geschlechtsreifes Männchen. a. Vorderes Körperende mit der Mundöffnung. b. Hinteres Körperende mit 2 dornähnlichen Anhängen, welche wahrscheinlich als Haftorgane bei der Begattung dienen. Bei 1 erscheint im Innern das Ende des Nahrungsschlauches (Kloake), bei 2 der Hoden, welcher an seinem vorderen Ende in den Samenleiter übergeht, der in die Kloake mündet; bei 3 der zellige Theil des Nahrungsschlauches, welcher hier über die Hälfte des Körpers erfüllt. — Die Darmtrichine ist dem Darme einer Katze entnommen, welche 6 Tage vorher mit trichinenhaltigem Fleisch gefüttert worden war.

Fig. 92. Hinteres Körperende einer männlichen, bereits abgestorbenen Darmtrichine, aus dem Darme eines Meerschweinchens, welches 8 Tage vorher mit trichinenhaltigem Fleisch gefüttert worden war, 150 mal vergrößert. Der Körper ist bereits zusammengefallen und die inneren Organe zu Grunde gegangen, daher nicht mehr sichtbar; dagegen erscheinen die beiden in diesem Falle von einander abstehenden dornartigen Haftorgane am Hinterende bei b., welche die Männchen charakterisiren, sehr deutlich.

Fig. 93. Weibliche Darmtrichine mit reifen Eiern und aus denselben ausgeschlüpften Jungen, aus dem Darme eines Hundes, 8 Tage nach der Fütterung, 150 mal

webe, denen sie auf ihrem Wege begegnen, ohne Mühe durchdringen können. Im Fleische angelangt, verweilen sie dort und entwickeln sich zu Muskeltrichinen. Sie dringen in das Innere der Mus-

Fig. 94.

kelprimitivbündel Fig. 86 a ein und wachsen dort, bis sie ihre vollständige Größe erreichen. Im ausgewachsenen Zustande erscheinen sie auf verschiedene Weise spiralig zusammengerollt (Fig. 95), in eine körnige Masse eingebettet und von einer länglich ovalen, häufig an beiden Enden spindelförmig zugespitzten Kapsel umgeben, welche von dem bauchig erweiterten und verdickten Sarkolemma (vgl. S. 238) des Muskelprimitivbündels gebildet wird, in den sie eingedrungen sind. Sie liegen dort ruhig, gewissermaßen verpuppt, ohne irgend eine Lebenserscheinung zu zeigen. Befreit man sie jedoch aus ihrer Kapsel und erwärmt sie dann vorsichtig in der S. 67 erwähnten Weise, bis der Objectträger etwa die Blutwärme (30—40° R.) erlangt hat, so bemerkt man erst ein leises Wogen und Pul-

vergrößert. a. Spitzes vorderes, b stumpfes hinteres Körperende, an welchem letzteren die für das Männchen charakteristischen Haftorgane fehlen. Im Innern sieht man bei 1 den Eierstock, der das hintere Körperende fast ganz ausfüllt. Er geht nach vorne bei 2 in den Eileiter über, welcher anfangs eine Art Tasche bildet (bei 2). Von 3 an enthält er befruchtete Eier, welche in dem Maaße als sie nach vorne vorrücken ihre Hüllen verlieren, so daß die in ihnen entwickelten Jungen (Embryonen) frei werden. Von 4 an enthält der Eileiter ausgebildete zusammengerollte Embryonen in großer Anzahl. Sind dieselben bei 5 angekommen, wo sich der Eileiter nach außen öffnet, so treten sie aus demselben aus und gelangen in den Darm. Zwischen den oberen Enden des trächtigen Mutterthieres sieht man 3 solche Junge, welche eben aus dem Eileiter ausgeschlüpft sind und sich zur Weiterwanderung in die Muskeln anschicken. Das vordere Leibesende a zeigt bei 6 im Innern den vorderen Theil des Nahrungsschlauches, der ganz ebenso gebildet ist, wie beim Männchen: er beginnt mit einem dünnen gewundenen Schlauch, auf den der eigenthümliche Zellenkörper folgt. Die hintere Partie des Nahrungsschlauches ist durch Eileiter und Eierstock verdeckt, sie mündet am Hinterende nach außen.

Fig. 94. Darmtrichinen, welche einem 5 Tage vorher mit trichinenhaltigem Fleische gefütterten jungen Hunde, in Folge heftigen Durchfalles, in blutigen Schleim eingehüllt, abgegangen waren, nur 20 mal vergrößert. Man erkennt bei 1 ein Männchen an den zapfenförmigen Anhängen am Hinterende. Die 3 übrigen sind Weibchen. Das bei 2 ist halb verdeckt durch Kothmassen verschiedener Art.

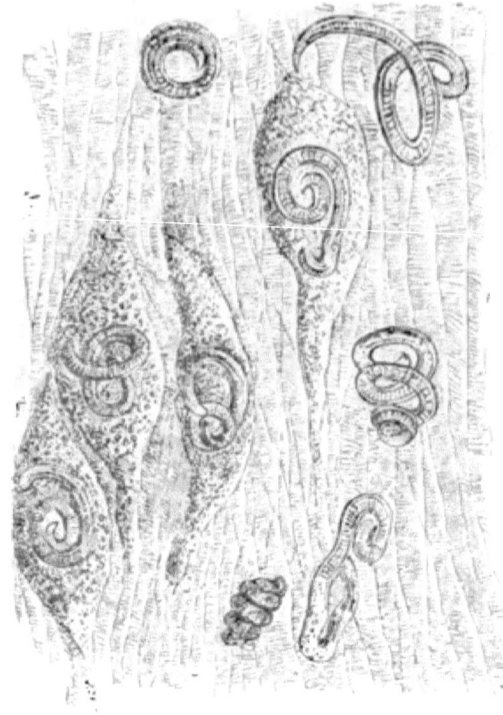

Fig. 95.

Fig. 96.

siren in ihrem Innern, kann recken und strecken sie sich langsam, meist ruckweise, zeigen allmählich immer lebhaftere Bewegungen und endlich die rasche Lebendigkeit einer flink sich rollenden Schlange. Diese Bewegungen dauern stundenlang, doch muß man dem Präparate von Zeit zu Zeit einen Tropfen Wasser zusetzen, weil es sonst rasch vertrocknet und die Thiere absterben. Ist längere Zeit nach erfolgter Einkapselung der Trichinen verflossen, mehrere Monate und darüber, so fangen die Kapseln an zu verkalken, d. h. sich mit Ablagerungen von Kalksalzen zu incrustiren. Fig. 97 zeigt den Anfang dieser Verkalkung von einem Hunde, Fig. 98 vollständige Verkalkung beim Menschen, nachdem die Trichinen jahrelang im Muskel verweilt haben. Solche vollständig verkalkte Kapseln kann man

Fig. 95. Muskeltrichinen, theils noch eingekapselt, theils durch Sprengen der Kapseln aus denselben befreit, 120 mal vergrößert. Die Fig. zeigt ein Stückchen stark trichinenhaltigen Fleisches von einem Kaninchen, das 5 Wochen vorher gefüttert worden war. 4 Trichinen, auf verschiedene Weise zusammengerollt, befinden sich noch innerhalb ihrer Kapseln. 5 andere sind durch die Präparation aus ihren Kapseln entfernt und frei geworden. Die letzteren zeigen sehr lebhafte Bewegungen, wenn sie erwärmt werden.

Fig. 96. Stückchen Muskel von demselben Kaninchen wie Figur 95 von Essig-

schon mit unbewaffnetem Auge in den betreffenden Muskeln erkennen. Sie erscheinen bei auffallendem Lichte als weiße, bei durchfallendem (Fig. 99) als dunkle Puncte. Der Wurm im Innern der Kapsel wird dann meist durch die undurchsichtige Kalkkruste der letzteren verdeckt, und kommt erst zum Vorschein, wenn man diese durch Behandlung mit Essigsäure ꝛc. aufgelöst hat. Alles Weitere die Trichinen betreffende, wie die Krankheitserscheinungen, welche dieselben hervorrufen, die Art und Weise, wie sie in die Schweine und in den Menschen gelangen, die zu ihrer Verhütung anzuwendenden Maßregeln ꝛc. müssen wir hier übergehen und verweise ich Leser, welche hierüber weitere Belehrung wünschen auf

Fig. 97.

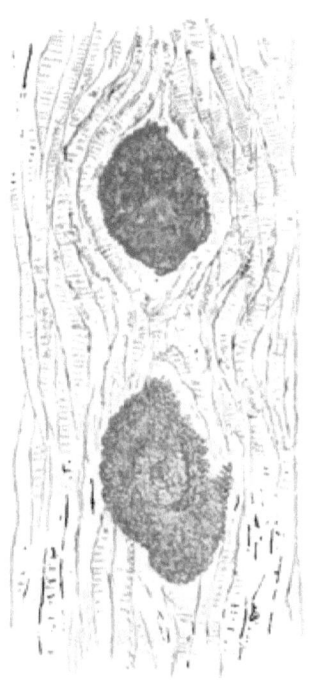

Fig. 98.

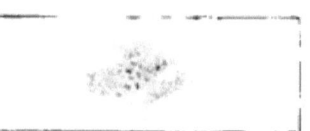

Fig. 99.

säure durchsichtig gemacht, nur 19 mal vergrößert. Die Muskelfasern sind durch die Essigsäure sehr durchsichtig geworden, so daß die Trichinen sehr deutlich hervortreten, namentlich die beiden, welche noch in ihre Kapseln eingeschlossen sind, deren Inhalt, durch die Säure dunkler geworden, sich von dem hellen Grunde sehr scharf abhebt.

Fig. 97—99 ältere Muskeltrichinen, mit bereits mehr oder weniger verkalkter Kapsel.

Fig. 97. 120 mal vergrößert. Eingekapselte Muskeltrichine mit eben beginnender Verkalkung der Kapsel an ihrem oberen Pole, von einem Hunde, 5 Monate nach der Fütterung. Der noch unverkalkte Theil der Kapsel zeigt im Innern den Wurm.

Fig. 98 und 99. Trichinen mit vollständig verkalkten Kapseln aus den Muskeln eines Menschen, der, nachdem er vor Jahren die Trichinenkrankheit überstanden hatte, an einer anderen Krankheit verstorben war. Fig 98. 120 mal vergrößert. Die vollständig verkalkten Kapseln verdecken den Wurm im Innern, welcher erst erscheint, wenn man den Kalk der Kapseln durch Behandlung mit Essigsäure aufgelöst hat. Fig. 99 zeigt die Trichinen mit verkalkter Kapsel, wie sie dem unbewaffneten Auge erscheinen, wenn man ein Stückchen Fleisch, welches dergleichen enthält, in einer dünnen Schicht zwischen 2 Objectträgern zusammengepreßt gegen das Licht hält. Man erkennt sie dann als dunkle Puncte.

mein kleines Schriftchen: Die Trichinenkrankheit und die zu ihrer Verhütung anzuwendenden Mittel ꝛc. von Dr. J. Vogel. Leipzig, L. Denicke, 1864, welches nur 5 Ngr. kostet. Nur über die Untersuchung des Schweinefleisches auf Trichinen lassen wir noch einige Worte folgen, da dieselben sorgfältig vorgenommen das beste, ja einzig sichere Mittel bildet, die Trichinenkrankheit zu verhüten ohne zugleich auf jeglichen Genuß von Schweinefleisch zu verzichten, und daher mit Recht in immer mehr Orten, selbst zwangsweise durch das Gesetz, eingeführt wird. Man kann dazu jedes Mikroskop gebrauchen, das eine Vergrößerung von 40 bis 100 m. Dchm. gewährt, auch die billigen von R. Wasserlein verfertigten Trichinoskope, die, ohne Spiegel, wie ein Fernrohr gegen das Licht gehalten werden. Wer viele solche Untersuchungen zu machen hat, für den ist ein Mikroskop mit großem Gesichtsfeld wünschenswerth, und eine Einrichtung am Objecttisch zu einer wenn auch nur groben horizontalen Verschiebung des Präparates (vergl. S. 67) eine große Erleichterung. Die Untersuchung selbst ist sehr einfach. Man schneidet mit einer feinen Scheere von dem rothen Muskelfleisch, in welchem die Trichinen fast ausschließlich vorkommen ein dünnes Stückchen von der Größe einer halben Linse ab, bringt es auf einen Objectträger, zerfasert es mit zwei Nadeln, setzt einen Tropfen Wasser, oder noch zweckmäßiger einen Tropfen Essigsäure zu, welche die Muskelsubstanz durchsichtiger, die Trichinenkapseln dunkler, daher deutlicher hervortreten macht (Fig. 96), legt ein dickes Deckgläschen auf, das man kräftig auf den Objectträger drückt, um die Fleischschicht möglichst dünn auszubreiten und beobachtet unter dem Mikroskop. Man sieht dann Muskelfasern (Fig. 86), häufig auch Gruppen von Fettzellen (Fig. 85). Sind Trichinen vorhanden, so erscheinen dieselben, wie in Fig. 95 theils eingekapselt innerhalb der Muskelprimitivbündel, theils frei auf oder neben den letzteren. Der einigermaßen Geübte erkennt die Trichinen sogleich: höchstens könnte man mit ihren Kapseln die sog. Pserospermienschläuche oder Rainey'schen Körperchen (Fig. 100) verwechseln — Gebilde von noch einigermaßen räthselhafter Natur, die sich nicht selten in den Muskelfasern von Schweinen finden und einigermaßen den Trichinenkapseln gleichen, aber nie wie diese einen Wurm, sondern immer nur eine feinkörnige Masse enthalten. Ist ein Fleisch sehr 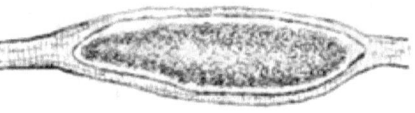 reich an Trichinen, so zeigt meist schon das erste Präparat, das man von demselben macht, eine oder mehrere Trichinen. In manchen Fällen, wo dieselben sparsamer vorhanden sind, muß man jedoch viele Präparate machen, bis man eine findet. Will man daher durch eine solche mikroskopische Untersuchung die Ueberzeugung gewinnen, daß das Fleisch eines Schweines frei von Trichinen und daher zum Genusse tauglich ist, so muß man eine Anzahl Präparate anfertigen und bei der Auswahl mit einer gewissen Methode verfahren. Man wählt am besten 5—6 etwa bohnengroße Stückchen mageres Fleisch von verschiedenen Körpertheilen, etwa vom Bauchfleisch, von der Lende, zwischen den Rippen, vom Halse, vom Kopfe, vom Vorderoder Hinterschenkel, und macht von jedem dieser Stückchen 3 bis 4 Präparate, die man unter dem Mikroskope durchmustert. Wo eine zwangsmäßige Untersuchung des Fleisches durch eigene Fleischbeschauer eingeführt ist, wird der Fleischer am zweckmäßigsten verpflichtet, die beiden Augen und den Kehlkopf mit abzuliefern, weil die Untersuchung dieser Theile, deren Muskeln an Trichinen reich zu sein pflegen, die Controle darüber, daß jedes geschlachtete Schwein auch wirklich untersucht wird, erleichtert.

Außer den Trichinen giebt es noch viele andere kleine, selbst mikroskopische Nematoden, von denen manche durch ihr häufiges Vorkommen oder durch ihre praktische Wichtigkeit für den Mikroskopiker ein Interesse haben. Sie finden sich häufig in faulenden feuchten Substanzen verschiedener Art und sind bisweilen die Ur-

Fig. 100. Stückchen Muskelfaser eines Schweines, welche in einer bauchigen Erweiterung einen Psorospermienschlauch (Rainey'sches Köperchen) einschließt. 100 m. vergrößert.

sache dieser fauligen Verderbniß, oder in feuchter Erde, feuchtem Moose 2c. Man begreift sie gewöhnlich unter dem gemeinsamen Namen Anguillulae (Aelchen, weil sie einem kleinen Aale gleichen). So die Essigälchen, die im Essig, die Kleisterälchen, die im faulenden Kleister nicht selten vorkommen. Eine Art derselben tritt bisweilen massenhaft in den Früchten der Weberkarten (Dipsacus Fullonum, auf Anguillula Dipsaci) und kann durch Zerstörung derselben den Landwirthen, welche solche Karten anbauen, großen Schaden bereiten. Sie haben große Aehnlichkeit mit Trichinen, ebenso wie eine andere Art von kleinen Nematoden, welche bisweilen in Runkelrüben auftreten.

Unter die interessantesten der kleinen Thiere, welche nur durch das Mikroskop beobachtet werden können, gehören ferner die Infusorien oder Infusionsthierchen, so genannt, weil sie häufig in Aufgüssen verschiedener Substanzen vorkommen, welche man eine Zeit lang sich selbst überläßt. Man glaubte früher, daß sie wie die kleinen früher betrachteten Pilze und Schimmelarten durch sogenannte Urzeugung entständen. Dies ist jedoch nicht der Fall, sondern sie stammen, wie jene, immer von Eltern gleicher Art ab und bilden sich darum überall leicht, wo sich günstige Bedingungen zu ihrer Entwickelung finden, weil ihre kleinen Keime ähnlich wie die der Pilze unerkannt in der Luft schweben und mit dieser überall hingelangen. Aber nicht blos in künstlichen Aufgüssen finden sie sich, auch in natürlichen Gewässern kommen sie häufig vor, und wenn auch nicht, wie Manche glauben, jeder Wassertropfen Millionen derselben enthält, finden sie sich doch fast immer in stehenden Gewässern zwischen Wasserpflanzen, in Pfützen, Gräben, dem Wasser von Regentonnen u. s. f., und wenn man einige Tropfen eines solchen Wassers auf dem Objectträger unter dem Mikroskop betrachtet, wird man fast immer eine oder die andere Infusorienform darin finden. Die beste Weise, größere, schon mit bloßem Auge sichtbare Arten derselben zu fangen und unter das Mikroskop zu bringen, wurde bereits S. 126 beschrieben. Die meisten bewegen sich lebhaft, meist mittelst Flimmerhaaren (vergl. S. 115); um sie nicht allzu rasch aus dem Gesichtsfelde zu verlieren, thut man daher wohl, sie in kleine Gehege von Tüll einzuschließen (S. 127). Setzt man dem sie umgebenden Wasser auf dem Objectträger etwas fein vertheilten Carmin oder Indigo zu, so werden nicht blos die durch die Flimmerbewegungen derselben in der Flüssigkeit hervorgerufenen Strudel deutlicher; viele Infusorien nehmen auch die feinzertheilte Farbe in ihr Inneres auf, so daß ihre damit gefüllten Mägen ec. viel deutlicher werden. Wiewohl in neuerer Zeit viele früher zu ihnen gerechnete Gebilde, wie die Diatomeen ec. als Pflanzen erkannt wurden und jetzt den Algen zugezählt werden, ist doch die Zahl ihrer Arten und die Mannigfaltigkeit ihrer Formen noch immer sehr groß. Um wenigstens von einigen derselben einen Begriff zu geben, wollen wir hier ein paar der am häufigsten vorkommenden Arten kurz beschreiben, und durch Abbildungen erläutern. Fig. 101 A. zeigt bei a eine der zahlreichen Arten von Paramaecium. Die Infusorien dieser Gattung

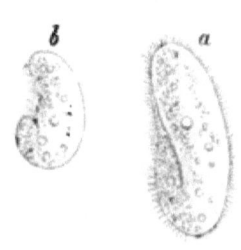

Fig. 101 A.

finden sich häufig im schlammigen Wasser stinkender Gräben sind rundlich oval mit einer Art Kerbe, überall mit Flimmerhaaren besetzt und bewegen sich lebhaft. b derselben Figur stellt ein anderes sehr häufig vorkommendes Infusionsthierchen dar, das Busenthierchen (Kolpoda Cucullulus). Es hat ebenfalls eine Eiform, ist aber nur an einer Partie seines Leibes, welche einen busenförmigen Ausschnitt bildet, mit Flimmerhaaren besetzt. Einige andere häufig vorkommende Arten von ganz ande-

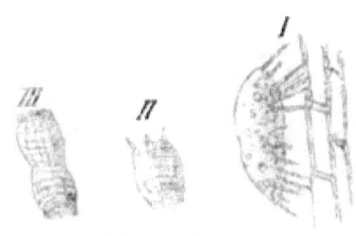

Fig. 101 B.

Fig. 101 A. a Paramaecium Chrysalis. 200 m. vergr. b Kolpoda Cucullulus (Busenthierchen) 300 m. vergr.
Fig. 101 B. 300 m. vergr. I Euplotes Charon, am Stengel einer Wasserpflanze. II Coleps hirtus. III Derselbe in der Theilung begriffen.

rem Bau zeigt Fig. 101 B. Bei I ist Euplotes Charon abgebildet, ein zwischen Wasserpflanzen fast überall häufig vorkommendes Infusionsthierchen, mit starrem schildförmigen Körper, von dessen Unterseite eine Anzahl haarförmiger Anhängsel ausgehen, mit denen er, wie in der Figur, behende an Stengeln und Blättern von Wasserpflanzen hinläuft. II und III zeigt eine Art Coleps, die häufig in Infusionen vorkommt, sonderbare, faßförmige, mit gitterförmigen Längs= und Querstreifen versehene Thierchen. Bei III ist ein solches Thier in der Theilung begriffen, die in der Weise erfolgt, daß durch eine Art Abschnürung ein Individuum in zwei zerfällt — eine bei Infusorien häufig vorkommende Art der Vermehrung. Sehr interessante mikroskopische Objecte bilden ferner mehrere Arten von Glockenthierchen oder Vorticellen, die sehr häufig an Wasserpflanzen ec. sitzen. Sie haben die Form einer Glocke, deren Mündung mit Flimmerhaaren besetzt ist. In gewissen Lebensperioden schwimmen sie frei umher, in anderen sitzen sie auf Stielen, die sie willkürlich spiralig einziehen und wie eine losgeschnellte Spiralfeder mit einem Rucke verlängern können.

Die ebenfalls nicht seltenen Amöben oder Wechselthierchen gleichen kleinen Gallertklümpchen, welche jeden Augenblick ihre Gestalt verändern (vergl. S. 115).

In Gesellschaft von Infusorien findet man häufig die sogenannten Räderthiere (Rotatorien), so genannt, weil sie an einem ihrer Körperenden mit einem oder mehreren radförmig gestalteten mit Flimmerhaaren besetzten Organen versehen sind. Sie zeigen bereits einen ziemlich hohen Grad von Organisation, zeigen deutlich einen Darmcanal, Geschlechtsorgane, einen oder mehrere rothe Augen= Puncte, häufig einen verschieden geformten Panzer und eine Art sehr beweglichen, verschieden gestalteten Schwanz, mit dem sie sich fortbewegen. Sie besitzen meist ein sehr zähes Leben, so daß sie vollkommen vertrocknen und dennoch bei Wiederhinzutritt von Feuchtigkeit wieder aufleben können. Eine fast überall verbreitete Art dieser Räderthiere Lepadella ovalis, stellt Fig. 102 A. dar.

Eine andere Klasse kleiner Thiere, welche nur durch das Mikroskop genau erkannt und von einander unterschieden werden können, bilden die Milben Acari. Sie finden sich fast in allen faulenden Substanzen zwischen Schimmel sehr zahlreich und befördern durch ihre Gegenwart die Fäulniß- und Verwesungsprocesse so z. B. die Käsemilben, beschädigen und verzehren aber auch manche Gegenstände die nicht gerade faulen, wenn sie massenweise an ihnen vorkommen, wie Rosinen, getrocknete Pflaumen, Zucker ꝛc. Aber auch auf lebenden Pflanzen und Thieren kommen sie vor, beschädigen sie und veranlassen Krankheiten derselben; so die Milben, welche auf vielen Pflanzen unserer Gewächshäuser, Oleander, Rosen ꝛc. vorkommen, die Krätzmilben des Menschen; die davon verschiedenen, welche bei vielen Thieren Schaf, Pferd, Rindvieh ꝛc. die sogenannte Räude veranlassen. Dadurch wird ihre mikroskopische Untersuchung nicht blos zu einem Gegenstande der Neugierde oder der Belehrung, sondern dient auch, um durch ihre Auffindung die Ursache der Zerstörung mancher Substanzen, oder der Krankheiten von Pflanzen, Thieren oder Menschen richtig zu erkennen, und durch Anwendung geeigneter Mittel weiteren Schaden zu verhüten. Die Zahl der Milbenarten ist außerordentlich groß und ihre Formen sehr verschieden, doch erkennt man sie unter dem Mikroskope leicht an einem mehr oder weniger regelmäßig ovalen Körper, der häufig, wie bei einer Schildkröte etwas abgeplattet ist und an welchem Kopf, Brust und Leib der mehr entwickelten Gliederthiere wie Läuse ꝛc. in ein Stück verschmolzen sind. An der Unterseite des Leibes tragen sie Füße und zwar 6 im jugendlichen, 8 im erwachsenen Zustande, mit denen sich die meisten im Verhältniß zu ihrer Größe sehr rasch weiter bewegen. Viele derselben sind mit Haaren oder langen Borsten versehen ꝛc. Die Milben legen Eier, und die aus diesen ausgeschlüpften Jungen, an dem Mangel des hintersten Fußpaares kenntlich, häuten sich wiederholt.

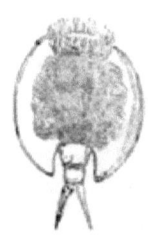
Fig. 102 A.

Fig. 102 A. Lepadella ovalis (Räderthier 250 m. vergr.

Man findet diese abgestoßenen, die äußere Form der Milbe zeigenden Bälge häufig zwischen den Thieren, ebenso von ihnen herrührende rundliche Kothmassen von meist brauner Farbe. Fig. 102 B. stellt ein paar Arten derselben dar.

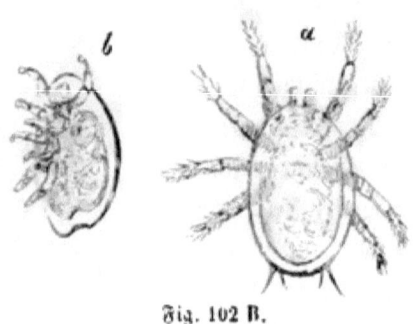

Fig. 102 B.

a eine Milbe, welche man bisweilen an den Blättern von Weinstöcken beobachtet, und die durch ihre Gegenwart an denselben eigenthümliche kleine kugelige Auswüchse hervorbringt. Die Abbildung zeigt das Thier von oben, so daß die Einfügungsstellen der 8 Füße durch den halb durchsichtigen Leib hindurchschimmern; ebenso die unbestimmten Umrisse der Eingeweide. Die mehrgliedrigen Füße sind verhältnißmäßig lang und an den Endgliedern mit kurzen Haaren besetzt. Das Hinterende des Leibes zeigt 4 kurze Borsten, am Vorderende ragen zwischen den Vorderbeinen die Kiefer vor. b ist eine Krätzmilbe des Kaninchens von der Seite gesehen, so daß der etwas plattgedrückte, einer Schildkröte ähnliche Bau bemerkbar ist. Die kürzeren Beine sind hier an den Enden statt der Haare mit Haftscheiben versehen und der Hinterleib zeigt einen Ausschnitt. Auch hier schimmern die Eingeweide unbestimmt durch die Hülle hindurch.

3. Mikroskopische Untersuchungen zur Prüfung von Handelswaaren und zu technischen Zwecken.

Bereits in den beiden vorhergehenden Abschnitten haben wir mehrere Beispiele kennen gelernt, in denen die mikroskopische Untersuchung nicht blos zur Lösung wissenschaftlicher Probleme oder zur Belehrung und Unterhaltung dienen kann, sondern auch zur Er-

Fig. 102 B. Milben. 70 m. vergr. a Weinstockmilbe von oben. b Krätzmilbe des Kaninchens. Seitenansicht.

reichung wichtiger praktischer Zwecke, zur Verhütung und Bekämpfung von Krankheiten bei Menschen, Thieren und Culturgewächsen, so wie zur Prüfung des Werthes von Handelswaaren ꝛc. Namentlich auf letzterem Gebiete vermag sie viel größere Dienste zu leisten, als man gemeiniglich glaubt, und es wird sicher die Zeit kommen, wo der Kaufmann, der Fabrikant, der Techniker ꝛc. **will er anders sein Geschäft** mit Vortheil betreiben, das **Mikroskop ebensowenig wird entbehren können**, als gegenwärtig der Naturforscher, ja wo selbst die sorgsame Hausfrau dasselbe zur **Hand nehmen wird**, um die Aechtheit und Güte der Waaren zu prüfen, welche sie für ihren Haushalt einkauft. Bis in die neueste **Zeit ist freilich auf** diesem so viel versprechenden Gebiete noch verhältnißmäßig wenig geschehen, aber alle Vorbedingungen sind bereits gegeben, die Ausführung verhältnißmäßig leicht, mit wenig Kosten und Mühe verbunden, und deshalb hoffe und wünsche ich, daß die folgenden Beispiele etwas dazu beitragen möchten, die Anwendung des Mikroskopes auch für diese Zwecke in weiteren Kreisen zu verbreiten und seine Einführung zum Unterricht auch in polytechnischen, Handels- und selbst den niederen Schulen immer allgemeiner zu machen. Wir können **aus diesem großen Gebiete** nur einige Beispiele auswählen, die aber hoffentlich anschaulich machen werden, **was das Mikroskop** auch hier zu leisten vermag und zugleich zeigen, wie man bei derartigen mikroskopischen **Untersuchungen zu verfahren hat**.

Zunächst wollen wir einige pflanzliche **und thierische Fasern** und die aus ihnen verfertigten **Gewebe betrachten**, deren Verständniß um so leichter werden **wird, da die** dazu nöthigen Vorkenntnisse meist bereits in früheren Abschnitten gegeben sind. Ihre Prüfung und Unterscheidung durch das Mikroskop ist sehr leicht, erfordert weder besonders **gute Instrumente**, noch eine mühsame Präparation, und ist selbst dann möglich, wenn verschiedene Fasern in einem Gewebe auf's Innigste gemischt sind, so daß jeder einzelne Faden aus mehreren derselben besteht. So lassen sich z. B. Leinen, Baumwolle, Wolle, Seide sehr leicht erkennen **und von** einander unterscheiren, wenn man vom zu prüfenden Gewebe einzelne Fäden isolirt, diese, am besten unter Wasser, mit Nadeln in ihre einzelnen Fasern auflöst und die letzteren der mikroskopischen Untersuchung bei einer Vergrößerung von 200 bis 300 mal unterwirft. Die Leinenfasern (Fig. 56 a) erscheinen als runde Cylinder, die stellenweise leichte knotige Anschwellungen zeigen, bisweilen auch, namentlich bei schon etwas verbrauchtem Leinen sich noch weiter in dünne Fasern spalten. Baumwollenfasern dagegen Fig. 56 b erscheinen als platte Bänder, die an Stellen, wo sie die Kante zeigen, sehr schmal sind. Bei Gemengen von Leinen und Baumwolle kann man sich die Unterscheidung der beiden Arten von Fasern und die annähernde Bestimmung, wie viel von den einen und den anderen zugegen ist, noch dadurch erleichtern, daß man ein kleines Streifchen des Stoffes, an den Rändern möglichst zerfasert, in eine verdünnte weingeistige Lösung von Anilinroth (Fuchsin) einlegt, bald wieder herausnimmt, mit Wasser gut auswäscht und etwa 2 Stunden in kaustisches Ammoniak legt. Die Leinenfasern erscheinen dann rosenroth gefärbt, die Baumwollenfasern dagegen bleiben ungefärbt und so lassen sich beide unter dem Mikroskope leicht unterscheiden und ihre Menge abschätzen.

Die Fasern oder Haare der Wolle, (Fig. 57) erscheinen als runde, mit Schüppchen bedeckte Cylinder, welche letztere durch Behandlung mit Schwefelsäure noch deutlicher werden (vergl. S. 135 und 239). Die Wolle läßt sich durch das Mikroskop nicht blos von anderen Fasern unterscheiden, auch verschiedene Wollsorten lassen sich mit demselben auf die Gleichmäßigkeit, Feinheit und Festigkeit ihrer Haare prüfen, so daß also das Mikroskop auch ein Mittel bildet, den relativen Werth verschiedener Wollsorten genauer zu bestimmen, als dies auf andere Weise möglich ist. Zu diesem Zwecke leistet ein kleiner von Wasserlein construirter Apparat, der sog. Wollmesser (Preis 7 Thaler), gute Dienste. Er besteht in einer Art Rahmen von Messing, der an den Objecttisch des Mikroskopes festgeschraubt wird. In den Rahmen, dessen einer Theil durch eine

Schraube verschiebbar ist, wird die zu prüfende Wollfaser eingespannt, so daß sie erst ganz schlaff und gekräuselt erscheint. Nachdem man durch Anziehen der Schraube die Faser vollkommen ausgestreckt hat, mißt man durch den Ocularmikrometer ihren Durchmesser, erhält also dadurch ein genaues Maaß für die **Feinheit** der Faser. Da nicht alle Fasern gleiche Dicke haben, auch nicht jede überall gleich dick ist, so muß man natürlich mehrere Fasern messen und jede derselben an mehreren Stellen. Indem man die Summe aller dieser Messungen mit ihrer Anzahl dividirt, erhält man die **mittlere Dicke** der Fasern einer bestimmten Wollsorte. Eine Vergleichung der gefundenen Minima und Maxima f. S. 104 ergiebt die größere oder geringere **Gleichmäßigkeit** verschiedener Wollsorten. Um zugleich auch die **Elasticität** und **Festigkeit** der Faser zu messen, spannt man dieselbe zuerst so weit an, daß sie eben gerade gestreckt wird, stellt den Zeiger an der angebrachten Scala auf 0 und steigert durch weiteres Anziehen der Schraube die Spannung immer mehr, bis die Faser zerreißt. Indem man nun wieder den Stand des Zeigers an der Scala beobachtet, erfährt man, um wie viele Mm. eine Faser von bestimmter Länge und Dicke ausgedehnt werden kann, bis sie zerreißt. Selbstverständlich muß auch dieser Versuch mit mehreren Fasern wiederholt und daraus das Mittel genommen werden. Derselbe Apparat kann natürlich nicht blos zur Prüfung von Wolle gebraucht werden, sondern ebenso gut dienen, um die Dicke und Festigkeit von allen möglichen anderen Fasern zu bestimmen.

Auch andere thierische Haare, die zu Geweben verwandt werden, wie Ziegenhaare, Kameelhaare, Roßhaare ꝛc. lassen sich unter dem Mikroskope sehr leicht erkennen und von einander unterscheiden; doch würde ihre genauere Beschreibung hier zu weit führen. Die Seidenfasern dagegen bilden keine organisirten Gewebe, sondern einfache homogene Cylinder Fig. 103, ohne die Schüppchenschicht, Mark und Rindensubstanz der Haare. Die optische Unterscheidung aller dieser Fasern kann überdies noch durch eine mikrochemische Untersuchung unterstützt und sicherer gemacht werden. Die aus

260   Prüfung von Stärke.

Cellulose bestehenden Pflanzenfasern werden durch Jod und Schwefelsäure blau, was bei thierischen Fasern nicht der Fall ist. Seide unterscheidet sich dadurch von Haaren, daß sie durch concentrirte Salzsäure aufgelöst wird, diese nicht.

Als weitere Beispiele solcher Prüfungen mögen einige viel gebrauchte Nahrungs- und sogenannte Genußmittel dienen.

Zunächst **Stärke und Mehl**. Unter dem Mikroskope kann man sowohl die Abstammung verschiedener Arten desselben, als auch etwaige Verfälschungen sehr leicht entdecken. Bau und chemische Eigenschaften der Stärkekörner wurden bereits früher an verschiedenen Stellen geschildert. Bringt man eine kleine Probe einer Stärkesorte in Wasser sehr fein zertheilt und mit wässeriger Jodlösung versetzt unter das Mikroskop, so erscheinen die eigenthümlichen Stärkekörner durch das Jod blau gefärbt. Alles was man außerdem etwa noch erblickt, ist zufällige Verunreinigung oder absichtliche Verfälschung, deren Natur und Abstammung jeder einigermaßen Geübte durch

Fig. 103.

mikroskopische oder chemische Untersuchung meist leicht zu bestimmen im Stande ist. Aber auch die Abstammung der Stärke, ihre Sorte, läßt sich durch das Mikroskop leicht erkennen, da fast bei jeder Pflanze die Stärkekörner durch gewisse Eigenthümlichkeiten in Bezug auf Form.

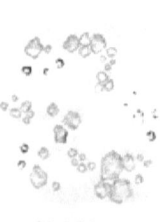

Fig. 104.   Fig. 105.

Fig. 103. Seidenfasern, 300 m. vergr.
Fig. 104 und 105. Amylumkörner verschiedener Stärkearten. 420 m vergr.
Fig. 104 Kartoffelstärke. Fig. 105 Reisstärke.

Größe ꝛc. charakterisirt sind, wodurch sie sich von denen anderer Pflanzen unterscheiden. Man vergleiche z. B. die Amylumkörner der Weizenstärke (Fig. 50) mit denen der Kartoffelstärke (Fig. 104) und der Reisstärke (Fig. 105). Die der Weizenstärke sind von verschiedener Größe, die größten derselben von bedeutendem Durchmesser, fast vollkommen rund, mit eigenthümlichen von ihrem Centrum ausgehenden Spalten versehen. Bei der Kartoffelstärke erreichen sie eine noch bedeutendere Größe, zeigen keine runde, sondern eine mehr unregelmäßige Form und eine eigenthümliche Schichtung um einen nicht im Mittelpunct sondern außerhalb desselben, excentrisch gelagerten Kern. Die Körner der Reisstärke sind viel kleiner und nicht rund, sondern durch gegenseitigen Druck abgeplattet und eckig, so daß sie kleinen polyedrischen Krystallen gleichen. Andere Stärkearten, wie die von Gerste, Hafer, Mais, Arrowroot, Sago ꝛc., zeigen andere Eigenthümlichkeiten, die wir jedoch hier übergehen müssen und dem Leser, der sich dafür interessirt, überlassen, sie durch eigene Untersuchung kennen und von einander unterscheiden zu lernen, was für den nur einigermaßen Geübten keine Schwierigkeit hat. Solche Prüfungen verschiedener Stärkesorten durch das Mikroskop können aber nicht bloß dazu dienen, dieselben von einander unterscheiden zu lernen, — sie führen auch dahin, zu ermitteln, welche Sorte für bestimmte technische Zwecke geeigneter ist, als andere. So bildet z. B. die Reisstärke wegen der Kleinheit ihrer Körner ein viel zarteres Streupulver oder Haarpuder als andere Sorten; die Kartoffelstärke mit ihren sehr großen Körnern paßt mehr, wo es sich um einen massigeren und compacteren Zusatz zu anderen Dingen handelt ꝛc.

Das von der Stärke Gesagte gilt auch vom Mehl. Man kann verschiedene Mehlsorten sehr leicht mikroskopisch, durch die Verschiedenheit ihrer Stärkekörner unterscheiden; ebenso Verfälschungen und betrügerische Zusätze zu denselben entdecken. Auch der Klebergehalt einer Mehlsorte läßt sich annähernd durch das Mikroskop ermitteln, da derselbe durch Jodlösung nicht blau sondern rothbraun oder gelb gefärbt wird (S. 143) und man daher seine ungefähre Menge im

Vergleich mit der der Stärke mikroskopisch abschätzen kann. Vergleicht man z. B. mikroskopisch eine mit Jodlösung behandelte Probe von Weizenmehl mit einer solchen von Linsen- oder Bohnenmehl, so wird man in letzteren den Klebergehalt sehr viel größer finden.

Auch die mikroskopische Prüfung der Milch, dieses wichtigen, aber namentlich in großen Städten so häufig verfälschten Nahrungsmittels ist eine sehr einfache. Bringt man einen Tropfen derselben auf einem Objectträger unter das Mikroskop, so erkennt man darin sehr zahlreiche Kügelchen von verschiedener Größe Fig. 106, die in der Flüssigkeit fein vertheilt, die weiße Farbe der Milch hervorbringen. Sie bestehen aus Fett, sind jedoch keine einfachen Fetttröpfchen, sondern jedes derselben

Fig. 106. Fig. 107.

ist mit einer zarten Hülle von geronnenem Käsestoff umgeben. Man erkennt diese Hüllen, wenn man eine kleine Menge Milch längere Zeit mit Aether oder Benzin schüttelt, welche das Fett ausziehen, so daß die Hüllen leer zurückbleiben, die durch wässerige Jodlösung, welche sie gelb färbt, noch deutlicher erscheinen. Diese Fettkügelchen steigen beim ruhigen Stehen der Milch wegen ihrer größeren Leichtigkeit in die Höhe, sammeln sich oben und bilden durch ihre Anhäufung die Sahne oder den Rahm. Letzterer erscheint daher unter dem Mikroskop an solchen Fettkörperchen viel reicher als die abgerahmte Milch, und eine Milch ist um so besser, fettreicher, je dichtgedrängter die Fettkügelchen erscheinen. Diese Fettkügelchen bilden sich innerhalb der Drüsenzellen der Brustdrüse und werden dadurch frei, daß diese Zellen zerfallen. Zu gewissen Zeiten, in den ersten Tagen nach dem Kalben bei Kühen und anderen milchgebenden Thieren, oder umgekehrt sehr lange Zeit darnach, enthält aber die Milch die Fettkügelchen nicht frei, sondern noch gruppenweise in die sie umschließenden Drüsenzellen eingeschlossen Fig. 107. Man nennt diese Art

Fig. 106 und 107. Die Bestandtheile der Milch, 320 m. vergr. 106 Fettkügelchen. 107 sogenannte Kolostrumkörperchen.

Milch Kolostrum und kann sie an den eben geschilderten gruppenweise in Zellen eingeschlossenen Fettkügelchen unter dem Mikroskope sehr leicht von gewöhnlicher Milch unterscheiden. Auch Beimengung von Blut oder Eiter zur Milch, was bisweilen bei kranken Thieren vorkommt, ist unter dem Mikroskop sehr leicht zu entdecken. Die geringste, auf andere Weise nicht zu ermittelnde Beimengung von Blut erkennt man an den charakteristischen rothen Blutkörperchen (Fig. 84 a und b), die von Eiter an massenweise vorhandenen Eiterkörperchen, welche ganz den farblosen Blutkörperchen Fig. 84 c gleichen und nach Behandlung mit Essigsäure, wobei sie durchsichtig werden, ein meist doppeltes Kerngebilde erkennen lassen. Bisweilen, namentlich im Sommer, nimmt die Milch stellenweise eine blaue oder rothe Färbung an, was von der massenhaften Entwicklung sehr kleiner organischer Gebilde Monaden, Vibrionen ꝛc. vergl. Fig. 83 abhängt. Die Gegenwart der letzteren läßt sich durch die mikroskopische Untersuchung ermitteln; ebenso manche absichtliche Verfälschungen der Milch, so z. B. ein Zusatz von Mehl, um die mit Wasser verdünnte Milch dicker zu machen, an den charakteristischen Stärkekörnern des Mehles, die durch Jod blau werden u. dergl. Eine Mengenbestimmung der anderen Bestandtheile der Milch, Zucker und Käsestoff, die eine chemische Untersuchung fordert, hier zu beschreiben würde zu weit führen.

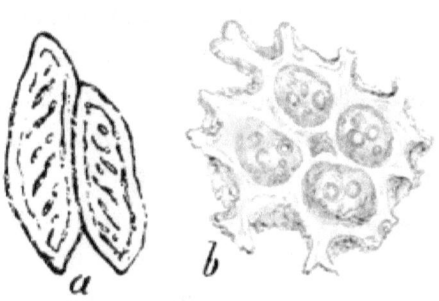

Fig. 108.

Ein anderes sehr viel gebrauchtes Genußmittel, der Kaffee, wird ebenfalls, namentlich im gebrannten und gemahlenen Zustande häufig verfälscht. Auch dessen Verfälschungen lassen sich durch das

Fig. 108. Bestandtheile der ungebrannten Kaffeebohne. 320 m. vergr. a. Zellen des äußeren Häutchens. b Zellen des Inneren der Bohne, theils leer, theils mit körnig-öligem Inhalt erfüllt.

Mikroskop sehr leicht entdecken. Die Kaffeebohne besteht aus zweierlei Geweben, deren feinerer Bau sehr charakteristisch ist — einem äußeren Häutchen, das zusammengesetzt ist aus länglichen Zellen mit verdickten Wänden, die eigenthümliche meist schief gestellte Tüpfel und Streifen zeigen (Fig. 108 a) und dem Kerne der Bohne, welcher wie andere ölige Samen Fig. 108 b auf seinen Durchschnitten rundliche Zellen zeigt, deren mit einander verschmolzene Wände eine Art Netz bilden, dessen Maschen, die übriggebliebenen Zellenhöhlen, mit einer bei durchfallendem Lichte dunklen Substanz ausgefüllt sind, die zahlreiche, das Licht stark brechende Oel- oder Fetttropfen einschließt. In der, nicht zu stark gebrannten Bohne behalten beide Gewebe ihre charakteristischen Formen, nur werden sie etwas dunkler. Jedes Kaffeepulver, welches außer den genannten unter dem Mikroskope noch andere Bestandtheile zeigt ist durch anderweitige Zusätze verfälscht. Viele dieser Zusätze, welche meist aus den gebrannten und gemahlenen Wurzeln verschiedener Pflanzen, Cichorien, Rüben ꝛc. bestehen, lassen sich ihrem Ursprunge nach leicht erkennen; sie zeigen andere getüpfelte oder gestreifte Zellen (wie Fig. 55 c und d), oder auch Parenchymzellen, wie sie im ächten Kaffee nicht vorkommen. Bereits ein halber Tropfen von dem Reste zubereiteten Kaffees, der am Boden einer Tasse oder Kaffeekanne zurückbleibt, genügt, unter das Mikroskop gebracht, um aus dem feinen Bodensatze desselben zu erkennen, ob der getrunkene Kaffee rein und unverfälscht, oder mit Cichorien ꝛc. versetzt war.

Als weiteres Beispiel einer mikroskopischen Untersuchung zu technischen Zwecken kann die von Hölzern dienen, nicht blos um durch sie verschiedene Holzarten, selbst in ihren allerkleinsten Fragmenten, von einander zu unterscheiden, sondern auch, um daraus wichtige Anhaltspuncte zu erhalten über den Bau verschiedener Arten, ihre von diesem abhängigen Eigenschaften: Compactheit, Porosität, Brüchigkeit, Festigkeit, Spaltbarkeit, Gleichmäßigkeit ꝛc. und somit deren größere oder geringere Tauglichkeit für gewisse praktische Zwecke. Nach dem was bereits früher (S. 188 ff.) über die

Untersuchung und den Bau des Stammes dikotyledonischer Gewächse mitgetheilt wurde, kann sie dem Leser keine Schwierigkeit bieten und wir können uns daher hier auf wenige Bemerkungen beschränken. Feine quere, radiale und tangentiale Durchschnitte zeigen bei allen Arten von Holz nicht blos die einzelnen Elemente des Gewebes, Parenchymzellen des Markes, Holzfasern und Gefäße verschiedener Art, sondern auch deren Anordnung im Großen, wie Markstrahlen, Jahresringe ꝛc. In allen diesen Puncten zeigen verschiedene Hölzer sehr große Verschiedenheiten, so daß sie sich leicht von einander unterscheiden lassen; namentlich sind es die Holzfasern, welche bei verschiedenen Arten durch Form und Anordnung ihrer Tüpfel sehr charakteristische Verschiedenheiten zeigen, so daß sich schon die kleinsten Fragmente verschiedener Holzarten meist leicht von einander unterscheiden lassen.

Der beschränkte Raum verbietet, weitere Beispiele von solchen Untersuchungen hier vorzuführen. Die bereits mitgetheilten werden hinreichen, zu zeigen, wie wichtig solche Untersuchungen für verschiedene praktische Zwecke werden können und wie man bei ihnen verfahren muß. Wer weitere Belehrung auf diesem Gebiete sucht, den verweisen wir auf folgende Werke: Dr. H. Klencke, die Verfälschung der Nahrungsmittel und Getränke, der Colonialwaaren, Droguen und Manufacte, der gewerblichen und landwirthschaftlichen Producte. 2 Theile. Leipzig, J. J. Weber. 1860 und Dr. Jul. Wiesner, Einleitung in die technische Mikroskopie nebst mikroskopisch-technischen Untersuchungen. Wien, Braumüller, 1867.

Zum Schluß lassen wir noch die Anleitung zur mikroskopischen Untersuchung der organisirten Bestandtheile des Guano folgen, welche ebensowohl einen praktischen Werth für den Landwirth hat, als Prüfungsmittel der Aechtheit dieses wichtigen Düngers, als auch durch die Zierlichkeit der hierbei auftretenden Bildungen den bloßen Liebhaber des Mikroskopes interessirt. Der Guano besteht bekanntlich aus den mehr oder weniger zersetzten Excrementen von Vögeln, die neben phosphorsauren und harnsauren Salzen von Kalk und

Ammoniak, Sand ꝛc. verschiedene kleine organisirte Gebilde aus der Klasse der Diatomeen einschließen, welche von den Vögeln mit verschluckt und dadurch ihren Excrementen beigemischt werden. Die einfachste Methode, diese Gebilde für die mikroskopische Untersuchung darzustellen, besteht darin, daß man eine Portion Guano in einem Platintiegel oder Blechlöffel stark glüht, den Rückstand zur Entfernung der Kalksalze mit Salz- oder Salpetersäure auszieht und den gebliebenen Rest durch Schlemmen von den beigemischten gröberen Sandkörnern trennt. Unter dem Mikroskop erscheinen dann die Diatomeen, von denen Fig. 109 einige der am häufigsten im peruanischen Guano vorkommenden zeigt. Die große runde Scheibe in der Mitte mit den vielen kleinen rundlichen Tüpfeln ist ein Conodiscus = Siebscheibe und zwar C. marginatus; darüber

Fig. 109.

erscheint dieselbe Form, aber zerbrochen, in ihren Fragmenten. Der kleinere Halbkreis unten mit den radienförmigen Streifen am Rande ist eine andere Art Conodiscus C. radiatus; die aus 2 den Damenbrettsteinen ähnlichen Platten bestehende Figur eine Galionella ꝛc. Die Gegenwart dieser Diatomeen unterscheidet ächten Guano von falschem; verschiedene Sorten desselben, wie der von den Chincha-Inseln (Peru), von Patagonien, von Ischaboe an der Westküste Africa's zeigen verschiedene Arten von Diatomeen und lassen sich für den Kundigen daran erkennen. Specielleres hierüber findet der Leser in dem Schriftchen von C. Janisch: Zur Charakteristik des Guano von verschiedenen Fundorten. Breslau 1862. Max und Comp.

Fig. 109. Organische Gebilde Diatomeen) aus peruanischem Guano. 320m vergr.

Dritte Abtheilung.

Das Mikroskop als Werkzeug für bestimmte Berufskreise, wie als Hülfsmittel der Unterhaltung und Belehrung für Jedermann. Bezugsquellen von Mikroskopen und mikroskopischen Nebenapparaten.

Die im Vorhergehenden mitgetheilten Beispiele zeigen bereits, daß das Mikroskop zahlreiche und mannichfaltige Anwendungen zu den verschiedensten Zwecken finden kann. Doch erschöpfen sie noch lange nicht das große Gebiet, auf welchem dieses Instrument nützliches zu leisten vermag, auch ist dessen Gebrauch bei Vielen, welche daraus Vortheil ziehen könnten, gegenwärtig noch immer nicht so bekannt, als er es verdient und da der Verfasser wünscht etwas dazu beizutragen, daß er auch in solchen Kreisen mehr und mehr Eingang finden möge, denen er bis jetzt aus Unbekanntschaft verschlossen war, so dürfte es nicht überflüssig sein, noch kurz anzudeuten, wie das Mikroskop in den verschiedensten Berufsarten wesentliche Dienste zu leisten vermag.

Für Gelehrte, welche die verschiedenen Gebiete der Naturwissenschaften bearbeiten, ist das Mikroskop längst unentbehrlich geworden; ja ein großer Theil der Fortschritte, welche in neuerer Zeit auf diesem Felde gemacht wurden, beruht auf der Anwendung dieses Instrumentes. Ich möchte dasselbe besonders noch Chemikern empfehlen, denen es zur Bestimmung kleiner Krystalle, bei

Untersuchungen organischer Substanzen, von welchen nur sehr kleine Mengen zur Verfügung stehen u. dgl. sehr wichtige Dienste zu leisten vermag, die bisher noch nicht nach ihrem vollen Werthe gewürdigt werden.

Auch der **Arzt** kann das Mikroskop nicht entbehren. Er ist ohne dasselbe nicht im Stande, manche Krankheiten mit Sicherheit zu erkennen und richtig zu behandeln. Da hierzu billige Instrumente ausreichen, die sich gegenwärtig für weniger als 20 Thaler beschaffen lassen, so ist zu wünschen, daß sich bereits jeder Studirende der Medicin mit einem solchen Mikroskope ausrüste, dessen Besitz ihm seine Studien wesentlich erleichtern wird.

Dem **Apotheker** ist ebenfalls ein Mikroskop fast unentbehrlich, zur Prüfung von vielen der Droguen ꝛc., die er einkauft, da deren Aechtheit oder etwaige Verfälschungen derselben nur durch dieses Instrument mit Sicherheit erkannt werden können. Zu dergleichen Untersuchungen, zu welchen die Anleitung zur mikrochemischen Untersuchung in der ersten und die ganze zweite Abtheilung dieser Schrift zahlreiche Vorstudien enthält, reicht ebenfalls meist ein billiges Instrument aus.

Dem intelligenten **Landwirth** gewährt ein Mikroskop große Vortheile, da es ihn in den Stand setzt, die früher besprochenen Krankheiten von Culturgewächsen, Hausthieren ꝛc. zu erkennen und rechtzeitig wirksame Mittel dagegen anzuwenden; ebenso zur Untersuchung von krankhaften Veränderungen der Milch (S. 263), von Guano S. 265 ꝛc. Dem **Gärtner und Blumenliebhaber** gewährt dasselbe Aufschluß über die Natur der Krankheiten mancher Gewächse, welche durch Pilze, Milben ꝛc. hervorgerufen werden und giebt ihm die dagegen anzuwendenden Mittel an die Hand. Ebenso wird der **Viehzüchter** dadurch in den Stand gesetzt, manche Krankheiten seiner Thiere, wie Räude, Trichinen ꝛc. zu erkennen und richtig zu behandeln. Es ist zu wünschen, daß dasselbe auch bei **Fleischern** zur Auffindung von Trichinen immer mehr Eingang finden möge.

Aber auch vielen Technikern, Fabrikanten, Gewerbtreibenden ꝛc. wird das Mikroskop immer unentbehrlicher. Sie werden in vielen Fällen erst dadurch befähigt, die billigsten und zweckmäßigsten, zum vortheilhaften Betrieb ihrer Geschäfte nothwendigen Materialien kennen zu lernen, auszuwählen und von anderen weniger geeigneten zu unterscheiden. Es ist daher wünschenswerth, daß der Gebrauch des Mikroskopes noch mehr als bisher als Unterrichtsgegenstand in allen polytechnischen ꝛc. Schulen eingeführt werde.

Nicht minder wichtig ist dasselbe für viele Kaufleute als Mittel zur Prüfung der Aechtheit, Güte und Preiswürdigkeit zahlreicher Arten von Waaren. Man kann mit Sicherheit voraussehen, daß das Mikroskop in der Waarenkunde der Zukunft eine große Rolle spielen wird und mancher Kaufmann, der sich schon jetzt mit dessen Gebrauche vertraut macht, wird daraus große Vortheile ziehen.

Selbst die Staatsbehörden können in vielen Fällen das Mikroskop nicht entbehren. Vor Gericht vermag es bisweilen in Criminalfällen, bei Beurtheilung von Verbrechen ꝛc. eine wichtige Rolle zu spielen, indem es Thatsachen feststellt, die sich auf andere Weise nicht ermitteln lassen. Ebenso wichtig wird es in vielen Fällen für Sanitätsbeamte zur Prüfung der Aechtheit oder der Schädlichkeit und der Verfälschungen von Nahrungsmitteln, zur Auffindung der Ursachen von Krankheiten ꝛc.

Aber auch für die Familie hat es Werth. Der Hausfrau kann es dienen zur Prüfung der Aechtheit und Güte von mancherlei Gegenständen des täglichen Gebrauches, wie Leinen, Milch, Kaffee ꝛc., zur Untersuchung von Schweinefleisch, Schinken ꝛc. auf Trichinen u. dgl., und für alle Familienglieder bildet es eine unendlich reiche Quelle belehrender Unterhaltung, die eine ganze Welt von neuen Anschauungen eröffnet, zum Nachdenken darüber anregt und dadurch für Erwachsene wie für Kinder ein treffliches Mittel bildet, um spielend zu lernen und überdies durch Selbstpräpariren mikroskopischer Gegenstände gewisse technische Fertigkeiten auszubilden. Man muß aus diesem Grunde wünschen, daß das Mikroskop mehr als bisher in der Familie heimisch werde und neben anderen Unterhaltungsmitteln, die gegenwärtig in der Mode sind, wie Stereoskopen, Albums mit Photographien ꝛc. in ihr seinen Platz finde.

Für Solche, die sich ein Mikroskop oder mikroskopische Nebenapparate anzuschaffen wünschen, und in Verlegenheit sind, wohin sie sich deshalb wenden sollen, gebe ich noch verschiedene Bezugsquellen an und lasse die Adressen einiger Optiker in verschiedenen Gegenden Deutschlands (mit Ausschluß von französischen, englischen ꝛc.) folgen, welche vorzugsweise Mikroskope verfertigen, nebst kurzen Auszügen aus ihren Preisverzeichnissen. Bei dem beschränkten Raume, der hiefür zu Gebote steht, mußte ich mich darauf beschränken, diejenigen anzuführen, deren Instrumente mir durch eigene Anschauung und zum Theil durch langjährigen eigenen Gebrauch genauer bekannt geworden sind. Alle mir bekannt gewordenen Mikroskope aus den zu nennenden Werkstätten sind für die meisten bei mikroskopischen Untersuchungen in Betracht kommenden Zwecke brauchbar: statt einer sehr mißlichen Vergleichung ihrer relativen Leistungen gebe ich bei solchen Instrumenten, die ich genauer prüfen konnte, einige positive Angaben der Resultate von Prüfungen derselben mit dem Drahtgitter Fig. 36, welche natürlich nur für die individuellen Instrumente gelten, mit denen diese Prüfungen vorgenommen wurden.

F. Belthle und Rexroth in Wetzlar verfertigen kleine Mikroskope für 25—50, größere für 75—120 Thaler.

F. Bénèche in Berlin (Tempelhofer Straße 7) liefert kleine Mikroskope für 1—40, mittlere und größere für 60—185 Thaler.

Engelbert und Henselt in Braunfels bei Wetzlar. Kleinere Mikroskope für 30—50, mittlere und größere für 60—100 Thaler. Ein mittleres, im Besitz des hiesigen pathologischen Instituts befindliches Instrument derselben, mit Goniometer, Focimeter ꝛc. versehen Fig. 26 läßt mit Drahtgitter geprüft noch Entfernungen von 0,7 μ erkennen.

Professor Bruno Hasert in Eisenach. Kleinere Mikroskope

für 25—50, größere für 60—125 Thaler. Ein von mir geprüftes größeres Mikroskop (Fig. 25) löst namentlich seine Probeobjecte sehr gut, während es bei Untersuchungen zarter histologischer Objecte weniger leistet.

Optisches Institut von G. und S. Merz in München. Kleinere Mikroskope für 35—70, größere für 80—450 Gulden südteutscher Währung. Ein von mir geprüftes mittleres Instrument, im Preise von 77 Gulden läßt Linien von 0,7—0,8 μ Entfernung erkennen.

S. Plößl, Alte Wieden, Theresianumgasse in Wien, liefert Mikroskope aller Art zum Preise von 50 bis mehreren hundert Gulden österr. Währung.

F. W. Schiek in Berlin Halle'sche Straße 15). Kleine Mikroskope für 40—50, größere für 100—200 Thaler. Ein älteres seit ca. 30 Jahren in meinem Besitz befindliches kleineres Instrument aus dieser Werkstatt läßt am Drahtgitter noch Linien von 0,7—0,8 μ Entfernung erkennen.

Hugo Schröter in Hamburg St. Pauli, Marienstraße 1) liefert namentlich größere Instrumente mit Immersions- und Correctionslinsen zu Preisen von 60—200 Thalern in großer Vollkommenheit. Ein neues vorzügliches Mikroskop dieser Werkstatt, im Besitze des hiesigen pathologischen Institutes, liefert mit Immersions- und Correctionslinsen noch vollkommen brauchbare Vergrößerungen von 2700 mal Dchm. und läßt am Drahtgitter Linien von 0,3 μ Entfernung erkennen.

R. Wasserlein in Berlin Schützenstraße 27, liefert namentlich sehr brauchbare billige Mikroskope zu Preisen von 5—25 Thlrn., doch auch mittlere und größere für 30—80 Thaler. Ein seit Jahren im Besitze des hiesigen pathologischen Institutes befindliches Mikroskop à zu 18 Thaler Fig. 17 läßt mit dem Drahtgitter geprüft noch Linien von 0,74 μ Entfernung erkennen.

Carl Zeiß in Jena liefert Mikroskope aller Art, kleinere von 14 Thalern an bis zu großen zu Preisen von 100—200 Thalern.

Mikroskopische Präparate lassen sich in größerer oder geringerer Auswahl bei den meisten Optikern erhalten. Vorzügliche liefert J. D. Möller in Wedel bei Hamburg. Ganze Sammlungen von solchen, aus dem Institute von Engell und Comp. in der Schweiz, Objecte aus dem Thierreich und Pflanzenreich enthaltend mit Erklärung, in mehreren Lieferungen zu 25 Stück, jede zum Preise von 4 Thalern, können bezogen werden durch Schäffer und Buddenberg in Buckau (Magdeburg).

www.ingramcontent.com/pod-product-compliance
Lightning Source LLC
Chambersburg PA
CBHW032114230426
43672CB00009B/1737